スニーカーの文化史

いかにスニーカーはポップカルチャーのアイコンとなったか

KICKS

THE GREAT AMERICAN STORY OF SNEAKERS

by Nicholas Smith

ニコラス・スミス＝著

中山宥＝訳

FILM ART

フィルムアート社

スニーカーを履くと、ハイヒールでは味わえない快適さを味わえる。

しかしまあ、スニーカーは履くためだけのものではない。いろいろな用途があるのだ。[1]

――クリスチャン・ルブタン

ここはLA、履くのはいつも、スニーカー。[2]

――2パック（トゥパック・シャクール）

目次

プロローグ

「きっと、シューズのおかげだ（It's gotta be the shoes）」。そんなフレーズに聞き覚えがある人も多いだろう。どこで聞いたか忘れたかもしれないが、じつは一九八九年に流れたナイキの「エア・ジョーダンV」のテレビCMに出てくる。映画監督のスパイク・リーが、自作『シーズ・ガッタ・ハヴ・イット』のなかでみずから演じた登場人物マーズ・ブラックモンにふたたび扮し、マイケル・ジョーダンが「宇宙で最高のプレーヤー」になれた理由を本人に尋ねる。

「ダンクのおかげ？」とリー。

「違うよ、マーズ」とジョーダン。

「ショーツのおかげ？」

「違うよ、マーズ」

「ヘアスタイルのおかげ？」

「違うよ、マーズ」

「シューズのおかげ？」

ジョーダンはこれも否定するが、リーは、いやシューズに違いないと繰り返す。三〇秒のCMのなかで「シューズ」という言葉を一〇回も発する。

おなじみのナイキのロゴマークが最後に現われる前に、画面には、「ジョーダン氏の意見は必ずしもナイキ社の意見を反映するものではありません」といたずらっぽいメッセージが表示される。いずれにしろ、視聴者はもうみんな確信している。「きっと、シューズのおかげだ」と。

このCMキャンペーンを通じて、ナイキは大量のエア・ジョーダンを売り上げ、リーの名せりふはポップカルチャーの歴史に刻まれた。しかし、このCMが成功したのは、耳に残るフレーズ

プロローグ

を使い、有名人がふたり出演したからだけではない。巧妙なかたちで、現代人のほとんどが幼いころから馴染んでいる、ある思いを再確認させたことが鍵だった。すなわち——「靴には魔法の力がある」。

シンデレラはガラスの靴のおかげでお姫様になった。『オズの魔法使い』のドロシーは、ルビーでできた赤い靴の力で、西の悪い魔女を退治し、さらには、靴のかかとを鳴らしてカンザスの家に帰る。『長靴を履いた猫』に出てくる男は、猫に長靴を調達してやり、その見返りとして忠誠心を得る。ギリシャ神話のヘルメースは、翼の付いた靴を履いて、空を飛ぶ。ヨーロッパの童話に出てくる「七里靴」は、ひとまたぎで三〇キロメートル以上も歩くことができる。アンデルセン童話の『赤い靴』では、若い孤児が、呪いをかけられた靴のせいで、踊り続けなければならなくなる。グリム童話の『白雪姫』では、邪悪な継母が、真っ赤に焼けた鉄の靴を履かされ、死ぬまで踊らされる。

数百年後の現代に目を移すと、二〇〇二年の映画『ロスト・キッズ』では、ラッパーのリル・バウ・ワウが魔法のスニーカーを手に入れ、プロ・バスケットボール選手になる。「ハリー・ポッター」シリーズでは、触れると瞬間移動する「ポートキー」の一つとして、古いブーツに魔法がかけられている。映画版『セックス・アンド・ザ・シティ』の一作目では、主人公キャリー・ブラッドショーが——マンハッタンの不動産事情をよく知る者にとってはおとぎ話としか思えないが——ふつうの部屋並みに広いクローゼットをつくってもらい、大喜びして、そこにまずは一足の靴を置く。

グリム兄弟が各地の民話を集めていた一八世紀初頭、靴はときには生死を分ける決め手であり、ときには社会階層の証しだった。まともなブーツの一足くらい持っていないと、仕事を見つけることさえ難しかった。下層民からみれば、丈夫な靴には、たとえ魔法の力はなくても、飢死を免れるための実用性が備わっていた。

一八〇〇年代半ばまで、靴づくりは手作業だけに頼っていたから、時間も経費もかかった。供給量が限られ、人々はいつも靴が欲しくてたまらなかった。その思いが、何世代にもわたって物語の作者たちを刺激したのだ。

さすがに現代では、飢えるかどうかが靴で決まるとは思えないが、やはり、靴には象徴的な力がある。その証拠に、英語の決まり文句にも靴がよく登場する。たとえば、「他人の身になって考える」ことを「他人の靴で一マイル歩く（walk a mile in someone's shoes.）」、「受けた批判に思い当たる節があるなら」を「もし靴が合えば（if the shoe fits.）」、「代わりがきかない人物」を「履きがたい靴（hard shoes to fill.）」と表現する。意見にぜったいの自信があるときには、もし間違っていたら「靴を食ってみせる（I'll eat my shoes.）」と言う。形勢が逆転して納まりが悪くなった状態は「靴を反対の足で履いている（The shoe is on the other foot.）」と表現する。人事を尽くしたあとは、もはや「もう片方の靴が落ちてくるのを待つ（wait for the other shoe to drop.）」。

「物」としてとらえた場合も、わたしたちとの密接度は並大抵ではない。靴は、曲がったり伸びたりと、履く人に馴染むかたちに自在に変化する。身に着けるほかの衣料品とくらべて、これほどの柔軟性は類がない。もし、慈善向けに寄付された品物を売る店に、しゃれたロックTシャツの古着が埋もれていたら、ヒッピーにとっては垂涎の的だろう。ところが、誰かが履き古したスニーカーが売られていても、他人にとってはあまり魅力がない。スニーカーの靴底は、わたした

プロローグ

ちを周囲の環境と結びつけ、と同時に、環境からわたしたちを守る働きをする。実用的な装備として活かすもよし、自己表現の媒体として使うもよし、履く本人が自由に選べる。おそらく、こうしたさまざまな特性の何かが、靴にたんなる靴以上の魅力を持たせているのだろう。

さてそれを踏まえて、マイケル・ジョーダンとナイキ製品の話に戻ろう。子供たちは、あこがれのスポーツ選手を見つけると、野原やコート、砂場で、そのスーパースターの真似をする。「ぼくはディマジオだぞ」「エルウェイだ」「レブロンだ」となりきる。ナイキのCMは、超人のジョーダンと普通人のリーを共演させ、双方の溝を埋める手段があると匂わせた。その手段は一〇〇ドルかかるが、手段がまるきり無いよりましだ。昔ながらのおとぎ話の現代版といえるだろう。農場暮らしの女の子が赤い靴のおかげでオズの国からわが家へ帰れたように、平凡な子供でも、特別なスニーカーを履けば、たちまちジョーダンのように跳躍できる……。

長いあいだ、わたしはスニーカーのことをとくに気にかけていなかった。日々成長するなかで、毎日履いて、やがて履きつぶす、という存在にすぎなかった。初めて多少の愛着を抱いたスニーカーは、ナイキ・エア・フライト・タービュランス。高校一年のとき、バスケットボールの部活で履いていた。

そのシューズを選んだ理由の一つは、広告の宣伝キャラクターがデイモン・スタウダマイアーだったからだ。当時、デイモンは新人で、トロント・ラプターズのポイントガードとして活躍中だったが、それ以前のアリゾナ・ワイルドキャッツ（わたしの地元で最も人気がある大学チーム）時代から知っていた。そのシューズを選んだもう一つの理由は、値段だ。一年前のモデルだったので、ナイキのアウトレット店で四〇ドルだった。エア・ジョーダンの最新モデルが一五〇ドルしたころだから、圧倒的に安い。

　黒と白の波打ったラインとお馴染みのナイキ・ロゴマークがあしらわれたデザインで、わたしはとても気に入った。一年生のあいだ、練習と試合のためだけに履いて、終わるとそそくさと箱にしまった。痩せこけた協調性のない一四歳が、このシューズのおかげで急に大活躍、とはいかないまでも、わたしとしてはそんな気分になれた。コート外でこのシューズを履いたことが、たった一回だけある。わたしの住む田舎町から遠い都会へ引っ越してしまった仲間が、久しぶりに遊びに来てくれたときだ。その連中は、新しい髪型をして、新しいサングラスをかけ、新しいCDが詰まったバインダーを持っていた。わたしは新しいシューズで対抗した。

　わたしが次にスニーカーの魔法にめぐり合ったのは、何年もあとのことだ。バスケットボールへの情熱はとうに消えていたが、クリストファー・マクドゥーガルの『BORN TO RUN 走るために生まれた』（NHK出版）を読んだ影響で、長距離走に夢中になった。この本は、走ることの素晴らしさを歌い上げ、過酷な一〇〇マイルレースのようすや、不毛の地を走り続ける個性豊かな「ウルトラランナー」たち、薄いサンダルでどこまでも走るメキシコの先住民の部族などを描いている。わたしは、マラソンでたびたび膝を痛めていただけに、著者マクドゥーガルが見いだしたウルトラランナーのほとんどに共通する特徴に興味を覚えた。[1] すなわち、ウルトラランナーたちは、ごく薄い靴しか履かないか、あるいは裸足なのだ。この本の示唆に従うなら、厚底のナイキを捨てさえすれば、膝の痛みにさよならできることになる。

　わたしは、当時人気だったビブラムのファイブフィンガーズという製品に目を付けた。「五本指」を意味するネーミングと同じくらい、外見も滑稽なシューズだ。まるで手袋のように、足の指が一本ずつ覆われていて、遠目にはゴリラの足みたいに見える。けれどもわたしはその効果をすっかり信じ込んだ。スニーカーにはもう目もくれなくなり、自然界と魂でつながりたいと思った。進化の過程で失われた、足の完璧な耐久性と形状を取り戻したかった。素足と同じかたちのシューズは理にかなっている、と感じられた。わたしは、ランニング用品の専門店に入って、ファイブフィンガーズが欲しいと男性店員に伝えた。それを履けば、たちどころに痛みが消えて、永遠に走れるはずだ、と。

　店員が、魔法からわたしを解き放った。「大きな厚底のナイキをやめて、スリッパ同然のシューズを履くなんて。関節の痛みがひどくなる一方ですよ」と忠告してくれたのだ。結局、店を出るわたしの買い物袋のなかには、鮮やかな青のブルックス・ピュアコネクトが入っていた。超軽量ながらも多少のクッションがあり、ファイブフィンガーズよりも明らかにスニーカーに近かった。

　このシューズは、とても新鮮に感じられた。ブルックスの靴の構造（それまで履いていたナイキと違い、土踏まずを支える膨らみがある）のせいだけでなく、色が斬新だった。それまでのわたしは、シューズといえば黒、グレー、白ばかり買っていたからだ。なぜだかわからないが、この真っ青な靴を履くと、速く走れる気がした。実際のタイムがどうだったかはまた別の問題だが……。

＊　＊　＊

スニーカーほどバリエーション豊富な靴はない。名称こそ、スニーカー、トレーニングシューズ、ジムシューズ、テニスシューズ、ジョギングシューズ、ランニングシューズといろいろだが、たいてい誰もが一足は持っているだろう。スニーカーによって、他人と差別化を図ることもできるし、他人に溶け込むこともできる。スニーカーを軸にその日のファッションを考えてもいいし、まず服を決め、家を出る寸前にスニーカーを突っかけてもいい。どのスニーカーも、履いている本人について大なり小なり何かを語る。

二〇一四年のボストンマラソンでは、色とりどりのさまざまなスニーカーを見ることができた。わたし自身はまたもレースの出場資格を逃したが、マラソン愛好家として、テレビやオンラインの中継に見入った。爆破テロで死者三人、負傷者数百人という事件が起きてから一年後とあって、事件現場に近いコップリー広場には、慰霊碑の代わりにランニングシューズが山と積まれて、人々が取り囲み、追悼の花束や手書きのメッセージを置いていた。近くのボストン公立図書館には、前年の追悼式の際に集められたランニングシューズの数々が芸術的に展示された。一方、マラソンコース上では、何万人もの参加ランナーが、思い思いの薄底のハイテク・シューズを着用し、沿道に並ぶ観客たちも、色彩豊かなバスケットボールシューズやテニスシューズを履いていた。カーボンファイバー製の義肢に加え、最先端の工学にもとづくデザインや革新的なソールが開発されたおかげで、脚を失った人たちもこのマラソンに参加できた。四二・一九五キロのコースに沿って、頭上の電話線には古いシューズがぶら下がっていた。

競技用具、汎用ファッション、記念碑、芸術作品……一世紀半のあいだに、スニーカーは、静かにわたしたちの生活の隅々にまで浸透し、文化的な存在になった。そもそもスニーカーが誕生したのは、産業革命と、その意図しない副産物である余暇の増加とが組み合わさった結果だ。その後、スポーツが体系化されていくにつれて発展した。第二次世界大戦時には米軍兵士の訓練に役立った。ファッションや消費者文化とともに進化し、郊外のティーンエイジャーと都会の不良グループ、両方のイメージを固めた。誕生したてのヒップホップでもさっそく歌詞に登場した。若いパンクロッカーも年配のロックスターも、定番のファッションに採り入れた。有名スポーツ選手の人気に貢献し、グローバル化のシンボルになった。大統領でさえ愛用するのだから、ほかの人々については言わずもがなだ。近年では、ある種の専門分野を生み出し、芸術的な撮影、科学的な分析、社会学的な研究などにつながっている。そうした成果の例として、たとえば、写真やインタビューを集めた書籍『SNEAKERS』（スペースシャワーネットワーク）、熱心なコレクターたちを追ったドキュメンタリー映画『スニーカーヘッズ』、本格的な学術研究に裏打ちされ、写真も豊富な書籍『アウト・オブ・ザ・ボックス：ザ・ライズ・オブ・スニーカー・カルチャー Out of the Box: The Rise of Sneaker Culture』（未邦訳）などがある。本書は、そうした流れの延長として誕生した。ある意味で、スニーカーの歴史は、米国の現代史ともいえる。

いったいどんな経緯でこうなったのだろう？

第1章

発明の父

世界が変わるきっかけは、一八三四年、チャールズ・グッドイヤーがニューヨークのとあるショーウインドウに陳列されていた救命胴衣を見かけたことだ。当時、グッドイヤーは刑務所から出てきたばかりだった。家族で営む金物屋の商売が行き詰まって破産宣告を余儀なくされ、債務者刑務所に収監されていたのだ。不潔な独房で長い数日間を過ごしたあと、家族をふたたび豊かにしたいと夢見て、グッドイヤーは大胆な野望を抱いた。現代生活に必要な製品をただ売るのではなく、もっといい斬新な製品を発明してやるぞ、と。それまでの商売は、一八一二年の米英戦争のとき父親が軍服用のボタンをつくり始めたのが出発点で、近ごろは自家製の鎌や鍬を売っていた。しかし、ロックスベリー・インディア・ラバー社のショーウインドウをのぞき込んだとき、三三歳のグッドイヤーは、新しい事業の糸口を見いだしたのだった。

　そのころ、ゴム製品はまだ目新しかった。米国で普及し始めたのは一八二〇年代以降だ。中南米の「樹液がしみ出す木」から生み出されたこの奇妙な原料に、投資家たちが群がった。ゴム製品のなかでも米国内でいち早く発売されたのが「オーバーシューズ」、つまり、ふつうの靴の上にかぶせて履いて雨や泥をはじくゴム靴だった（その後改良が進み、現代では「ガロッシュ」とも呼ばれる）。未精製のラテックスでできていて、革製や木製の靴では実現不可能な防水、防汚機能をもたらす素晴らしいアイデア製品として歓迎された。一八二六年にはブラジルから八トンのオーバーシューズが東海岸のニューイングランド地方に輸入され[1]、四年後には一六一トンに増えた。防水性という魅力のおかげで、ゴムのブームは一八三〇年代の初めまで続き、製品の幅も広がって、ゴム製のコート、帽子、ボート、救命具などが登場した。

　グッドイヤーはニューヨークで見かけた救命胴衣を購入し、フィラデルフィアの自宅に持ち帰った。グッドイヤーが目を付けたのは、救命胴衣の本体に当たる「空気袋」ではない。[2] バルブの密閉性が低く、ここに改良の余地があると見抜いたのだ。さっそく、あらたなバルブを設計し始めた。数週間後、ふたたびロックスベリー社の販売店を訪れて、その設計を見せた。営業担当者はオリジナル設計に感心しながらも、ちょっと厄介な問題があるのだと、グッドイヤーを近くの倉庫へ連れて行った。そこには、救命胴衣のなれの果てが、棚という棚にいやというほど積み上げられていた。ロックスベリー社はゴム取引で大成功した、とその担当者は言った。ところがいまや破滅の危機に瀕している。ゴムは耐水性がある半面、致命的な欠点を抱えているからだ。高温下だと溶けるし、低温下だと脆くなってしまう。ニューヨークの夏にさらされた救命胴衣は、すっかり使い物にならなくなっていた。

「バルブの出来なんて、たいした問題じゃないんです。たった一つ画期的な方法さえ発明されれば、ゴム業界は救われ、発明者は大金持ちになれるでしょう。つまり、ゴムを保護する方法ですよ……このありさまから」[3]

グッドイヤーは関心をそそられた。事業に参入するタイミングとしては最悪で、当初ゴムに群がった投資家たちはすでに手を引き、夏の暑い時期に形状を維持できないとあって、世間の人々もゴム製品に関心を失いつつあった。それでも、グッドイヤーは新発明をめざし、商品価値を失ったゴムを二束三文で買い取った。妻から麺棒を借りて、生ゴムのかたまりをいくつもこね、均一な柔らかさにしたあと、各種の実験に取りかかった。いろいろな溶液に浸す、日干しする、表面に保護材を塗るなど、思いつくかぎりの方法を試した。高温や低温に耐えられるゴムをどうにかして生み出せれば、途方もなく大きな可能性が開ける。それは間違いない。けれども、グッドイヤーには科学的な知識がなかったため、体系立てて実験を行なうことができなかった。時間や手間がかかるばかりで、開発は遅々として進まなかった。

実験を始めてから数カ月が経ち、数年が経った。グッドイヤーは自宅の家具を質に入れて当座をしのいだものの、やがて債務者刑務所に逆戻りするはめになった（結果的には、生涯を通じて五、六回、収監される）。それでもなお、刑務所内で開発作業を続けた。ゴムをこねたり延ばしたりするようすは、囚人仲間たちの格好の笑いの種になった。惨めな境遇に陥るたび、グッドイヤーは意気消沈し、ボストンのある刑務所の監房を「墓場みたいに生気の無い場所」[4]と呼んで嫌がったが、債権者たちから出所を許されるまでいつも数週間かかった（もっとも、借金がかさんで投獄されるのはけっして珍しいことではなく、グッドイヤーもそう考えて心を慰めていたかもしれない。貧困の極みに追い詰められた人ばかりではなく、独立宣言の署名者のひとりでさえ、連邦最高裁の判事を務めていたときに投獄された経験を持つ）。

一八三〇年代の半ばに差しかかるころ、グッドイヤーは、家族を連れてコネティカット州の手ごろな価格のコテージへ引っ越し、そこを自宅兼研究所にした。すでに、実験に出資してくれる投資家をひとり見つけてあった。実験のほうもだいぶ進展して、ゴム、テレビン油、酸化マグネシウムを混ぜ合わせる方法を見いだし、とうとう魔法の処方を探し当てた、とグッドイヤーは確信した。投資家を驚かせてやろうと、その冬、意気揚々としてゴム製の靴を何百足もつくった。

しかし春が来ると、そのゴム靴は溶けてべたべたになってしまった。頼みの綱だった唯一の出資者が興味を失い、ただでさえ潰れかけていたグッドイヤーの面目は丸潰れになった。世間から見れば、ろくに請求書の支払いもせず、実現不可能な素材にこだわっている男にすぎなかった。六人の子供のうち三人が乳児期に死んだ。うちふたりは一八三〇年代初めの二年間で立て続けに命を落とした。質に入れる家具ももう残っていなかった。

それでも一八三六年、訪ねてきた義理の弟から、実験をあきらめるように説得されたとき、グッドイヤーは、鍋や薬品が散らかった背後の室内を指さして言った。「これがあれば、いずれ借金を完済して、裕福な暮らしができるだろう[5]」

「インドのゴム事業は赤字に転落してますよ」と、義弟が語気を強めた。

「まあ、それを黒字に復活させる救世主がわたし、というわけだ」。グッドイヤーは笑顔で言った。

＊　＊　＊

グッドイヤーが生まれた一八〇〇年、世界は劇的な転換期を迎えていた。人類の歴史上ほとんどのあいだ、たいがいの人の所有品――衣服、道具、家具、靴――はどれも、家の近所でつくられた製品だった。けれども、石炭の実用化と蒸気機関の発明に触発された一八世紀の産業革命が、製造の速さと効率を大幅にアップした。織物が安く大量生産できるようになり、鉄鋼も建材や消費財に組み込みやすくなった。労働の需要が農場から工場へ移行し、人々が農業地域を出て、あらたな経済的機会が生まれた都市や町に集まり、労働の性質が変化した。一七九〇年から一八二〇年にかけて、ニューヨーク市の人口は三四万人から一四〇万人へ、わずか三〇年間で三倍以上に膨れ上がった。[6]

オートメーション化が進み、工場、倉庫、鉄道網が整備されて、新しい工業製品を国全体に迅速に行き渡らせる体制ができあがった。おかげでその後、安定したゴムや、スニーカーなどの製品の普及が可能になったわけだ。もっとも、今日のスニーカーの元祖が誕生する前に、まず、そうした製品に対する需要がなければ話にならない。需要が喚起されたのは、産業革命がもたらした別のこと――産業そのものとは違う要因――による。それは、スポーツや余暇の発展だった。

　余暇は、まさしく工場勤めの副産物といえる。産業革命が最初に起こったイングランドの場合、綿工場や繊維工場は毎年一回、修理やメンテナンスのために休業しなければならなかった。その結果、いやおうなしに一週間の休みができたうえ、労働者の可処分所得が増えたことや、鉄道旅行がしやすくなったことも相まって、海辺のリゾート地が人気を博すようになった。一八〇〇年代半ばには、海辺で休日を過ごすという新しい需要にこたえ、ブラックプールやブライトンといった海岸沿いの町で観光ビジネスが始まった。ブラックプールに年間つねに旅行者があふれていたわけではない。ただ、年一回の「休業ウィーク」は町によって異なる時期に設定されていたため、観光地には安定して人が流れ込んだ。かつて上流階級の贅沢だった余暇が、すそ野を広げて社会全体に広がっていった。

　それとともに、間もなく、服装の流行が変わり始めた。オーバーシューズと並んで、スニーカーの先駆けとなったのが「サンドシューズ」だ。砂浜向きの安価な靴が大量生産され、イギリスやアメリカの海辺のリゾート地で売り出された。これを買えば、ふだん工場で履いている長靴を砂まみれにしなくて済む。サンドシューズはふつう、表面が布地、底はコルク（ときには縄）でできていて、[7]砂浜を歩くには適していたが、水に濡れると厄介だった。一八三二年、ニューヨークのウェイト・ウェブスターが靴にゴム製の底を貼り付ける方法の特許を取得したほか、[8]一八三〇年代にはリバプール・ラバー社がゴム製のサンドシューズを試作したといわれる。[9]けれども、当時のゴム靴は、例の救命胴衣と同じように、高温で簡単に溶けてしまう代物だった。

新しい労働者階級は、海辺で過ごすだけでなく、ほかにも余暇の楽しみかたを見いだした。すなわち、スポーツだ。一九世紀初頭の時点では、アスレチックシューズに類するもの――特定の身体活動に合わせた専用の靴――といえば、乗馬用ブーツとバレエシューズくらいだった。この点は、産業革命以前の生活の実態をよく表わしている。レクリエーションとはつまり、上流階級の人々が狩猟に興じたり芸術を楽しんだりするものだったのだ。しかし、一般の人々の余暇の時間が増え、収入の水準も上がるにつれて、スポーツが進化を遂げた。

からだを使って他人と競うという意味で、労働者たちが最初に熱を上げたのは、特別な用具がいらない運動だった。一八六一年、ある男が賭けに負け、はるばるボストンからワシントンＤＣまで歩いて、エイブラハム・リンカーン大統領の就任式を見に行くはめになった。この話を伝え聞いて、アメリカ人たちはおおいに興味を持った。人が歩く姿を見物することには、それまでのスポーツにはない面白さがあった。ボクシングや闘鶏などの荒っぽい見世物は場末に限られていたし、野球観戦はまだ一般化していなかった[10]（アメリカ最初の本格的な観戦スポーツである野球は、もう少し後の南北戦争中に、北軍が普及させた）。その男がリンカーンの就任式めざして歩くうち、通り過ぎる町には、男をひと目見ようとする群衆がしだいに増えていった。

同様に、公衆の面前を歩くことでカルト的な人気を得る者が相次いで現われて、各地の町で新聞に取り上げられるなどして評判になり、ついには大がかりな公開イベントとして歩行レースが企画され始めた。[11]歩行レースは一対一で行われ、長いものは六日間にわたって続いた（日曜日に競技をするのは不謹慎だった)。目的地の町をめざして歩くレースもあれば、競技場のトラックを回り続けるレースもあった。どちらにも観客が集まった。イングランドでは、あらたな鉄道網が海辺の町のにぎわいに役立ったわけだが、アメリカでも、選手やファンは、新しい鉄道のおかげで、歩行レースが開催される地へ自由に移動することができた。

こうした初期の歩行レースには、スポーツと切り離せない要素が絡んでいた――つまり、金儲けだ。一八六一年にリンカーンに会うために歩いた男は、アスリートによる広告塔の先駆けとして、スポンサーになってくれた店や会社のちらしを道中で配り歩いた。また、この「ウォーキング熱」が高じるうち、工場や農場での生活に疲れた人々は気晴らしに賭けを始めた。やがて本格的な賞金も出るようになり、一八七九年には、ふたりの男が歩行レースの世界チャンピオンの座を競った。六日間にわたる戦いを見物しようと、ニューヨークのマディソン・スクエア・ガーデンには観客が詰めかけた。勝者は三七〇キロメートル以上を歩き、入場券の分け前の一万八三九〇ドルを獲得した。[12]

ウォーキングのほうが(とくにアメリカでは)人気があったものの、いち早くシューズに熱心なまなざしを向け始めたのは、ランニングの愛好家たちだった。一八五〇年を迎えるころになると、イギリスのパブや居酒屋の多くが、石炭殻や土砂を敷きつめた競技用トラックを併設するようになり、客を楽しませつつ、店側も小銭を稼いだ。[13] アメリカでは一八六〇年代半ば、ニューヨーク・アスレチッククラブなど、アマチュア走者のための団体が生まれた。選手たちの活躍ぶりが新聞紙面を飾るなか、レース開催者側は、競技の距離や条件を統一して、いろいろなトラックで走った選手の成績を比較できるようにした。加えて、ストップウォッチを使って正確を期し、抜きん出たランナーたちを競わせて世間の興奮をあおった。

きちんと整備されたコースでは、特別なシューズを履いたランナーが多少とも有利になる可能性がある。金銭的な損得が絡んでいたうえ、結果が正式な記録として残るようになったため、もっと速く走れるシューズが欲しいという需要が高まった。初期のランニングシューズは革でできていたが、靴底に金属製のスパイクを取り付け、トラックの表面に食い込むように改良された。一八六〇年代初めにトーマス・ダットン・アンド・ソログッド社がつくったシューズは、一見すると紳士用のドレスシューズのようで、ヒールもあったが、金属のスパイクが付いていて、甲の部分を革紐で締めつけるデザインだった。[14] また、速さより軽さを重視したシューズも出回った。トレーニング中は重めのシューズを履き、レースでは軽いシューズを履く、と使い分ける選手もいた（一八六六年に発行されたトレーニング・マニュアルにも、「練習時にはつねに重いシューズを履くとよい」とのアドバイスが載っている）。また、シューズの重さを工夫することで、レースの規定を悪用しようと企む者も現われた。当時は、デッドヒートを演出するため、足の速さに応じてハンディキャップを付けるのがふつうだったからだ。本当は速い選手が、予選ラウンドのときは鉛の中敷きが入ったシューズで走って、遅いふりをすれば、決勝で有利に立てた。[15]

スポーツやレクリエーションが日常生活に溶け込んだ結果、スニーカーが台頭する条件は整った。しかし、それが現実化するためには、弾力性を保てるゴムを誰かが発明しなければいけなかった。

＊　＊　＊

何年もわたる苦労の末、グッドイヤーに突然、幸運が舞い込んだ。一八三八年、グッドイヤーは、マサチューセッツ州ウォバーンの経営破綻したゴム工場を訪れた。ここを買い取って、実験のあらたな拠点として利用したいと考えたのだ。工場の所有者のナサニエル・ヘイワードも、グッドイヤーと同様、安定したゴムを発明できれば大きな可能性につながるとみて、自分なりの実験を続けていた。工場内を見学し始めたグッドイヤーは、硫黄の臭いを嗅ぎとり、ははあ、これがヘイワードの企業秘密だな、と勘づいた。ヘイワードがその時点で実現していたゴム製品は、熱に完全に耐えられるわけではないものの、変形しかけてもなお表面が滑らかさを保っていた。グッドイヤーはその年のうちに工場を購入し、ヘイワードを職長として残して、ふたりで硫黄を混ぜる技術を研究した。謎はもう解けたも同然、とグッドイヤーは自信を深めた。

そこで、ふたたび出資者集めに乗り出し、ほどなくして、米国郵便局に全天候型の郵便袋を提供するという契約を結んだ。ところが、またしても思い通りにいかなかった。丈夫なはずのゴム製の郵便袋は、発送前、工場に保管しているあいだに、早くも内側がべとべとに溶け始めた。

将来の見通しも、過去の特許収入も、はかなく消えた。買い取ったばかりの工場まで早々に手放すはめになった。「大家族を養わなければいけなかった彼は、極度の貧困に瀕した」と、グッドイヤーは後年、このときの騒動について三人称の文章で振り返っている。「もしまだ実験を続けたら、友達からも知人からも見放され、同情さえしてもらえなくなるだろう」

それでも、グッドイヤーは試行錯誤をやめなかった。一八三九年の初め、ついに偶然、安定したゴムをつくり出すすべを見いだした。手元が狂って、ゴム、硫黄、鉛白の混合物を熱いコンロの上にこぼしたのだ。すると、溶けないどころか、形状が変化しなかった。硫黄を混ぜるというヘイワードの思いつきは、まだ正解の途中でしかなく、本当の突破口は「混合物に熱を加える」だった。歯がゆいことに、それがわかったあとも、同じ結果をなかなか再現できなかった。ゴム、硫黄、鉛を厳密な比率で配合しなければならず、加える熱量も厳密さを要した。グッドイヤーは、特許を申請する前に完璧な工程を確立しようと躍起になった。さすがにもう、勇み足は許されない。一八四二年にはホーラス・カトラーという靴職人をビジネスの仲間に引き入れた。とはいえ、グッドイヤーのゴムはまだ、科学の域に達していなかった。わずかな手際の差で品質にばらつきが出るうえ、頻繁に気泡が入ってしまい、カトラーはうんざりし始めた。しかし、徐々にほかの起業家たちから注目が集まりだして、グッドイヤーとカトラーの靴――気泡が入らなかった成功品――はかなり画期的だと、歓迎する空気が濃くなってきた。

一八四四年一月、グッドイヤーはついにアメリカで特許を申請するだけの自信（と金銭的なゆとり）を持った。数カ月後に特許が認められ、グッドイヤーが発見した製造工程は「加硫《バルカニゼイション》」と呼ばれるようになった。グッドイヤーの知人が、ローマの火の神バルカンにちなんで命名したのだ。投資家筋は、一〇年前にいったんゴム産業に見切りをつけていただけに、市場へ再参入するのを躊躇したものの、加硫が待望の革新的な発明であることが明らかになるにつれ、われ先に群がった。グッドイヤーのゴムは、誰も想像のつかないかたちで新しい産業分野を生み出し、日常生活を変えることになる。イギリスで特許が認められてからわずか二年後の一八四六年、ビクトリア女王の馬車には頑丈なゴムタイヤが装備された。ニューヨークのショーウインドウでゴム製の救命胴衣と運命的な出会いをしてから一〇年、幾多の試行錯誤を経て、グッドイヤーは、安定したゴムの製造法を会得した。

けれども、会得したのはグッドイヤーひとりではなかった。いざ蓋を開けてみると、慎重を期して特許の取得を遅らせたことが、ビジネスとして裏目に出た。グッドイヤーが手に入れた奇跡的な素材を、すでにライバルたちも手にしていた。

＊　＊　＊

一八五二年三月、チャールズ・グッドイヤーは成功と破滅の境界線に立たされた。五一歳の発明家として未来を約束されるか、貧困から脱却できるか、世紀の技術革新を成し遂げた人物として名を残せるか——すべてが、ニュージャージー州トレントンの連邦巡回裁判所で決することになった。グッドイヤーやそのライセンス契約業者は、裁判に勝つための費用を惜しまなかった。たかが靴、どころの話ではない。

ゴム靴産業はすでに飛躍的に成長していた。ゴム・ブームが始まった一八三〇年代、市場規模は世界全体でも五〇万足ほどにすぎなかった。しかし一八五〇年代初頭には、グッドイヤーの特許のライセンス契約先だけでも年間五〇〇万足を生産していた。[16]契約を結んだ各社は、個々の製品についてではなく、加硫法という製造工程について特許使用料をグッドイヤーに支払うかたちになる。そこで、加硫法にまつわる互いの利益を守ろうと、業界団体を設立した。当時、業界団体はアメリカでもまだ珍しかった。

じつは、グッドイヤーが特許を取得する一年前の一八四三年、ゴム製造を手がけるライバルのひとり、ホーラス・デイという人物が、グッドイヤーのビジネスパートナーでありながら不満を募らせていたカトラーを説得して、マサチューセッツ州からニュージャージー州まで呼び寄せ、グッドイヤーの製造工程の秘密を聞き出していた。以来、デイはグッドイヤー側の悩みの種だった。質の低い競合製品を市場にあふれさせたばかりか、自分こそが加硫の正当な発明者であり、グッドイヤーの特許は「詐欺である」とまで主張した。グッドイヤーは過去にもデイと法廷で争ったことがあるが、一八五一年、ライセンス契約先の各社と力を合わせ、特許侵害の問題にきっぱりとけりをつけることにしたわけだ。

この一九世紀半ばごろ、特許権侵害訴訟はけっして珍しくなかった。産業革命で登場したさまざまな新技術を、特許使用料を支払わずに拝借しようとする便乗主義者たちがおおぜいいた。グッドイヤー側がデイを相手取った裁判にしても、ホーラス・デイひとりを追い込むのが意図ではなく、対価を支払わずに加硫法を使用した業者すべてに対して永久的な禁止命令を出してもらうつもりだった。それまでのところ、発明を成し遂げたグッドイヤーは、暮らしが楽にはなったものの、それほど裕福ではなかった。特許をはっきりと確保できなければ、将来の富も脅かされてしまう。[17] げんに、綿繰り機を発明したイーライ・ホイットニーが、たび重なる裁判の費用のせいで特許収入のほとんどを使い果たした、という前例もある。しかし、ここで勝利すれば、グッドイヤーもライセンス契約先も、権利を強化できる。

グッドイヤーは、現職の国務長官であり、アメリカ史上屈指の雄弁家として知られるダニエル・ウェブスターを代理人に立てた。初めは受諾を渋ったウェブスターも、グッドイヤー側から、法廷に出るだけで一万ドル、勝訴すればさらに五〇〇〇ドルという高額報酬を示されて、気を変えた。なにしろ、単純作業の労働者だと一日働いても七五セントしか稼げない時代だ。ウェブスターに提示されたこの報酬は、アメリカの弁護士に提示された額として過去最高だった。荒い金遣いのせいで背負っていた巨額の借金を完済できるとあって、ウェブスターは首を縦に振った。

　ウェブスターに対抗すべく、デイも超一流の弁護士ルーファス・チョートを雇った。「法の魔法使い」の異名を持つこの弁護士は、ほとんど見込みなしと思われた裁判で何度も勝った。殺人容疑をかけられた人物を「夢遊病のせい」と弁護し、無罪に持ち込んだこともある。俄然、グッドイヤーの訴訟に世間の注目が集まった。ウェブスターは生きた伝説であり、その活躍を一般の人々がじかに見られるのはこれが最後かもしれなかった。おまけに、法曹界の怪物との一騎討ちだ。多くの人々が裁判所に押し寄せ、やむなく場所が変更になったが、それでも、一部の新聞記者は入ることができず、運よく傍聴できた約七〇〇人から話を伝え聞くしかなかった[18]。

　一八五二年三月の二日間、満員の法廷で、ダニエル・ウェブスターは得意の魔法を操った。すぐ左にいたグッドイヤーをあえて立ち上がらせ、この発明家が生きてきた悲運の物語を弁舌なめらかにしゃべり続けた。

「この人物がどれほど貧困に苦しんだかは言葉に尽くせません[19]」。そう言って、ウェブスターは、数々の苦労話を明かした。グッドイヤーの不健康そうな顔色が、話を裏付けているように見えた。

「一家で極貧にあえぎ、衣食住もままならず、道端に落ちている小枝を拾って暖炉にくべました。非難を浴びせられることもありました。いえ、厳しい叱責ではありません。この人を叱責する権利なんて誰にもないんですから。けれども、知人たちにからかわれ、プライドを傷つけられました」

後年、スティーブン・ビンセント・ベネットという作家が、このウェブスターをモデルにした架空の物語『悪魔とダニエル・ウェブスター The Devil and Daniel Webster』を発表している。作中でウェブスターは、悪魔に魂を売ってしまった貧しい農民のために弁護を引き受け、悪魔の化身「スクラッチ氏」に勝訴する。現実世界のウェブスターは、悪魔ではなく、グッドイヤーの特許侵害者たちと戦った。[20] 科学的な議論を平易な言葉で進め（「みなさんご存じのとおり、一般に、熱は天然素材を膨張させ、寒さは天然素材を収縮させます」）、加硫法が発見される前のゴムがどんな問題点を持っていたか、ユーモアを交えて説明した（「ある寒い日、わたしはゴム製の外套をおもての地面に置きました。固くなり、突っ立った状態で倒れません。わたしはその上に帽子をのせました。道行く人たちはそれを見て、玄関前におかしな直立不動の男がいると思ったようです」[21]）。さらにウェブスターは、グッドイヤーの高貴な苦しみを、あらん限りのレトリックで表現した。「この人のもとに残っているものは二つだけでした。家族と、発明です。（中略）ありとあらゆる困難にもめげず、研究を続けました。非難に耐え、貧乏を忍び、前へ進み続けたのです」

結果的に、これがウェブスターの最後の名スピーチになった。数カ月後、愛馬から落ちて死亡したのだ。法廷の同情心をつかんだグッドイヤーは、今後の特許侵害に対する差し止め命令を勝ち取った。とうとう、ゴム事業を掌中に収めたかに思われた。

＊　＊　＊

史上初のスニーカーは、意外なスポーツのためにつくられた――クロッケー（ゲートボールの原型）

だ。

歩行レースなど、あらたに人気の出始めたスポーツイベントが、賭博がらみで盛り上がったのに対し、クロッケーは中産階級の人々のあいだで道徳的かつ社交的なスポーツとして流行し始めた。[22]道具の大量生産や公園の普及により、一八五〇年代から六〇年代にかけてとくに広まった。男女が入り交じってプレーすることが許されたため、性別を問わず楽しめる活動の先駆けになった。また、クロッケー場は、若者たちが集う場としても人気を博し、社会的に認められた。クロッケーのボールを打つ際、女性はフープスカートを持ち上げるのがふつうで、この仕種がふしだらかどうか、さかんに議論された。[23]何世代ものなかで初めて、女性の足と足首がおおやけの場で初めて異性の目にさらされたのだ。[24]女性向けの雑誌は、適切な靴を履くことの重要性を指摘した。

芝生で汚れかねないので、白い靴は実用的ではない。解決策として、一八六〇年代に「クロッケーサンダル」がアメリカで生まれた。ゴム製のオーバーシューズから、ゴム底でキャンバス地の編み上げ靴まで、いくつかのタイプがあった。いずれも、ゴム製のソールを採用し、クロッケーの芝生を傷めたり、硬くて角ばった靴で土をへこませたりすることを最小限に抑えていた。このソールこそ、クロッケーサンダルがスニーカーの元祖といわれるゆえんだ。スニーカーをごく平凡に定義するなら「大量生産された、ゴム底の運動靴」であり、クロッケーサンダルはこれにみごとに当てはまる。[25]クロッケー向けのシューズはさらに種類が増えていき、一八八六年にはブルーミングデールズという百貨店が「レディース・クロッケー」なる商品を宣伝した。スリップオン式のパンプスで、ゴムだけでできた軽量タイプもラインアップされていた。

クロッケーのブームはその後わずか数十年で下火になり、世間の関心はほかのスポーツに移っていった。ただ、一八六五年に出版された『不思議の国のアリス』にクロッケーが登場することから、当時の人気ぶりがわかるだろう。ルイス・キャロルのこの本の出版がもし数十年あとにずれていたら、アリスは、ハートの女王からクロッケーではなくテニスに誘われていたかもしれない。

しかし、キャンバス地とゴム底でつくられた靴は生き残り、やがて「プリムソル」という愛称が付けられた。一八七〇年代、イギリスのサミュエル・プリムソル下院議員が、船体に水平線を数本描き、これを目安にして、満載状態の貨物船が航行可能かどうかを判断する手法を考案した。プリムソル線（満載喫水線）がはっきりと目視できれば、船体は海中でじゅうぶん高い位置を保っていることになる。この線とよく似ているのが、靴のキャンバス地とゴム底の境界線というわけだ。水がこの線より下にあれば、足は濡れなくて済む。「プリムソル」はイギリス発祥の愛称だが、たいていのものと同様、すぐに海を越えて広まった。[26]

＊　＊　＊

グッドイヤーは奇跡のゴムの新しい使い道を夢見続けた。思いつくかぎりの応用品を列挙した本まで出した。ゴム製の机、ページがゴムでできた本、「スポーツマンのブーツ」などなど。しかし残念ながら、存命中にはどれ一つ成功しなかった。

不運なうえにビジネスセンスに欠けていることが、相変わらず、グッドイヤーの最大の足かせだった。また、グッドイヤー対デイの裁判に勝利したにもかかわらず、特許をめぐるトラブルは終わらなかった。たとえば、イギリスでは特許問題が片付いていなかった。アメリカで特許を取得する二年前、投資を呼び込もうと、グッドイヤーは加硫ゴムのサンプルをイギリスのゴム会社に送った。ところが、そのうちの一社が、サンプルを解析して製法を突き止め、グッドイヤーより先にイギリスにおける特許を取得してしまった。フランスでも、ある細かな点のせいでグッドイヤーは特許を取りそこねた。アメリカ国内でさえ、特許侵害をめぐる裁判になおも時間と金を費やす必要があった。

ホーラス・デイに勝訴した裁判からわずか八年後の一八六〇年、グッドイヤーは、何十万ドルもの借金を抱えたまま、五九歳で世を去った。[27]

死後ようやく、グッドイヤーの未亡人と子供たちに多額の特許使用料が入るようになり、息子のチャールズ・グッドイヤー・ジュニアは家業を継ごうと決意した。その最も有名な発明は、父親と同じく、靴産業に貢献する内容だ。一八七五年、ふたりの発明家の協力を得て、接着剤や細かいステッチを使わずに靴のかかとをゴムや革の靴底に取り付ける、新型の縫合マシンの特許を取得した。この「グッドイヤー・ウェルト製法」を使ってつくられた靴は、値段が高くなるものの、防水性が高く長持ちした。その後マシンは改良されたが、製法としては現在も利用されている。

グッドイヤーの名は、やがて世界的に知られ、膨大な富と結びつくが、皮肉なことに、グッドイヤー一族とはまったく関係がない。グッドイヤーの死から四〇年後、起業家のフランク・セイバーリングが、新しいゴム工場の名称を決める運びになった。町の反対側にグッドリッチ社の工場があるおかげで、オハイオ州アクロンにはすでにゴム産業が定着していた。セイバーリングは、自分の会社も「グッド（良い）」で「リッチ（金持ち）」にしたいものだと考えた。そこで、似たような響きを持ち、ゴム業界にゆかりの深い名前を選んだ。セイバーリングの会社は、自転車のタイヤや、馬蹄のゴム詰め物をつくり始め、のちにはゴム底でキャンバス地のスニーカーを量産した。そのブランド名は「グッドイヤー」だった。

第2章

桃入れ籠とテニスセット

もしも一八九一年、マサチューセッツ州スプリングフィールドの冬が穏やかだったら、「バスケットボール」という言葉を耳にする人はこの世にいなかっただろう。さいわいその一二月は、ニューイングランド州に特有の激しい吹雪が、スプリングフィールドの町とキリスト教青年会（YMCA）訓練校に襲いかかった。この学校で、三〇歳のカナダ人、ジェームズ・ネイスミスが体育の教師をしていた。

長老派の牧師という資格も持つこのネイスミスは、「外の悪天候から学生の気をそらすような競技を考案してもらいたい」と学校長に頼まれた。アメリカンフットボールのシーズンはもう終わっていたし、野球のシーズンが始まるまでにはまだしばらく間がある。そんな冬の数カ月間、体育館で行なわれていたのは、床運動やマット運動、腕立て伏せ、器械体操くらいだった。「この新世代の若者たちは、からだを鍛えるメリットよりも、ゲームの楽しさやスリルを求めている」とネイスミスの上司は言った。

子供のころ、的に向かって石を投げて遊んだことをネイスミスは思い出した。同校の体育館は、壁際に沿って、床から一〇フィート（約三メートル）の高さにランニングトラックが設けられていた。そのランニングトラックの縁を利用して、ネイスミスは、桃を入れるための籠を体育館の両端の頭上に釘付けし、「あのバスケットめがけてサッカーボールを投げてみろ」と学生たちに指示した。九人ずつの二チームに分かれて、史上初の「バスケットボール」が始まったものの、ゲームというより乱闘だった。「男子学生たちはタックルしたり、蹴ったり殴ったり、取っ組み合ったりしていました」とネイスミスは振り返っている。おおぜいが目にあざをつくった。肩を脱臼した者もいた。ひとりは、殴り倒されて意識を失った。にもかかわらず、参加した学生たちは、またやらせてほしいと言ってきかなかった。

まず、きちんとルールを決める必要があった。サッカーなど一部のスポーツは、初めてルールが規定された日はいつなのか、明確にわかっている。ただ、その取り決めに先立って、長年、「非公式」のプレーがさんざん行なわれているのがふつうだ。バスケットボールは違う。一八九二年一月一五日、ネイスミスが校内新聞にいきなりルールを発表した。そのいくつか（三連続ファウルすると、相手チームの一ゴールとなる、など）はやがて消えたが、多くは現在も残っている（選手はボールを持ったまま走ってはいけない、など）。

ネイスミスの学校はＹＭＣＡ管理者を養成していたので、この新しいゲームは、全米にわたるＹＭＣＡネットワークを通じて急速に広まった。また、学術的でもあったネイスミスは、みずからが考案したルールを『体育ジャーナル *Journal of Physical Education*』に発表した。競技が誕生してから一年後、スプリングフィールドのほんの数キロ北にあるスミス大学の講師が、ネイスミスのルールを読み、女子向けにアレンジしたものを公表した。誕生から四年も経たないうちに、バスケットボールは女子生徒がいるほとんどの学校で行なわれるようになり、男子より先に女子スポーツとして西海岸まで広まった。

バスケットボールが普及するなか、バスケットの高さは、ネイスミスが最初に体育館のランニングトラックの縁に釘付けにしたときのままだったが、これが偶然にも絶妙な設定だった。もっと低かったら、バスケットボールはダンクシュートばかりの競技に進化していたかもしれない。もっと高ければ、長身の選手でもバスケットに手が届かず、投げ入れるシュートが中心になっていただろう。つまり、一〇フィートという高さが功を奏して、わたしたちが今日知るようなスポーツになったのだ。

初めのうちは、現代のバスケットボールより試合の進行が遅かった（真っ先に改良されたのは、桃入れ籠の底に穴を開け、いちいちはしごをのぼってボールを取ってこなくても済むようにすることだった）。

当初から急速に人気が集まった理由の一つは、ほとんどどこでもプレーできるくらい、必要な道具が少なかったからだ。後年、国内各地を旅したネイスミスは、ウィスコンシン州の一本の木に古い樽の輪が縛りつけてあったり、メキシコ国境近くのぼろ小屋に錆びた鉄の輪が釘留めしてあったりするのを見かけたという。[2] 第一次世界大戦が始まると、米軍の兵士たちはこの競技を海外に持ち出した。

バスケットボールにかぎらず、二〇世紀初頭には、組織化されたスポーツが広まって、運動用のスニーカーが誕生する背景ができあがるとともに、スニーカーを買い求める大衆市場が形成された。クロッケーのブームから数十年前が経ち、体育館や公共の公園がすっかり整備されて、新しいスポーツや競技にふさわしい場となり、状況は大きく前進した。

当時、スポーツに画期的な変革をもたらした人物がもうひとりいた。カイゼル髭をたくわえた身長一六〇センチのフランス人、ピエール・ド・クーベルタン男爵だ。もともとはとくにスポーツ好きというわけではなく、むしろ、イギリス式の学校制度をフランスへ導入することに強い興味を持っていた。一八八三年、二〇歳になったクーベルタンは、体育がどのように教育に取り入れられているかを視察するため、イングランドのラグビー校を訪れた（ラグビー校はすでにスポーツ史上に名を刻んでいた。なにしろ「ラグビー」という競技はこの学校にちなんで名付けられたものであり、一八四五年、在校生三人が競技ルールを書いた）。クーベルタンは、スポーツがいかに「道徳的かつ社会的な強さ」を生み出すかに感銘を受けて、ラグビー校にならったシステムを自国に普及させようと努め、結果としてフランス全土に学生スポーツが定着していった。

一八八〇年代、しかしクーベルタンは、スポーツ、文化、教育の理念を広めるため、さらに壮大な構想を抱いていた。有名な話だが、一八七五年と一八八一年に考古学の研究が目的でオリンピアへ遠征した際、若きクーベルタンはおおいに刺激を受け、古代ギリシャに関心を向けた。これが、後世に残る偉業につながっていく。一八九四年、クーベルタンは国際オリンピック委員会を設立し、加盟した一三カ国の代表者と力を合わせて、古代オリンピックの復活をめざした。同委員会は、ギリシャ政府と裕福な後援者を説き伏せ、アテネに第一回大会の開催スタジアムを建設した。

＊　＊　＊

クーベルタンは、オリンピアの精神を継ぐ純粋な選手はプロではなくアマチュアのほうがふさわしいと考えた。この点が、次の世紀に重大な影響をもたらすことになる。現代のわたしたちから見れば、初期の近代オリンピックで使われた設備や用具は、古代のころと大差なく思える。レースはダートトラックで行なわれていたし、走高跳の着地時の緩衝材は、おが屑の山だった。シューズも、靴底にスパイクが打ち込まれているほかは、柔らかい革のオックスフォード靴とたいして違わなかった。それでも、一八九六年にギリシャで開催された第一回近代オリンピックは、国際大会として大成功したばかりか、ギリシャのイメージアップにも大きく寄与し、そのあとしばらくは毎回、ギリシャが進んで開催国になった。しかしクーベルタンは、オリンピック精神を国から国へ広めていくべきだと主張し、以後、パリ、セントルイス、ロンドン、ストックホルムでオリンピックが開催された。

一九世紀には、ほかのスポーツもルールの標準化に取りかかり、シューズにそれぞれ独自の影響を及ぼすことになった。一八〇〇年代まで、サッカーは「美しい試合」よりも「適者生存競争」に近かった。危険すぎ、文明社会への脅威であるとして、一四世紀には七人の君主がサッカーを禁止したほどだ。イギリスでは、学校ごとにサッカーチームを設立し、それぞれ独自のルールのもとでプレーしていた。他校と交流試合を行なう場合は、まずルールをすり合わせる必要があった。一八六三年一二月、相手を蹴る行為（ハッキング）をルールで許可するかどうかをめぐって意見が対立し、別種と呼ぶべき二つのスポーツに分裂した。ハッキング反対派が確立していったのが「アソシエーション・フットボール」（この略称として「サッカー」という言葉が生まれた）、賛成派が確立したのが「ラグビー」だ。

サッカー用のシューズが登場したのは一八八〇年代に入ってからで、人気の高まりにメーカーがこたえたかたちだった。サッカーの初期のプレースタイルが、靴のデザインに反映された。今日のように足の側面や上面ではなく、おもに爪先でボールを蹴っていたため、当初のサッカーシューズはすべて、爪先が革で補強されていた。おかげで、自分の足を保護できたほか、相手の向こうずねを鋭く蹴ってダメージを与えるのにも有効だった。初期のすね当てはキャンバス地や革でできていたから、爪先で強く蹴られたときには痛みをあまり和らげることができなかった。イギリスではサッカースパイクを「ブーツ」と呼ぶならわしがあるが、これは、もともとの外見に由来する。底にスパイクが付いた長靴、という感じだった。繊細なボールさばきには向かなかったものの、「ハッキング」にかけては——反則かどうかは別にして——あつらえ向きだった。

＊　＊　＊

バスケットボールシューズは、当然、この競技が考案される一八九一年より前には存在しなかった。一方、汎用の運動靴は広く販売されていた。理由は単純だ。体育の授業で履くため、膨大な数の生徒が安い体育館シューズを欲しがっていた。

スニーカーという名称は、英語の「sneak（忍び歩く）」に由来する。これを履けば、静かに歩くことができるからだ。使用例の初出をたどると、古くは一八七四年、ロンドンの日常生活を描いた小説『イン・ストレンジ・カンパニー *In Strange Company: Being the Experiences of a Roving Correspondent*』（未邦訳）のなかで、看守が「スニークス（中略）というのは、上面がキャンバス地、底がゴムの靴だよ」と言っている。アメリカにおける初出は、一八九三から九五年にかけて刊行された辞書『スタンダード・ディクショナリー・オブ・ザ・イングリッシュ・ランゲージ *Standard Dictionary of the English Language*』に、「［泥棒が使う隠語］ソールが柔らかく、音を立てない靴」と記されている。一八九五年にボストンのガイアーズ・シュー・ストアという靴店が出した小さな広告には「スニーカーを履いている男がスニーク（卑劣）とはかぎりません。スニーカーとは、ゴム底のテニスシューズの呼び名なのです」[3]とある。「テニスシューズ」という言葉自体はその三年前に辞書に登場した。二〇世紀初頭の『ベースボールマガジン *Baseball Magazine*』の記事には、ある選手が「足にはゴム底でキャンバス地の靴——現在で言う「スニーカー」[4]——を履いて、フォールリバーまで遠征した」との記述がある。とすると、この記事が書かれた一九〇九年には「スニーカー」という呼び方がすでに広まっていたらしい。「テニスシューズ」と「スニーカー」は同じ意味の語として使われていたが、どちらの表現を好むかは地域差があった。北東部では「スニーカー」のほうが一般的、ほかの地域では「テニスシューズ」と呼ぶのがふつうだった。この二つと比べると、「ジムシューズ」という言葉はあまり使われておらず、イギリスの呼び名「プリムソル」はだんだん使用されなくなった。[5]

二〇世紀が目前になったあたりで、スポーツ愛好家は用具選びにうるさくなってきた。アメリカでは一八九四年頃からバスケットボール専用のシューズがつくられたが、足首を覆うデザインのほかの編み上げ靴と大きな違いはなかった。一八九七年のイギリスのカタログには、サッカーブーツが四種類、スパイクランニングシューズが二種類、波形の靴底を特徴とするクロスカントリーランニングシューズが一種類掲載されている。スパイク付きのシューズと並んで、ゴム製のスニーカーは、運動靴の急成長分野となり、間もなく、各メーカーは工夫を凝らし始めた。同じ一八九七年、アメリカでは、「丈夫なキャンバス地のゴム底シューズ」[6]入りのスポーツ用具セットが売り出された。ネイスミスは著書『バスケットボール：その起源と発展 Basketball: Its Origins and Development』の中で「一九〇三年、スポルディング社が初のクッション性のあるバスケットボールシューズを宣伝した」[7]と書いている。また、その広告文には「クッション性のあるシューズを採用したチームは、そうでないチームより明らかに有利」との記述がある。スニーカーのデザインが選手の能力を高めることを約束した、ごく初期の例といえるだろう。もちろんその後、同様の例が増えていく。

スポルディングなどのメーカーは、三〇年前の「クロッケーサンダル」を改良したゴム底のテニスシューズも製造していた。女性層をターゲットにしていたとみえ、アメリカの婦人誌『ディリニエター The Delineator』には一八九二年夏の最新スタイルが詳細につづられている。「テニスシューズはローカットが好まれています。白いキッド革の縁取りが付いた白いキャンバス地のものや、あずき色または小麦色の革のもの。靴底はゴムで決まりです。ほかに、黒や褐色のウーズレザー〔スエード〕のローシューズで、爪先がエナメル革で補強されているタイプも、テニス向きとして人気があります。（中略）テニスシューズのときは、いつも靴下を履くのがお似合いです[8]」

＊　＊　＊

二一歳のメアリー・ユーイング・アウターブリッジは、一八七三年から翌年にかけての冬、家族といっしょにバミューダで休暇を過ごした。その際、イギリス陸軍の将校ふたりが小さなボールを打ち合っているのを見かけた。ボールがネット越しに行ったり来たりするのを眺めながら、いったい何をやっているのかわからないけれど、なんだかすごく面白いと心を奪われた。一八七四年二月、汽船キャニーマ号に乗ってバミューダからニューヨークに戻るとき、アウターブリッジ一家は、おみやげにラケット、ボール、ネットという用具一式を持ち帰った。

　海向こうのイングランドでは、趣味のアウトドアスポーツとして、クロッケーに代わり、テニスが流行し始めていた。もともと中世以来、テニスは何らかのかたちでプレーされ続けてきた。最初のころのコートは壁に囲まれていた。一六世紀には、素手ではなく、シンプルなラケットを使うようになり、一九世紀になると、上流階級の社交クラブに浸透していった。テニスがバミューダに伝わったのは、メジャー・ウォルター・クロプトン・ウィングフィールド社から用具セットがいくつか送られたのがきっかけだ。同社は少し前から、この競技を「スフェリスティキ」の名称で商品化して普及に努めていたが、ほとんどの人は「ローンテニス」と呼んだ。ウィングフィールド少佐が考案した用具セットと八ページのルールブックさえあればプレーできるとあって、イングランドでたちまち広まり、遠く離れた土地に駐留する兵士へ一式が送られることも多かった。メアリー・アウターブリッジは、兵士たちからもらった用具セットを持ってニューヨーク港に到着したが、非常に珍しい品物だったため、面食らった税関職員は税金をいくら徴収すればいいのか困った。[9]

一八七四年の夏、アウターブリッジは兄とともにスターテンアイランド・クリケット&ベースボールクラブでテニスを披露し、[10]テニスは正式にアメリカのスポーツ界の仲間入りを果たした。アメリカのほとんどの大都市には「アスレチッククラブ」と呼ばれる会員制の社交場があり、ここには会員向けのスポーツ施設も併設されてきた。そういう施設を通じて、テニスは瞬く間に富裕層のスポーツとして人気を博した。その夏のうちに、北東部のほかの社交クラブもテニスを本格的に取り入れ始めた。[11]イングランドにおける注目の高まりも、普及を後押しし、オールイングランド・クロッケー・クラブは一八七七年、名称に「ローンテニス」を付け足し、同年に第一回ウィンブルドン大会を開催した。その五年後には、クラブ名から「クロッケー」を外したほどだった（のちに、もとに戻したが）。

会員制クラブでは、男性と同じように女性もテニスを楽しんだ。当時としては異例だ。ほかのスポーツはまったく事情が違う。オリンピックでいえば、一九〇〇年のパリ大会に女子選手が初めて出場したものの、選手全体の人数の約二パーセントにすぎず、参加した競技も五つ――クロッケー、テニス、セーリング、馬術、ゴルフ――だけだった。スポーツの力で人と人をつなごうと考えたピエール・ド・クーベルタンですら、男女平等に関しては一九世紀の思考回路にとらわれていた。「オリンピック大会に女性が参加することについては、わたしは相変わらず反対の立場である」と一九二八年の国際オリンピック委員会の広報に書いている。「このところ、女性の参加を認める催しが増えつつあるが、わたしの願望に反する」[12]

少しもたつきながらも、女子スポーツは成長を続けた。メアリー・アウターブリッジは一八八六年に三四歳で早逝したため、自分がアメリカに輸入した競技の普及を目の当たりにすることはできなかったが、テニスは、アスレチッククラブや公共の公園で男女問わず楽しまれるようになった。第一次世界大戦に入るころには、女子向けの大学スポーツプログラムが広く実施され始め、一九三二年を迎えるまでに、テニス選手のヘレン・ウィルス・ムーディ、水泳選手のガートルード・エダール、オリンピックの金メダリストでゴルフ、陸上競技、野球、バスケットボールに長けたベーブ・ディドリクソンなど、女性のスポーツスターが相次いで誕生した。

ただし、女性のスポーツファッションに関しては、なおも旧来の概念が幅をきかせていた。クロッケーによって、女性が足首を人前にさらすという常識破りの変化が進んだわけだが、テニスに付き物のひらひらしたスカートや服装が普及し始めるのは一九〇〇年代初頭からで、それ以前の慎み深いビクトリア朝の人々には抵抗があった。一八八〇年代の「テニスに適した服装」とは、ぴったりとしたコルセットを着用し、腰当てで後部を張り広げた長いスカートをはいて、帽子と手袋を着け（片方の手でラケットを握り、もう片方でスカートの裾を持つ）、靴はハイヒールだった。[13] 世紀が変わって以降も、テニスをする女性は、気温に関係なく、床までの長さのスカートとハイネックの長袖ブラウスを着ていた。流行が上流階級から始まっただけに、靴も含めて、色は白が好まれた。白い服をきれいに保つことが、そうできるくらい裕福であるという証明になった。

一九〇五年、一八歳のアメリカ人女性メイ・サットンが、ウィンブルドンのトーナメントに初参戦するため、イングランドへ旅立った。その一年前には全米オープンで優勝している。サットンは袖をまくり、ふつうより短いスカートを穿いていて、力強いショットを打つときには足首がちらりと露わになった。その「露出度が高い」身なりに、イングランドの観客も対戦相手も唖然とした。サットンがスカートを長くするまで試合を中断すべき、と対戦相手が抗議した。その要求が通ったものの、スカート丈を伸ばしても、サットンのプレーが衰えることはなかった。結局、サットンは、男女を通じてアメリカ人選手として初めて、ウィンブルドンで優勝を果たした。

二〇世紀に入るころ、アメリカ北東部の女子大学では、運動着姿を公衆の目にさらすべきではないとされ、学生の親族以外の男性はスポーツイベントに立ち入りを許されなかった。そのぶん、より実用的な選択が可能になった。女子大学生は、パンツドレスやスカートなしのバスケットボール向け服装に加え、ゴム平底の体育館シューズも許されるようになった。こうした技術革新は、のちの女性用ファッションの予兆といえる。たとえば、一九一〇年のマウント・ホールヨーク大学のバスケットボールチームは、膝丈のスカートを履いていた。世間に受け入れられて流行したのはその一〇年後だ。一方、同チームが使用していたシューズは、典型的なローカットのゴム底靴で、ハイカットのバスケットボールシューズの登場はまだ数年後だった。

大学の女子スポーツが非公開で行なわれた理由は、肌の「露出度が高い」せいと、もう一つ、スポーツ競技にはどうしても荒っぽい行為が伴うせいだ。スミス大学の教育者であるセンダ・ベレンソンは、こう書いている。「バスケットボールのように選手が興奮しがちな試合は、乱暴な行為を排除するルールにのっとって、注意深く進行しなければならない。さもないと、勝ちたいという強い思いと、試合の白熱のせいで、選手は残念ながら女性らしくない振る舞いをしてしまう」[14]。そこで解決策として、ベレンソンは、身体の接触を禁止するとともに、選手それぞれに区画を割り当て、そこから出てはいけないという女子ルールをつくった。この「スミスルール」は世間に歓迎され、とくに高校で普及した。女子スポーツ選手をめぐる当時の認識にふさわしいルールだったわけだ。月刊誌『リッピンコット・マンスリー・マガジン Lippincott's Monthly Magazine』は一九一一年、「女子の男性化」と題した記事を載せ、昨今みられる女性のスポーツ熱の高まりは根本的には良い風潮だが、男性と同じ身体活動をあれこれと好むようになるにつれ、「スポーツ女子」は女性らしさを失うのではないか、と危惧した。その一年後には、医師のダドリー・A・サージェントが『レディーズ・ホーム・ジャーナル Ladies' Home Journal』に「運動競技は女子を男性化するか？」なる記事を寄稿し、女子バスケットボールは「神経の衰弱」を招く危険が「じゅうぶんに立証されている」ため、高校では制限すべきだと訴えた。

このような考え方が影響して、乱暴なプレーを禁じる「スミス・ルール」が広まったわけだが、影響はその程度にとどまらなかった。第一次世界大戦後、男子大学スポーツの「いかなる犠牲を払ってでも勝つ」という精神に悪影響が及ぶことを恐れて、大学や高校の女子向けの運動プログラムそのものが姿を消し始めた。

＊　＊　＊

一九二〇年代に入ると、ビクトリア朝時代の慎み深さは少し緩和された。それを助長したのが、マスメディアという二〇世紀特有の現象だ。一九一〇年代にはカリフォルニアで映画製作が盛んになり、ハリウッドのマーケティング担当者たちが、映画を売り込むにはスターを売り込むにかぎると考えた結果、セレブ文化が発展し始めた。みんなが憧れて真似るべき対象として、グレタ・ガルボ、メアリー・ピックフォード、クララ・ボウらの女優が、ニュース映画や映画雑誌に登場した。カリフォルニアの温暖な気候のおかげもあり、有名女優たちは、肩の露わな深い襟ぐりの服などをまとっていた。

ハリウッドに現われた新しいセレブに負けじと、上流階級の人々が、ヨーロッパからの影響を取り入れてファッションのトレンドをつくった。エリートたちが仕事をしている姿や遊んでいる姿が、ラジオや新聞、ニュース映画などを通じて大衆に伝わり、誰もがファッションを意識しだした。有名人の影響力は急速に高まり、一九二六年、人気映画俳優のルドルフ・バレンティノが三一歳で亡くなると、死を惜しむ一〇万人もの人々がニューヨーク市の道路を埋め尽くし、警察が出動する騒ぎになった。

産業革命後の経済は、労働者階級にあらたな余暇と、それを楽しむ手段をもたらした。映画鑑賞や野球観戦に行く程度だとしても、昔に比べれば大きな進歩といえるだろう。また、ジェームズ・ネイスミスやメアリー・アウターブリッジなどが、新しいスポーツを広く一般に紹介する一方、ピエール・ド・クーベルタンのような人物が、スポーツ競技をたんなる賭博より高い次元の娯楽へ引き上げた。上流階級以外にも余暇がしだいに浸透し、組織化されたスポーツが発達し、消費財が広く手に入るようになったことで、いよいよ舞台が整い、二〇世紀初頭のスニーカーは、今日わたしたちが認識している存在——すなわち、「特定の用途と、有名人による宣伝」を備えた製品——に大きく近づいた。

第3章

コーチのコーチ

一九三七年、ノートルダム大学の三年生レイ・マイヤーが、ある指名を受けた。チャック・テイラーという名の巡回販売員がちょっとしたバスケットボール講座を開いて、自分のパスを誰かカットできるかと観客に対決を挑み、挑戦者としてマイヤーを選んだのだ。[1] マイヤーは、シカゴ・トリビューン紙が「バスケットボール界で最も恐るべし」と評した全米選手権大会チームに所属していた。テイラーが三十代半ば、ややずんぐりした体型で、髪の生え際がだいぶ後退していたのに対し、マイヤーのほうは、引き締まったからだで闘志満々、年齢もひと回り若かった。さて、結果やいかに?

「あの人のパスをカットするのは無理でした」とマイヤーは数年後に語っている。「ボールさばきが見事だったんです」

テイラーの「目にも止まらぬパス」の大きな特徴は、ボールの受け手を見ずにパスを出し、敵を惑わせることだった。しかしテイラーは、ほかにも多彩な技を繰り出した。かつてバスケットボールづくりの自営職人だったテイラーは、みずからを「プロの血統」と自負していた。なにしろ「世界チャンピオン」のオリジナル・セルティックスや「オリンピック金メダルチーム」のバッファロー・ジャーマンなどのプロチームに在籍していた経験を持つ。[2] この無料のバスケットボール講座を開く前、地元のいくつかの新聞にインタビューを受け、それが大々的に報じられたため、プロのアスリートが基本プレーを実演してくれるのを見ようと、ノートルダム大学の体育館には多数の観客が押し寄せた。しかし、テイラーがノートルダム大学に来たのは、技を披露するためだけではなかった。誰か、わたしのドリブル突破を止めてみせてください、と挑戦者を募ったのは、商品の売り込みの前準備だった。

チャレンジに失敗し、決まり悪そうにしている挑戦者のそばに戻ると、テイラーは「問題は、それです」と言って、挑戦者の靴に視線を落とした。「この選手はコンバース・オールスターズを履いていません」

二〇世紀に入って以降、スポーツの人気が高まり、製造技術が向上するにつれ、象徴的なスニーカーブランドが二つ誕生した。コンバースとケッズだ。両者には共通点も多かったが、生まれて間もないスニーカー消費者層にアピールする戦略が異なっていた。チャック・テイラーの例でわかるとおり、コンバースは、有名選手たちからのお墨付きという新しい手法を採用した。ケッズは、もっと従来路線を取り、質の高い製品を欲しがる消費者の心理に訴えた。この二つのアプローチが、ブランド・アイデンティティとブランド・ロイヤルティという現代的な概念の土台を築いた。

＊　＊　＊

一方で、加硫ゴム革命がいよいよ本格化していた。インフレータブル・ゴムタイヤが自転車ブームを引き起こし、運送業界を一変させた。ゴム製のホース、ガスケット、ベルトが、自動車の大量生産を可能にした。関連企業が次々に登場したが、その多くはゴム製の靴を主要製品にすえていた。製造コストが安く、そのぶん需要も高かったからだ。一八九二年、かつてチャールズ・グッドイヤーの父が製造業を営んでいたコネチカット州ナウガタックの街で、九つのゴム会社が合併し、USラバーが誕生した。この新しい巨大企業は、ゴム靴市場の半分を独占し、三〇種類のブランド名で販売するようになった。

一九一六年、USラバーは傘下のブランドを統一することに決め、ラテン語で「フィート」を意味する「ペッズ（Peds）」という名称にいったん落ち着いたが、すでに商標登録済みと判明し、PをKに変えて「ケッズ（Keds）」とした。ケッズの靴は競争上たちまち優位に立った。同じ経営母体のもとでブランドが乱立していた状態が解消され、どの子会社もケッズをつくるようになり、仲間内でシェアを奪い合う必要がなくなった。各社が協力して同一ブランドを推進することで、製品のマーケティングにかかるコストも大幅に下がった。同年、ケッズのブランド第一弾として「チャンピオン」が発売された。白いキャンバス地のアッパーにゴム底という、オーソドックスなスニーカーだ。ファッション的にみれば、おもにテニスコートに似合う製品だったが、広告はこの靴の汎用性を強調した。そのせいもあり、チャンピオンは、スポーツの枠を越え、消費者の日常生活にも役立つ靴として、男性にも女性にも人気を博した。

一方、コンバース・ラバー・シュー・カンパニーが設立されたのは一九〇八年。創業者は、百貨店を経営していたマーキス・ミルズ・コンバースだ。マサチューセッツ州モールデンに拠点を構え、当初は、従業員わずか一五人でゴム製のオーバーシューズを製造していた。一九一五年に製品ラインアップにキャンバス地のシューズを加え、その二年後、オールスターをデビューさせた。この万能型の体育館シューズは、薄い茶色のキャンバス地で、爪先に補強用の革が付いていて、編み上げ紐で縛るというデザインだった。のちに定番になったゴム製の爪先は一九一七年から採用されたが、最初は白ではなくくすんだ茶色だった。足首部分の丸いパッチ[3]は、一世紀後のいまも残るオールスターの特徴だが、本来、デザイン上の飾りではなく、くるぶしがぶつかるときの痛みを和らげる実用的なアイデアだった。

オールスターなどのスニーカーは、コンバース社内の問題の解決策でもあった。ゴム製のオーバーシューズだけだと、需要が季節に左右されるからだ。クリスマス前には従業員たちに暇を出し、翌年春ふたたび需要が高まるころにまた雇うという周期だった。その点、アッパーがキャンバス地のスポーツシューズを並行して手がければ、冬のバスケットボール・シーズン向けに売り込めるので、年間を通じて雇用を安定させることができた。USラバーなどの企業は卸売りを通じて商品を流通させていたが、コンバース創業者のマーキスは仲介業者を避け、社内に営業チームをつくって小売店へ直接販売する方法を取った。一九二二年、そんな営業担当者のひとりになったのが、前出のチャック・テイラーだった。[4]

＊＊＊

一九二〇年代に差しかかると、スポーツ選手が国民的スターの仲間入りを果たすようになった。野球のメジャーリーグが黄金期を迎え、ベーブ・ルース、ルー・ゲーリッグ、タイ・カップなどの名前が新聞やラジオを賑わした。ルースの名声は、みずからの特大ホームランだけでなく、マスメディアの賜物でもある。ボクサーのジャック・デンプシーは、一九二〇年代に長くヘビー級タイトルを保持し、一九二六年に王座を失ったあと、さらに人気が高まった。ほかにも、アメリカンフットボールのランニングバックとして活躍したレッド・グレンジ、「ビッグ・ビル」と呼ばれたテニスのビル・チルデン、プロゴルファーのボビー・ジョーンズなどのスター選手たちが、一世を風靡した。こうしたスポーツの「聖人」たちを祭り上げるため、新しい「聖堂」も次々と建てられ、一九二三年、ブロンクスにヤンキー・スタジアムが完成し、一九二五年には三代目マディソン・スクエア・ガーデンができて、数多くのボクシング試合が行なわれた。[5]

すぐれたアスリートが絶大な名声を得られるようになると、スポーツには、競技そのものよりはるかに幅広い魅力が加わった。オリンピック選手の場合は厳しいアマチュア・ルールに縛られていて、宣伝に関わったり報酬を受け取ったりすることが禁じられていたものの、アメリカ国内のおもなスポーツにはそのような規定はなかった。メジャーリーガーたちは、自分の人気を活かして好きなだけ金稼ぎができた。選手の知名度を利用したさまざまな宣伝が活発化し、とくにベーブ・ルースがもてはやされた。ベーブ・ルースがお墨付きを与えたドレスシューズ、車、釣り竿などを、ファンは喜んで買い求めた。[6]

一方、バスケットボールはまだ歴史の浅いスポーツだった。高校や大学にはすでに普及して定番のスポーツになっていたが、プロのバスケットボールはまだ人気が低く、無名の選手たちが、せいぜい各地の地域リーグでプレーしているにすぎなかった。ルールさえ固まっておらず、ジェームズ・ネイスミスが一八九二年に発表した最初の一三項目のルールから徐々に進化している途中だった。プロでは、ファウルの回数が無制限で、ダブルドリブルも認められていたが、大学では違った。エキシビション試合だと、前半は大学のルール、後半はプロのルールで行なわれるときもあった。プロといっても、優秀な選手が五人以上集まればたちまちプロチームの誕生だった。エキシビション試合の入場料で稼いだり、近隣を回って他チームの挑戦を受けたりする程度のことも多かった。

チャック・テイラーも、最初はそんなチームでプロデビューした。翌日の地元紙でも、たった一行で報じられたにすぎない。チーム名はコロンブス・コマーシャルズ。実業家のグループがスポンサーで、今日の基準に照らすと「セミプロ」といったところだ。[7] ほかの地元チームと対戦したり、たまに、インディアナ州南部の巡業に参加したりするくらいだった。試合会場はきまって市庁舎。ほかに確保できる場所がなかった。結局、一七歳のテイラーが加入したあとわずか一シーズンでチームは解散した。

次に参加したチームは、もっと有名なアクロン・ファイアストン・ノンスキッズだった。[8] 一九歳のテイラーは、同じ地元のライバルチームであるアクロン・グッドイヤー・ウィングフッツとの試合に出場して、最後の数秒で勝ち越しのシュートを決め、この活躍によりレギュラーの座を射止めた。ノンスキッズとウィングフッツの両チームとも、企業が――マーケティングに利用する意図もあって――スポンサーに付いたおかげで安定した活動を続けることができ、一九三七年、ナショナル・バスケットボール・リーグの創設に名を連ねた。同リーグは第二次世界大戦後にバスケットボール・アソシエーション・オブ・アメリカと合併し、やがてナショナル・バスケットボール・アソシエーション（NBA）と改称した。テイラーがプレーした一九二一年のノンスキッズは好調で、アメリカ産業スポーツ協会の全米選手権大会に出場した。テイラーの素早いパスと精度の高いシュートのおかげもあって、ゼネラルエレクトリックに勝利したものの、そのあとすぐに敗退。大会後、テイラーはチームを離れてデトロイトに引っ越した。

アメリカ中西部がバスケットボールの発祥地だが、ほかの地域でもさかんになり始めた。一九二〇年代から三〇年代にかけてとくに成功したチームの一つが、ニューヨーク・ルネッサンスだ。[9]

全員が黒人のプロチームで、ハーレムにあったルネッサンス・カジノ・アンド・ボールルームという建物内のダンスフロアをコートに模様替えして使っていた。チームは「レンズ」の愛称で親しまれ、満員の観客を集めて、ハーレムにおけるスポーツ人気を確固たるものにしたばかりか、「プロバスケットボールは儲かる」という点を実証した。もちろん、人種的な要因が下支えになっていただろうが、だとしても注目すべき収益性だった。レンズなどの黒人のトップチームとオリジナル・セルティックス（本人によれば、テイラーも所属していたことがあるらしい）[10]などの白人のトップチームが対戦する試合は、チケットが非常によく売れた。白人チーム同士や黒人チーム同士ゲームの対戦とは、売れ行きに明らかな差があり、スポーツ界でのちに論争を呼ぶ問題が、早くも顔をのぞかせていた。[11]

バスケットボールシューズは、発売されてすぐにヒットしたわけではない。テイラーがコンバースで働き始めた当初は、それほど売れ筋の商品ではなかった。

テイラーが営業を始めたころ、母親からこんな質問を受けた。「この種類の靴って、誰が欲しがるの？」

「バスケットボール選手だよ」とテイラーはこたえた。

「選手のために買いそろえるのは誰？」

「コーチや高校の職員かな」

「じゃあ、あなたは売り込む相手を間違ってるんじゃないかしら。選手じゃなくてコーチのところに行って、靴を見せたらどう？」[12]

テイラーをはじめとする一九二〇年代の営業担当者たちは、まさにこの点に気づき始めていた。

シューズの顧客は誰なのだろう？　履く人か、それとも買う人か？　二〇世紀初頭にバスケットボールシューズを買いたい場合、今日のようにふらりと近所の店に立ち寄れば済むというものではなかった。アメリカの代表的なスポーツ用品店であるフット・ロッカーがオープンするのは六〇年も先の話だ。通信販売で購入するのも、靴となるといろいろ難しい。結局、バスケットボールに適したキャンバス地でゴム底のシューズが欲しいときは、たいがい、コーチに頼むのが最善の策だった。

テイラーは、プロのバスケットボール選手だった自分の経歴が役立つかもしれないと思いついた。アクロン・ファイアストン・ノンスキッズで活躍していた時期の新聞の切り抜きや写真が残っている。セールストークの一環として、そのころの経験を語ってみてはどうだろう？　そこでテイラーは単身、アメリカ各地を巡回する営業ツアーを始めた。感受性豊かなティーンエイジャーを集めてバスケットボールの手ほどきをし、プロの試合をただ観戦するのとは違う楽しさを伝えようとしたわけだ。当時、高校で指導に当たっているコーチたちは必ずしもバスケットボールの専門家ではなかった。本来はアメリカンフットボールや野球のコーチなのに、学校側からバスケットボールチームを任されただけ、という場合が多く、戦略についての意見はほとんど持っておらず、ましてや、どんな靴を履くべきかなど考えていなかった。だからこそ、テイラーの出番だった。テイラーは、若者たちを相手に、ぜひ必要とされている指導を行ない、さらには本物のプロ選手と会う機会を提供し、そのうえで、穏やかな後押しをして、コンバース・オールスターの在庫を持つ最寄りのスポーツ用品店へ向かわせることができた。

こうしてテイラーは、行く先々の学校や企業でプレーして若い芽を育てたが、競技やブランド名の普及に関して、もう一つ大きな貢献をした。『コンバース・バスケットボール年鑑 the Converse Basketball Yearbook』をつくったのだ。一九二二年から刊行が始まったこの年鑑には、有名コーチたちの戦略を記した記事のほか、当然ながら、さまざまなチームの写真が掲載された。ただし条件があり、バスケットボールの名選手らと並んでこの年鑑にチームの写真を載せたければ、チームのほとんどの選手がコンバースのシューズを履かなければいけないのだった。素晴らしいマーケティングだが、それ以上に、この年鑑はバスケットボール界のバイブルになった。チームの写真に加えて、選手名簿やシーズン成績が掲載され、プレーに関するテクニックやアドバイスも数多く収録されており、たんなる「思い出アルバム」どころではない有益な本に仕上がっていた。さらに重要なのは、テイラーが選出したその年の優秀選手リスト「オール・アメリカン」だ。

テイラーが毎年発表するこのリストが、年鑑の目玉だった。コーチ、選手、ファンとの幅広い交流を通じて、テイラーはほかの人には真似できない量の情報に触れ、才能を見極める目を養っていた。最初のうちは、テイラーがじかにプレーを見た選手のみに絞り、名だたるコーチたちの意見も聞いたうえで、リストを発表した。ニューヨークのスポーツライター陣のアンテナには引っかからないような選手の名前が挙がるため、非常に貴重なデータだった。たとえば、ネブラスカ州の片田舎の高校でプレーしていた選手であっても、毎年秋に発行されて大量に出回るこの年鑑のリストに載れば、一躍、アメリカじゅうに名前が知れわたることになる。

一九三四年までに、コンバースは、テイラーの営業の手腕とショーマンシップがいかにブランド力の強化に役立ったかを思い知った。テイラーが在籍したのはわずか一〇年だったが、同社はユニークなかたちで功績を称えることに決めた。足首のパッチにテイラーのサインを追加したシユーズを「チャック・テイラー・オールスター」の名でブランド化したのだ。テイラーは、選手とのやりとりをもとに、いろいろな改良点を社に提案した。テイラーに対する称賛はその後もとどまるところを知らず、オールスターは「チャックス」「チャック・ティーズ」「チャッカー・ブーツ」（おそらく、編み上げ靴の一種「チャッカブーツ」をもじった呼び名）などのニックネームで知られるようになった。

ほかの靴メーカーも、製品にゆかりの深い人名を利用したネーミングが効果的だと気づいた。たとえばB．F．グッドリッチは、一九三四年、自動車用タイヤ分野からスニーカー市場へ進出するにあたって、製品をジャックパーセルと命名した。前年に世界王座に輝いたカナダのバドミントン選手ジャック・パーセルと契約し、その名前を付けたのだ。ふつうなら、アマチュア選手を製品宣伝に利用することには厳しい制約があるのだが、パーセルは少し前、新聞にバドミントン関連のコラムを書いて報酬をもらったせいでアマチュアの資格を剥奪され[13]、それまでほど多くの大会に出場できない状況に陥っていた。B．F．グッドリッチにとってはこれ以上ないタイミングだったといえる。おかげで、一つの競技の頂点に立つ選手と契約を結び、その名前を活かしたシューズを発売できた。ジャックパーセルは、ゴム製の爪先キャップが付いたスニーカーで、キャップ前部に細いカラーライン（通常は青）があしらわれており、前から見るとまるでスマイルマークのようだった。この「スマイル」デザインは、パーセル自身の助言にもとづいている。バドミントンの実用上のニーズに合わせたもので、シューズの補強に役立つ、と本人は説明している。やがてジャックパーセルは、スポーツシューズとしては使われなくなったものの、ジェームズ・ディーン、スティーブ・マックイーンらがふだん履いていることが知れわたり、文化的なアイコンとしての名声を得た。

プロ選手の名を冠したジャックパーセルが販売されている一方で、テイラーは相変わらず、街から街へ旅を続けた。テイラーが講習会で披露するショーマンシップ、とくに見事なパスが、むしろ裏目に出ることもあった。たとえばカンザス大学のバスケットボールコーチだったフォレスト・〝フォグ〟・アレンは、一九五一年から五二年のシーズンにあたり、チームのシューズをコンバースからケッズに替えてしまった。[14] 選手たちの前でテイラーが素晴らしい実演をしたため、面目をつぶされた気分になったらしい。カンザスは快進撃し、同年のＮＣＡＡチャンピオンに輝いた。しかし全般的にいえば、テイラーは顧客のメンツを立てるすべを心得ていた。アレンが設立した全米バスケットボールコーチ協会に対しても、長いあいだ多額の、ときには五万ドルにものぼる寄付を続けた。この協会は、競技の普及を図る、いわば「ドリブルを続ける」[15]ための主宰者として、バスケットボール殿堂を建造したほか、全米大学競技協会（ＮＣＡＡ）のトーナメントの形式を決定するなどの功績を残した。テイラーは「コーチのコーチ」としての評判を確立し、何十年にもわたるコンバース・ブランドの安定した人気を築き上げた。

コンバースからほかのシューズに切り替えるチームは、それなりのリスクを覚悟しなければいけなかった。のちにＵＣＬＡを長年率いた名コーチ、ジョン・ウッデンは、一九三〇年代にはインディアナ州サウスベンドの高校チームを指導していた。ウッデン自身、高校から大学、プロとキャリアを積むあいだ、つねにコンバース・オールスターを愛用しており、サウスベンドのコーチに就任したときも、チームに選手たちにコンバースを履かせた。しかしある年、教育委員会のメンバーから要請されて、ボールバンドが販売する似たようなシューズに切り替えた。何年も経ったあと、ウッデンは、当時の出来事を回想している。「ある試合で、ひとりの選手がコートに入り、素早く止まってターンしたところ、片方のシューズの靴底全体がほとんどそっくり剥がれてしまったんです。端だけかろうじてくっついている靴底をぶらぶら引きずって、靴下が床面に着いてしまっている有様でした。わたしはコンバースに戻しました」[16]

＊　＊　＊

USラバーは、ケッズという自社ブランドを確立するうえで、コンバースと比べるとわりあい昔ながらの戦略を取った。すなわち、積極的に広告を出し、ケッズの品質の高さを強調した。雑誌に全面広告を載せ、興味をそそる宣伝文を添えた。一九二四年に発行された『ボーイズ・ライフ Boys' Life』（全米ボーイスカウト協会の雑誌）の広告には、同社がニューイングランドのある村で行なった製品テストのようすが掲載されている。少年たちを集めて、片足にケッズのスニーカー、もう片足にケッズではないスニーカーを履いて野球や木登りなどをしてもらい、その後、地元のケッズの工場で、双方の靴の磨耗と耐久性を比較検査したという。製品テストというレンズを通じて、「同じお金を払うなら、最高の製品をどうぞ」という古典的な売り込みを仕掛けたわけだ。また、『ポピュラー・メカニクス Popular Mechanics』の広告には、「たくさん払えば、たくさん買えます——が、質の高さは、払う金額とは別問題」[17]と書かれている。この広告が掲載された一九二九年四月の時点で、ケッズ一足は一ドルから四ドル（二〇一七年の通貨価値に換算すると約六〇ドル）。これに対し、その数年前、メンズ向けコンバース・オールスターの小売価格は一足二・八五ドルだった。

ケッズのブランド戦略の斬新な点は、いろいろな面で——とくに性別に関して——平等を図っていたことだ。一九二八年発行の『エブリガールズ・マガジン Everygirl's Magazine』（若いキャンプファイア少女団員向けの雑誌）でも、『ボーイズ・ライフ』の広告とほとんど同じ特長をアピールしている。登山時に足下をしっかり踏みしめられること、陸上競技のときスピードを出しやすいこと、野鳥観察のとき足音を忍ばせて鳥に近づけること……。そのような活動は年齢や性別を問わずみんなのものであり、ケッズはどんな人にもふさわしい、と暗に訴えたかったらしい。女性向けのスニーカーがほとんどなかったころだけに、このメッセージは効果的だった。

ケッズもその気になれば、コンバースと同じように、有名選手のお墨付きを利用するという戦略に打って出られたはずだ。一九二〇年代にはテニスプレーヤー、とくにに女性選手のあいだで人気があった。なかでもヘレン・ウィルスは、広告塔の有力候補だっただろう。シングルスのグランドスラム大会を一九回も制覇するという、最近セリーナ・ウィリアムズによって破られるまで続いた不滅の記録の保持者で、国際的なスターだった。[18] 一九二四年にウィンブルドンで初優勝し、パリ・オリンピックではシングルスとダブルスの両方で金メダルを獲得した。そのオリンピックでは、アメリカ人のテニス選手がメダルを五つ獲り、全員がケッズを履いていた。USラバーとしてはこの偉業を前面に出さなかったものの、意欲的な販売店は売り込みに活用したにちがいない。

マーケティング上、当時のケッズが非常に力を入れていたのは、ブランド名を記したタグだった。おとな向けのテニスシューズであれ、少年少女向けのスポーツシューズであれ、側面に「ケッズ」と明示されているのはケッズの靴だけ、と広告で強く訴えた。ケッズだけでなくコンバースもそうだが、模倣品と混同されないように神経をとがらせていた。そのあと大恐慌と第二次世界大戦の二重苦に襲われるなか、両社ともブランド名を死守し、ケッズとコンバースはどうにか生き残った。しかし、まだ油断はならなかった。スニーカーの覇権争いに参入しようと、海外のライバル会社が虎視眈々と準備を整えていた。

第4章

ストライプとクーガー

一九三六年八月五日、ベルリン・オリンピック・スタジアム。二二歳のジェシー・オーエンスは、トラックのスタート位置にしゃがんで構えた。オハイオ州出身のオーエンスのほか、五人の短距離ランナーが、この二〇〇メートル走の決勝戦に臨み、審判員が片腕を上げて合図のピストルを撃つのを待っていた。

　トラックの状態は、今日どこにでもあるポリウレタン製の全天候型の路面とはかけ離れていた。レースに先立ち、コーチやトレーナーが鋤《すき》を使って土に刻み目を入れ、スタートの準備を整えた。金属製のスターティングブロックがまだない時代だったため、その穴に足裏を当てて蹴り出し、推進力を得る必要があったのだ。

　短距離走向けのシューズも、現代とは違う。伝わっている話によれば、オーエンス選手が履いたシューズは、オリンピックのトレーニング場にいるとき、小柄で控えめなドイツ人からもらったものだという。その男がみずからつくった靴だった。男は、生まれ育ったバイエルン州南部の小さな町ヘルツォーゲンアウラッハで製造した靴を、できるだけ多くの人に履いてもらいたいと考えたらしい。名前をアドルフ・ダスラーといい、友人たちからは「アディ」と呼ばれていた。靴をひと抱え鞄に詰めて、車ではるばるベルリンまでやってきて、自分の製靴工場で仕上げたシューズを履いた選手がひとりでも金メダルを獲ってくれないだろうか、と期待した。

　ドイツの陸上競技のコーチとは以前から親交があったので、いたって簡単に、ナチス統制下の陸上チームメンバーにシューズを履いてもらうことができた。しかし、金メダルの可能性を高めようと、ダスラーは他国の代表選手にも声をかけた。あらかじめ目を付けておいた選手の筆頭が、ジェシー・オーエンスだった。この才能ある若いアメリカ人ランナーについては、オリンピック前からたびたびニュースになっていた。注目を浴びた理由はいくつもある。

その前年、オーエンスは、たった一時間のうちに世界新記録を三つ、タイ記録を一つ樹立した。しかし、それほどの驚異的な成功を収めながらも、オハイオ州立大学のほかの黒人学生たちと同様、キャンパス外に住むことを強いられ、白人のチームメイトとは別のレストランで食事をし、別のホテルに宿泊しなければいけなかった。ドイツの新聞各紙には人種差別的なコメントや反黒人プロパガンダがあふれ、「ナチスオリンピック」当時の風潮が色濃く表われていた。オーエンスの才能と肌の色に関して、多くの意見が飛び交った。オーエンスが乗った船がドイツに到着したときには、姿をひと目見ようと好奇心旺盛な群衆が群がった。

靴を渡したかったダスラーは、ドイツのコーチに頼んでオリンピック村に入れてもらったものの、英語がほとんど話せなかったため、オーエンスに向かって身振りで「シューズを試着してみてほしい」と頼んだ。オーエンスが選んだのは、なめした牛革でできた黒いトラックスパイクだった。靴裏に取り付けられた手鍛造の金属製スパイクは、爪先近くが一七ミリメートル、母指球のあたりが一五ミリメートルと、長さがなだらかに変化しており、トラックを強く引っかくことができるように外向きに斜めになっていた。また、側面にはダークレザーのラインが二本あしらわれていた。

男子二〇〇メートルに出場したオーエンスは、二位のチームメイトのマック・ロビンソン（ジャッキー・ロビンソンの兄）に圧倒的な差を付け、二〇・七秒という世界記録で優勝した。さらに四日後、四×一〇〇メートルリレーの第一走者を務めてふたたび金メダルを獲得し、これまた世界記録を樹立した。

この一九三六年のオリンピックでは、ナチスのエリートたちが演出のすべてを管理していた。今日、開会前のイベントとしておなじみの聖火リレーは、このときドイツの大会役員が考案したものだ。ありとあらゆる細部まで、アドルフ・ヒトラー率いるドイツを肯定的に印象づける工夫が凝らされた。逆にいえば、ヒトラーが思い描く「アーリア人」の概念にそぐわないものは排斥した。ドイツ系ユダヤ人に関しては、オリンピック開催までの数年間、スポーツ施設や運動場への立ち入りを禁止し、過去にドイツ代表に選出されたことがある者も含め、競技会への参加どころか練習さえも認めなかった。国際社会におもねようと、オリンピックに向けて一部のユダヤ人選手——女子走り高跳びのグレーテル・ベルクマンなど——には、ほかのチームメイトといっしょにトレーニングすることを許したものの、開会直前になって代表チームから追放した。外国から観戦にやってくる人々に向けて政権を「粉飾」するため、ほかにも、ユダヤ人を糾弾する掲示を公共の場から一時撤去する、ナチス系マスメディアによる極端な人種差別報道をいくぶんトーンダウンする、などの措置がとられた。また、おおぜいのジプシーたちをベルリン市内から郊外の収容所へ移送した。

ヒトラーのお気に入りの女性監督レニ・リーフェンシュタールは、数年前にナチスのプロパガンダ記録映画『意志の勝利』を完成させており、大会開催中、史上初のオリンピック長編記録映画となる『オリンピア』を撮影した。四×一〇〇メートルリレーの際にはオーエンスの活躍ぶりをぞんぶんにフィルムに収め、結果として、ナチスの意図を損ねた。数十年後、映画評論家のリチャード・コーリスはこう書いている。[1]「（リーフェンシュタールは）アドルフ・ヒトラーを、ワグナーの神が地上に現われたかのように描いた。（中略）そしてジェシー・オーエンスも同じく英雄として扱った」。オーエンスの姿は、一九三六年オリンピックの最大の見どころとして長く歴史に残るだろう。なにしろ、ヒトラー支配下のオリンピックで、黒人の短距離ランナーが過去最高の四個の金メダルを獲得し、ナチスが抱くアーリア人の理想に打ち勝ったのだ。

「ダスラー兄弟製靴工場」を共同経営していたアディ・ダスラーと兄のルドルフは、アメリカ代表の短距離ランナーの快挙を心から喜んだ。初期のスポーツシューズ市場は、今日と違い、有名選手を看板にして大金をつぎ込むような広告キャンペーンには支配されていなかったし、アメリカ以上に、ヨーロッパではコーチやトレーナー、同じスポーツクラブの仲間によるクチコミが販売促進につながっていた。急成長に差しかかりつつあった一九三六年のドイツのスポーツ産業で、自社のシューズを履いた選手が金メダルを四個獲得した[2]、という事実は何にもまさる成功だった。もちろん、ダスラー兄弟の製品は母国チームにも貢献し、ドイツは陸上競技でアメリカに次ぐ一六個のメダルを手に入れた。

オーエンスにとってはベルリン・オリンピックがキャリアの頂点で、大会のあと間もなくアマチュア選手の資格を取り消された。しかし、ダスラー兄弟のほうはここからが見せ場だった。ふたりはこの先、スポーツとシューズの両方に変革をもたらしていく。

＊　＊　＊

一九二〇年、アディ・ダスラーは、ヘルツォーゲンアウラハ周辺の野原や森を歩いて、革の端切れ、パン入れ袋、破れたパラシュートなど、第一次世界大戦の残骸を拾い集めた。子供のころ、同じ場所をまわって木の枝や石ころを拾い、新しい遊びを考え出したものだった。成人したこんどは、兵士たちの廃棄物をかき集め、母親の洗面所を借りてこしらえた作業場へ持ち帰って、靴をつくった。[3]

戦争が始まる前、アディとふたりの兄——フリッツとルドルフ——は、町の「洗濯屋の子」として知られていた。まだごく小さな町だったヘルツォーゲンアウラハで母親が洗濯業を営んでおり、兄弟はその配達係だった。中世以来、織物づくりに支えられてきた町だったが、産業革命のあおりで染色工や織工がこぞって職を失い、父親のささやかなスリッパ製造業もうまく行かなかった。終戦を迎えて、兄弟が軍隊から帰ってきたとき、父親と母親はともに廃業していた。アディは父親があきらめた事業に挑むことにした。

一九二三年、アディは二歳年上のルドルフの助けを借りて、靴の商売に乗り出した。アウトドア派のアディは、日常生活向けの実用的な靴やスリッパを製作するかたわら、スポーツシューズのデザインを考えて楽しんだ。何度もいっしょに森を長く歩いた親友が、たまたま町の鍛冶屋の息子だったので、協力を頼み、短距離走用のシューズにふさわしい薄い金属スパイクをつくってもらった。ダスラー兄弟はめいめいの強みに応じて役割を分担した。口調が穏やかで職人気質のアディは、ひとり静かに作業場で働くのが好きだった。外向的で人付き合いのうまいルドルフは、営業職が性に合っていた（長男のフリッツは、ふたりとは別に、レーダーホーゼンと呼ばれる短い革ズボンの商売に携わっていた）。

翌年、アディとルドルフは方針を転換し、スポーツシューズに主力を置くことにした。ワイマール共和国の戦後の経済は不安定だったから、このように絞り込んだ分野で事業を始めるのはリスクが大きかったものの、組織化されたスポーツクラブが現われ始めたことで、ダスラー兄弟は商機ありとにらんだ。屋内スポーツや屋内向けのゴム底スニーカーはあまり人気がなく、サッカーやランニングなどのアウトドアスポーツが圧倒的な人気を誇っていたため、そこに照準を合わせた。アディのデザインの才能とルドルフの営業の手腕が功を奏して、サッカーシューズやトラックスパイクシューズの需要はうなぎ上りとなり、生産を間に合わせるのが大変なほどだった。ふたりは、羽振りの良さを見せつけるかのように、仕立てのいいスーツを着て、新車を乗り回した。ドイツ代表の陸上競技コーチのひとりが、評判を聞きつけて、シューズの実物を見にわざわざふたりのもとを訪れ、アディと親しくなった。

　ダスラー兄弟のビジネスは好調を維持し、一九三〇年代にはさらに飛躍的に伸びたものの、その成功はファウストめいた悪魔の駆け引きを伴っていた。ヒトラーの国家社会主義ドイツ労働者党が政権を握ると、国内情勢は矢継ぎ早に変化した。政敵たちが投獄あるいは処刑され、労働組合が廃止され、ドイツ系ユダヤ人への迫害が始まった。体育の奨励は、一見すると党の良心的な側面のようだが、じつは暗い影をまとっていた。党の二五カ条綱領には「民族の健康を向上すべく、体育とスポーツを義務として法律で規定するとともに、青少年の身体指導に関わるすべての組織を最大限に支援する」[4]との記述が盛り込まれた。ヒトラーは『我が闘争』のなかで、ドイツ国民の「完璧に鍛え上げられた身体」[5]をもってすれば、わずか二年で軍隊をつくり上げることができる、と書いている。一九三六年のベルリン・オリンピックは、世界に向けてナチスが理想的な兵士の姿を誇示する絶好の機会になった。

　とはいえ、全体主義の新しい支配者にへつらう商売人たち、とくにスポーツ用具を手がける店や会社は、かなりの利益を得た。ダスラー兄弟の場合、ヒトラーのおぞましいイデオロギーを全面的に受け入れたわけではなかったが、自分たちの商売に支障がないなら、神経をとがらす必要はないと考えていた。とりわけ兄のルドルフはナチスの台頭にわりあい好感を抱き、たびたび支持を表明したらしい。アディのほうは、政治は政治と割り切り、スポーツを重視していた。ヒトラーがドイツの首相に任命されてからほんの数カ月後の一九三三年五月一日、兄弟はそろってナチス党に加入した。

＊　＊　＊

オリンピック閉会後、ダスラー兄弟の商売は順調だった。ジェシー・オーエンスに靴を履いてもらうというアディの思いつきが成功したほか、ナチスの陸上コーチとの親交のおかげで、兄弟の製品がドイツ代表チームの公式シューズに採用された。ナチスの誰ひとりとして、黒人アメリカ人走者の金メダルに寄与した者が党内に紛れ込んでいるとは気づかなかったようだ。アディは引き続き、ナチスとの友好関係をビジネスチャンスととらえて、ヒトラー青少年団にコーチや納入業者として関わり、[6]人脈を増やした。ただアディは、ナチスから一部の従業員の解雇を命じられても無視したことが何度かあった。そのような出来事が積み重なるうち、兄弟のどちらが最終的な責任者なのかをめぐって、ふたりのあいだに摩擦が生じた。

相変わらず業績は伸びていたものの、長くくすぶっていた緊張が表面化し、兄弟間に亀裂が入り始めた。さかのぼること一九二〇年代後半、ふたりは工場の近くに住もうと三階建ての大邸宅を建てたのだが、仲がぎくしゃくしてくると、同居が裏目に出た。一階にアディの家族、二階にルドルフの家族、最上階に両親と、限られた空間内で共同生活を送るなか、感情の起伏が激しいルドルフは、周囲の人たちとしょっちゅう対立した。とりわけ、自分の妻とも折り合いが悪いうえ物言いに遠慮がない、アディの妻とよく喧嘩になった。兄弟のいざこざも絶えず、会社の経営方針をめぐって双方とも譲らなかった。

戦争も、家族間の溝を深める一因になったらしい。アディは短いあいだ兵役に服したが、製靴工場にいなくてはならない立場であると申し立てて除隊処分を受けた（製靴工場の操業を続けようと、アディはありとあらゆる手を尽くした。たとえば、ナチスの歓心を買うため、新しいサッカーシューズを「ブリッツ（電撃戦）」「カンプ（闘争）」と名付けた）。アディが兵役から戻ってきたことに対して、ルドルフは、弟に信頼されていないと感じ、機会をみて自分をビジネスから追放する腹づもりではないかと疑い始めた。連合国軍の空襲を受けたある夜、防空壕として使っていた地下室にアディが妻を連れて下りてきた。

「まったく、畜生野郎め」[7]とアディがつぶやいた。

それを聞いて、家族ともども先に地下室へ避難していたルドルフは、大変な剣幕で立ち上がった。「畜生野郎」という言葉が、イギリスの爆撃機ではなく自分への侮辱だと勘違いしたのだった。

「あなたのことじゃないわよ、とルドルフを説得しようにも、とうてい無理でした」。その場にいた義理の妹は、何年も後にそう振り返っている。

地下室におけるこの出来事は、両家の仲違いが一気に深刻化していく契機といわれるが、その後も、ダスラー兄弟はさらなる対立の場面にさらされた。一九四三年の初頭、ドイツではますます多くの人や物資が戦争へ注ぎ込まれつつあった。ポーランドの税関へ転属されたルドルフは、自分を追い出そうとするアディの策略のせいだと考えた。戦争が進むにつれて、ルドルフは弟への復讐に燃え、地元当局で高官を務める友人たちに頼んで、製靴工場の操業を邪魔させたり、戦時中の生産割り当てを削減させたりして、自分を呼び戻さざるを得なくなるように画策した。「なんなら、工場の閉鎖を求めようと思う」。いらだったように、ルドルフは手紙で弟に伝えた。「そうなれば、おまえは軍隊に逆戻りだ。せいぜいリーダーを気取るといい。一流のスポーツマンだから、銃を抱えて突撃することになる」[8]

実際、靴の生産は停止となったが、ほどなく、敗戦濃厚なドイツ軍のためにタンクの部品の予備やバズーカを製造しなくてはいけなくなり、アディが仕事を失うことはなかった。それにくらべ、ルドルフはなおも不遇が続いた。ソ連軍の包囲網が狭まって、ルドルフの部隊がナチス親衛隊に統合されると、ルドルフは我慢しきれなくなった。その直後、悪名高いナチスの公安局に送致され、任務報告を拒否したかどで逮捕となって、二週間拘禁された。

やがて連合軍がヘルツォーゲンアウラハを解放したとき、アディの妻ケーテが「スポーツシューズをつくりたいだけなんです」と哀願して、工場の取り壊しを免れた。しかし、ふたりの兄弟は、ナチスとの親密な関係の責任を問われた。アディの非ナチ化尋問では、ヘルツォーゲンアウラハの前市長を含む数人が名乗り出て、アディは政治ではなくスポーツにしか関心がなかったと証言した。一九四六年、アディはナチスの「信奉者」であるとの最終判断を下された。「ナチス党員だったが、政権には貢献しなかった」という、それほど深刻ではない分類に当たる。一方のルドルフは、こんどは連合国に逮捕された。ゲシュタポに関与したとみなされ、終戦後一年近く拘考えた。


留されるはめになった。例によってルドルフは、弟のアディが連合国に密告したにちがいないと考えた。

　ひび割れた共同経営はもはや修復不可能だった。兄弟は細心の注意を払いながら、資産と特許を分割した。一九四八年には、ダスラー一族のほかの面々も、どちらの側に付くかを決心し終え、選択の残る手順は一つだけとなった。ふたりはダスラー兄弟製靴工場の従業員をみんな集めて、選択の余地を与えた。アディに従うか、それともルドルフに従うか。人数の三分の二を占める職人とデザイナーはほとんどがアディと運命をともにする道を選び、営業スタッフの大半はルドルフを選んだ。

　ルドルフは当初、新会社を「ルーダ」と名付けようとしたが、もっと機敏な響きの名称がいいと説得され、「プーマ」とした。アディ・ダスラーは、自分の姓と名を組み合わせて「アディダス」に決めた。双方のブランドは一目で見分けられた。もともとダスラー兄弟製靴工場がつくっていた、ジェシー・オーエンスが履いたようなシューズは、左右の側面に二本のラインが走っていた。これは、ブランドの差別化を図るためというより、革が靴下くらい柔らかかったので、シューズの形状を保つには補強が必要なせいだった。しかしこの特徴を引き継いで、アディは「アディダス」の名称を登録する際、三本の平行な白いストライプを合わせて商標登録した（四本だと目障りだろうと思った）。対するプーマは、最初のうち、側面にまっすぐな白の太いラインが一本入ったデザインを使用していたが、その後、カーブを描く水平ラインのデザインに落ち着き、「フォームストライプ」と命名した。コンバースが主力製品オールスターのシンボルとして、星印が入った円形のパッチをかかと部分にあしらうことにしたのと同様、アディダスとプーマも、個性的な外見の大切さに気づいていた。そこで、ダスラー兄弟のどちらの靴を履いているのか、消費者に明確な意識を植え付けようとしたわけだ。

＊　＊　＊

アウラッハ川は、レグニッツ川の支流であり、やがてマイン川へ、さらにはライン川へ流れ込み、最後は北海に到達する。ダスラー兄弟の分裂以来、このアウラッハ川が、アディとルドルフ、アディダスとプーマを仕切る物理的な境界線になった。ニュルンベルクに近い、ヘルツォーゲンアウラハというバイエルン州北部の町全体が、この川で二分された。どちらの靴を履いているかで、通う学校から、行きつけのバーやパン屋、さらにはその人の墓石を誰が彫るかまで決まるのだった。[10]兄弟それぞれが川を挟んで拠点を構えたあと、ヘルツォーゲンアウラハは「うなだれた人々の町」と呼ばれるようになった。みんないつも他人の靴に視線を落とし、町のどちら側に属するやつなのかと値踏みしているからだ。ダスラー兄弟が一九三二年の映画『ザ・ウェスタン・コード The Western Code』を見たかどうか定かではないが、この映画の有名なせりふそっくりの状況だった。「おれたちがふたりとも生きていくには、この町は小さすぎるぜ」

　プーマは、ルドルフが連れてきた営業スタッフが強力だったが、アスリートやコーチとの絆を深め、当事者たちが望む靴をつくり上げるという点では、アディダスのほうがまさっていた。デザイナーのほとんどがアディ側に付いたせいもある。しかし、どちらの会社も高品質のランニングシューズやサッカーシューズを生産し、相手をしのごうと努力を重ねた。

一九五〇年代まで両社の戦いはほぼ互角だったが、一九五四年、ルドルフはついに弟に勝てるとほくそ笑んだ。サッカー・ワールドカップのスイス大会を間近に控え、戦後初めて出場を認められた西ドイツ代表チームが、プーマのスパイクシューズを採用したからだ。軽量でローカットの革製であり、じつに画期的だった。イギリスの代表チームのシューズが、やや作業ブーツに似た不格好な代物だったのに対し、プーマのシューズは、見るからにブーツよりも靴に近かった。ルドルフが、自身の高慢さに足をすくわれるまでは。

プーマにとってみれば、川向こうのライバル会社に勝利する絶好の機会――のはずだった。ルドルフと、ドイツ代表監督のヨーゼフ・〝ゼップ〟・ヘルベルガー、チームコーチの三人が、新しいサッカーシューズについて雑談しているときのことだった。そのうち、話題がヘルベルガーの経歴に移った。一九三六年のベルリン・オリンピック当時、ドイツがノルウェーに〇－二で敗れる姿を見て、そもそもサッカー嫌いのアドルフ・ヒトラーが監督を解任したため、代わってヘルベルガーが新監督に就いたのだった。

ルドルフは、相手を威圧したい気分だったらしい。「あなたは小さな王様にすぎません」と、前監督と比較しながら、ヘルベルガーに言った。「うちにふさわしくないようなら、代表監督の首をすげ替えさせてもらいますよ」

結局、ヘルベルガー率いる西ドイツ代表チームは、ワールドカップ本番でもダスラーの靴を履いた――弟のほうのダスラーの靴を。ルドルフに屈辱的な言葉を浴びせられたあと、ヘルベルガーはプーマをやめてアディダスを採用したのだった。アディはすっかりヘルベルガーに気に入られ、フィールドでもチームバスでも、ヘルベルガーの隣にいることが多くなった。兄のルドルフは不愉快でたまらなかった。

「まずヘルベルガーが登場。続いて、神様のお出ましか！」[12]。ルドルフは渋い表情で言い、監督の右腕になりきって楽しげな弟を揶揄した。

この一九五四年のワールドカップで、ドイツは決勝まで駒を進め、優勝候補の本命のハンガリーと対戦した。当時のハンガリー代表は、マスメディアから「マジック・マジャール」「ゴールデン・チーム」と呼ばれ、史上最高のＥＬＯ《イロ》レーティング――国際大会でチームを比較するために使われる指標――を誇っていた（その記録は以後も六〇年間、破られることはなかった）。プレースタイルは、のちに「トータルフットボール」と呼ばれる戦術の先駆けで、ポジションを瞬時に入れ替え、相手チームを圧倒した。このハンガリーと、西ドイツはすでに大会グループリーグの二試合目でぶつかり、三－八で完敗を喫していた。

決勝戦の日は大雨にたたられ、誰にとっても悪条件だった。しかし、「ディー・マンシャフト」の愛称で知られるサッカー男子ドイツ代表は、とっておきの道具を持っていた。それは、アディダスのサッカーシューズのねじ込み式スタッズだ。グラウンドコンディションに合わせてスパイクの刃を交換できる仕組みだった。試合後半を迎え、フィールドのぬかるみがひどくなったところで、秘密兵器の出番が来た。

「アディ、例のやつをねじ込め！」とヘルベルガーが命じた。アディはふつうのスタッドを取り外し、泥土にしっかりと食い込む長めのスタッドに交換した。

二－二の同点で前半を折り返したドイツは、試合終了の六分前、ゴール前でのヘディングの競り合いから、ペナルティーエリアのすぐ外の中央にこぼれたボールを、二四歳のストライカー、ヘルムート・ラーンが拾って、ドリブルで切り込み、ワールドカップ決勝ゴールを決めた。この試合は「ベルンの奇跡」として語り継がれることになる。ヘルベルガーはシューズがひと役買ったことを認め、優勝の記念撮影時にアディを招き入れた。[13]

ラーンが履いていたモデルをはじめとするシューズの注文が殺到し、アディダスはプーマを超えて世界的に有名になった。もちろん、アディダスもプーマも、ねじ込み式スタッズを発明したのはわが社だと主張した。両ブランドとダスラー兄弟の戦いは、一九五四年のワールドカップで決着したわけではない。

一九六〇年のローマ・オリンピックでも、印象的な対決が繰り広げられた。アディダスやプーマなどのメーカーも、オリンピックのたびに、できるだけ多くのランナーに自分たちのシューズを着用してもらおうとしのぎを削った。一九三六年オリンピックのジェシー・オーエンスの例でわかるとおり、「世界最速の男」にシューズを提供した企業は特別な影響力を獲得できるのだ。一九六〇年大会で大きな注目を集めたのは、アルミン・ハリーという名のドイツ人短距離ランナーだった。

ハリーは才能のある走者だが、反則ぎりぎりの線を狙う一面もあった。たとえば、スタートのピストル音が鳴るタイミングを見計らって、全選手のなかで最後に「用意」の体勢に入った。フライングに終わるときもあったが、ほとんどの場合、反射の素早さでコンマ何秒かを稼ぐことができた。一九五八年には、史上初めて一〇〇メートルを一〇秒〇で走ったが、コースの下り勾配が大きすぎるとして、世界記録には認められなかった。二年後、「世界最速の男」の称号をいちど手に入れたものの、わずか数週間で別の選手に肩を並べられた。ハリーはアディダスの靴を愛用しており、履き続ける見返りとしてアディダスに報酬を求めたが、断わられたらしい。[14]

いよいよオリンピックが開幕し、ハリーは優勝候補の筆頭だった。一〇〇メートル走の予選のあいだじゅう、アディダスのスパイクを履いて、風のようにゴールを切った。アディ・ダスラーの会社がまたひとり金メダリストを確保したのは間違いないと思われた。準々決勝でハリーは早くもオリンピック記録を打ち立てた。ところが、一〇〇メートルの決勝を迎えて各選手が並んだとき、ハリーが着用していたのは、なんとプーマのスパイクだった。[15] アディダスから報酬の支払いを拒否されたあと、ハリーは川を渡ってライバル会社と密約を交わしていたのだった。それなりの対価を払ったと、のちにプーマの営業担当者は認めている。しかし、その日のサプライズはそれだけではなかった。金メダルを受け取るため表彰台に上がったとき、ハリーの靴はふたたびアディダスに変わっていた。ダスラー兄弟の両方に恩を売って利益を得ようとする魂胆だった。[16]

続く一九六〇年代、アディダスは、ライバルの猛追を退けて世界スポーツシューズ市場の頂点に君臨し続けた。ワールドカップの優勝者もオリンピックの金メダリストも、三本のストライプが入った靴を履いていた。遠い日本でもランニング文化が盛んになり、アディダスのブランド製品が愛好され、模倣され、偽造された。プーマも負けじと、あとを追った。両社の激しい競争の舞台は、ドイツのバイエルン州を離れて、世界に移った。

アディとルドルフが互いを打ち負かそうことに熱中した結果、さまざまな成功がもたらされた半面、いくつかの盲点が生じた。アディダスとプーマは、短距離走やサッカーのような注目度の高いスポーツでは独占的な地位を築いたが、バスケットボールやテニスなど、ドイツ本国で人気のないスポーツにはあまり力を注がなかった。しかし、スニーカーが躍動する別のアマチュアスポーツが、徐々に頭角を現わしつつあった。アディが知らないうちに、何千キロも離れたオレゴン州の小さな町で陸上コーチをしていた男が、アディダスの成功に着目し、戦いを挑もうとしていた。

第5章

ビルダーマン

一九六四年春、二〇歳のケニー・ムーアは、オレゴン大学の運動場に突っ立って、両手で喉を絞められていた。絞めている手の主は、陸上コーチのビル・バウワーマンだ。つい先ほど、インフルエンザから病み上がりのムーアが「軽い二〇キロ走」を終え、体調を報告したところだった。クマのような大男のバウワーマンは、みずからムーアの脈を測った直後、節くれだった両手を中距離ランナーであるムーアの首に巻き付けて、こう通告を下した。「ムーア君、これからある実験に参加してもらうよ」[1]バウワーマンの両手がムーアのからだを持ち上げ始め、ムーアの足は地面から離れる寸前だった。

そのあと三週間、ムーアは、バウワーマンの目の前で練習しているあいだを除き、走ることをいっさい禁じられた。歩く以上の速さでは一歩たりとも動いてはいけない。もしも内緒で走って、それを誰かに見られたら、即刻、チームから追放される。

三週間が過ぎ、この「実験」を終了したムーアは、オレゴン州立大学との対抗戦で二マイル競走に出場し、八分四八秒で優勝。自己ベストを二七秒更新した。

バウワーマンは毎年、陸上競技シーズンの初めに選手たちを自分の邸宅へ招くことにしていた。邸宅はマッケンジー川を見下ろす高みにあり、ミーティングはいつも同じたとえ話から始まった。ラバを操る仕事――「スキナー」と呼ばれる職業――になぞらえて、バウワーマンのコーチとしての信念を端的に表わした話だ。

「ある農家の人が、飼っているラバに畑を耕させようとしたが、ラバは言うことをきかない。餌を食べさせようとしても、水を飲ませようとしても、ぜんぜん言うことをきかない。困り果てて、本職のスキナーを呼んだ。するとスキナーはラバには目もくれず、納屋に入って材木を一本取ってくると、その材木でラバの脳天を思いっきり叩いた。ラバは、へたり込んだ。スキナーがふたたびラバの脳天をぶったたく。農家の人は驚いてラバをかばい、「そんな荒療治で、畑を耕すようになると思うんですか？　水を飲むと思いますか？」と尋ねた。「あんた、ラバのことをちっとも知らないんだな」とスキナーはこたえた。「まず、ラバの注意を引く必要があるんだ」[2]

　注意を喚起されるにしても、ケニー・ムーアのように喉を締め上げられることはめったになかったが、オレゴン大学の選手に向けたバウワーマンのメッセージはつねに同じだった――悪い習慣を捨てよ、さもなくばチームから追放。「要は、あれで証拠を突きつけられたんです。あれが僕にとっての材木でした。休養を取る必要があったわけです」[3]とムーアは回想している。「その前まで、無駄に必死の努力をして、ちっとも成果が得られていませんでした」

　陸上コーチの仕事は、もっと速く走れと選手に命じれば済むわけではない。どうにかして記録をあと何秒か縮められないかと、バウワーマンはいつも目を光らせていた。インフルエンザから快復したばかりのムーアには、型破りなやりかたで「もっと、からだを休めろ」と伝えたわけだが、ほかに、バウワーマンはシューズに深い関心を寄せていた。

　一九六五年、ムーアはバウワーマンのコーチ室に呼び出された。少し前、レース中に片足を負傷し、そのあとも長距離を走った（バウワーマンの指示より四〇〇メートル長く走りすぎた）せいで、疲労骨折を起こしてしまっていた。「おまえが履いていたシューズを見せてみろ」[4]。バウワーマンに言われるまま、ムーアは青と白のフラットシューズをコーチの机の上に置いた。スパイクシューズでレースをするとき以外、ランナーはフラットシューズと呼ばれる靴を履くことが多い。その名のとおり、底が平らな薄いゴムでできた靴だ。バウワーマンはその場でムーアの靴のゴムを引きはがした。なかには少量のクッションが入っていただけで、アーチサポート（土踏まずを支える膨らみ）がなかった。「中足骨に負担をかけて骨折するように仕組むとしたら、これ以上ない理想的な設計だな」とバウワーマンは吐き捨てた。「おまけに、靴底のゴムが、トウモロコシパン並みに簡単にすり減る。これは〝へぼ靴〟どころじゃない。〝へぼへぼ靴〟だ」

六週間後、バウワーマンは、適度なクッションとアーチサポートが備わっている靴をムーアに与えた。バウワーマン自身がつくったものだった。

＊＊＊

ウイリアム・ジェイ・バウワーマンは、一九一一年二月一九日にオレゴン州ポートランドで生まれた。父親は第一三代のオレゴン州知事だが、任期わずか六カ月だった（秘書との不倫その他が原因でリコールされた）。バウワーマンには兄と姉がひとりずつ、加えて双子のトミーがいたものの、トミーは二歳のときに恐ろしいエレベーター事故に巻き込まれ、バウワーマンの目の前で息を引き取った。不倫スキャンダルとこの死亡事故のすえ、両親が離婚。バウワーマンは兄弟とともに、失意の母親に連れられて、母親の故郷である人口五〇〇人弱の州北部の農村、フォッシルへ引っ越した。バウワーマンは父親とは生涯ほとんど疎遠で、もっぱら母方の「開拓民の血筋」を継いでいたらしい。母方の曾祖父は西部開拓民であり、一八四五年にオレゴン街道をたどってこの州にやってきた。

バウワーマンは一九二九年、医師になることを視野に入れながらも、おもにアメリカンフットボールをやるため、ユージーンにあるオレゴン大学へ進学した。当時のアメリカンフットボールは、革製のヘルメットをかぶり、手縫いの厚手のユニフォームを着た選手たちが、フォワードパスよりもランニングプレーを好んで互いに突進していくという、現在よりも力任せな試合展開だった。バウワーマンは、きわめて優秀なブロッカーとして早くから注目を集め、二年生のときすでに先発メンバーに名を連ねていた。ワシントン大学と対戦した際、観客席で見ていたのがオレゴン大学の陸上競技コーチ、ビル・ヘイワードだった。九〇ヤードのタッチダウンランを成功させたバウワーマンが、チームメイトと試合後の夕食に向かう途中、ヘイワードは若き日のバウワーマンに近づいて話しかけた。「わたしの声、聞こえていたかい？　サイドライン沿いにきみといっしょに走って、大声でアドバイスしていたんだが。「膝を上げろ！　もっと膝を上げろ！」とね[5]」

「わたしの走りは、とにかくひどかった」とバウワーマンは振り返っている。「なのに、自分で気づいていなかった。もしビル・ヘイワードに走法を矯正してもらっていなかったら、後年、オレゴン大学で陸上チームを受け持つようなことはなかっただろう」

ヘイワードからは、走行フォームを直してもらっただけではなく、やがて数十年もコーチを務めるうえで土台となる考えのもとをもらった――小さな修正が、大きな結果につながるのだ、と。

卒業後、バウワーマンは医学部に入学を認められたものの、学費が足りなかった。貯金するため、出身高校で生物学の教師を務めるかたわら、アメリカンフットボールと陸上競技のコーチとして働き始めた。その後、アメリカが第二次世界大戦に参戦したあとすぐ陸軍に入隊し、第一〇山岳師団の一員としてイタリアへ派遣されて、各種の物資を担当する係に任じられた（物資にはラバの群れも含まれていた)。銀星章一つと銅星章四つを授けられて少佐となり、終戦後は教職に復帰。しばらくして、師のヘイワードがオレゴン大学を引退する際、後任のオファーを受けた。

選手たちの目から見れば、ビル・バウワーマンは「コーチ」でも「ミスター・バウワーマン」でもなく、「ビル」と気さくに呼べる存在だった。同大学で体育の教授に就いていたせいもあってか、バウワーマン自身は、自分を教師とみなし、たんに運動能力を伸ばすのではなく選手を人間として成長させようと考えていた。ランナーひとりひとりに合わせたトレーニングメニューを手書きでつくり、エクササイズの終了時に「疲労感ではなく高揚感」[6]を持てるようにせよ、と指示した。また、トレーニングのやりすぎを戒め、「ハード&イージー」なる原則を徹底させた。いわく「ハードに動いたあとは、休まなければならない。からだを回復させる必要がある」[7]これは、当時ほとんどのアメリカ人コーチが信じていた「入れれば入れるほど、たくさん出る」というトレーニング方針とは大きく異なっていた。

バウワーマンは、ジャケットにネクタイ、短く刈り込んだ髪の上にチロル帽という姿で練習に立ち会うことが多かった。ときにふと思いついて垂れる訓示には、シェイクスピアや聖書の一節がたびたびちりばめられており、引用に気づく選手がいると、よく知っているなと褒めた。その一方で、バウワーマンはロッカールームでのいたずらが好きだった。練習が終わった後、よくチームメンバーに交じって共同シャワーに入り、そんな折にいちどならず、うぶな一年生を標的にしていたずらを仕掛けた。レースの戦略について真面目くさった話を始め、そのうち悪ふざけに移るときもあったが、もっと単純に不意を突くこともあったという。中距離ランナーのジェフ・ホルスターは、ある日、冷たいシャワーを浴びていた。「そのうちなぜか、生温かい水がふくらはぎにかかって、足首に流れ落ちた」[8]と二〇〇八年の回想録に書いている。「水の栓しかひねっていないのに、どうしてお湯が？　不思議に思って振り返ると、真後ろにいたバウワーマンと目が合った。彼は笑みを浮かべながら放尿を続けていて、その下方から延びる放物線の先が、僕の膝下を濡らしていた」。まだシャワー室から逃げてなかった先輩たちが「きょうはおまえのの日だよ、ジェフ」とはやしたてた。バウワーマンが選手たちに「マーキング」したのは、各個人の性格を把握するためだったのではないか、とホルスターは推測している。「この若者は腹を立てるか、逃げるか、それならばと放尿を返してくるか……」。ほかのいたずらとして、バウワーマンは鍵の束を熱し、サウナにいる純情な学生のそばに忍び寄って、焼き印を押すこともあった。[9]一生残るようなやけどではなく、この焼き印を押されれば、バウワーマンのお気に入りのひとりというわけだった。ただの大学生から、「オレゴンの男」の仲間入りなのだった。

　バウワーマンは常識破りの人物ではあったが、選手の努力を一滴残らず無駄にしない方法を心得ていた。ケニー・ムーアがオレゴン大学に在籍していた当時、「一マイルを四分以内に走りきる」というハードルは、一九五四年にイギリス人のロジャー・バニスターが初めて破ってからさほど経っておらず、まだ「ランニング界の音速の壁」と考えられていた。しかしバウワーマンの指導下からは、「一マイル四分」を破る走者が九名も現れていた。そのころ、アメリカのほかのコーチのもとでは、多くて二名だった。バウワーマンのコーチングを受けようと、もっといい条件の奨学金のオファーを断ってまでオレゴン大学にやってくる選手が後を絶たなかった。バウワーマンは王様であり、大学のヘイワード・フィールドのトラックは彼の王国だった。その証拠に、NCAA（全米大学競技協会）選手権を四回制覇した。

トラックにもジムにも、ロッカールームや教室にも姿がないとき、バウワーマンは広い自宅で何時間もデザインや素材を模索していた。すなわち、ランナーがコントロールできない要素だ。彼にとって、敵は重さだった。もっと軽くできれば、いいことずくめなのだ。そこで、たとえば超軽量のナイロンのパラシュート生地からランニング用ショーツをつくってみた。ランニングシャツに縫い付けられた大学のロゴ文字「O」がよけいな重さになっていると思い、プリントに変えた。バウワーマンの試算によれば、一マイル（一・六キロ）走る場合、一組の靴の重量を一オンス（約二八グラム）削るごとに、五五ポンド（二五キログラム弱）を持ち上げるのに相当する脚力を節約できるという。

＊　＊　＊

通信販売の時代、トラック用スパイクなどの特殊なシューズが欲しい顧客は、何らかのコネが必要だった。メーカー側としても、市場が小さいうえ分散しており、ターゲットを絞りにくいため、レースに出場するランナーがどこにいて何が必要なのかを把握しづらく、現場の事情に詳しい仲介者を必要としていた。「コンバース・オールスター」を売り歩いたチャック・テイラーの例でわかるとおり、理想的なパイプ役はコーチたちだった。コーチを感心させるようなトラックシューズをつくれば、一シーズンに数十足を売りさばくことができる。コーチがほかのコーチ仲間にクチコミで伝えてくれれば、さらに売れるかもしれない。高校のコーチが近くの大学のコーチと連絡を取り、どんな靴を履いているか、どうすれば入手できるのかを尋ねるケースも考えられる。その点でいえば、誰よりも優れたつながりを持っているのがバウワーマンだった。外国製のシューズならどれが性能が高いか、スパイクの刃は四つと六つのどちらがいいのかなど、各地からしょっちゅう問い合わせを受けていたはずだ。高校のコーチたちは、自分の学校が誇るスター選手にいい靴を履かせたいと、バウワーマンがたまたまその年から注文したのと同じ製品を欲しがって、イングランド、西ドイツその他の小さなメーカーからでも取り寄せようとした。

一九五〇年代半ば、プロや大学の市場を席巻したのは「アディダス・オリンピア」だった。小売価格は一二・五〇ドル。カジュアルなサドルシューズが約五ドルの時代だ。ランニング向けシューズのほとんどは、「コンバース・オールスター」に似た足首までおおうタイプのキャンバス地の靴か、「オリンピア」のような革製のレース用スパイクのどちらかだった。バウワーマンは一九五四年、アディダスに直接サンプルを注文した。すると、アディ・ダスラーのオフィスから書面でこんな提案が届いた。あなたの人脈を利用してアディダスの靴をアメリカ西海岸で販売したい、と。アディダスは、アメリカではまだ一部の情報通にしか知られておらず、一般大衆に浸透するためには、バウワーマンのような人物が必要なのだった。

バウワーマンは翌週に返事を送った。「こちらには、御社にとっていい市場チャンスがあるにちがいありません」。さらに、指導中の選手たちに履かせて「アディダス・オリンピア」を使い慣らしたあと、また連絡する、と約束した。

何カ月間か連絡のやりとりを繰り返したものの、やがてバウワーマンは、大学の規則上、わたしからじかにアディダス製品の売り込みはできそうにない、と申し出を断った。だいいち、彼はまだいろいろな選択肢を試していた。アディへの手紙にも書いたとおり、チームがおもにアディダスを着用しているのは事実だったが、一九五五年を通じてほかにも五、六種類のブランドの靴をテストし、それぞれのメーカーにアドバイスを送った。たとえばフィラデルフィアのブルックスに対しては、同社のトラックシューズ「#３－Ｓ」の靴底にはゴムまたはネオライトを使ったほうが、オレゴン州のような雨の多い気候に適応できるし、「オリンピア」にならって、軽量ゴムのインソールを入れて快適さを高め、爪先にもう少しゆとりを持たせたほうがいい、と伝えた。さらに、使い古したアディダスの靴を同封した。

　けれども、メーカー側の反応が鈍く、バウワーマンはいらだち始めた。メーカーにしてみれば、既存の製品を多少改善するくらいのアイデアならまだしも、全面的な改良の提案となると、対応が難しいのだった。新型モデルを出すのはリスクが大きすぎると渋るメーカーもあれば、その設計だと生産コストがかかりすぎるとみるメーカーもあった。あるメーカーにいたっては、「うちからあなたにコーチングのやりかたを教えてはいないように、あなたから靴のつくりかたを指示される筋合いはない」と返事してきた。このつれない返事にバウワーマンは肩を落としたものの、数日後、あらたなインスピレーションを得た。

「その日わたしは、新人チームのメンバー数人に向かって、はっぱをかけていた。ふだんよくするように、使徒パウロの言葉を引用した」とバウワーマンは書いている。「訓示として、パウロのこんな有名な言葉を聞かせた。「競技場でみな走りはするが、賞を得る者はひとりだけである」。すなわち、勝つことは大切だが、それだけがゴールではない。もし勝利だけが目標なら、ほとんどのランナーは失望に終わるだろう。だから、賞だけでなく、挑戦そのものがもたらす何かをめざして、自分の最善を尽くしてもらいたい[10]」

バウワーマンはとくに信心深い人物ではなかったが、訓示を口にしながら、選手ばかりか自分自身にとってもありがたい教えだと気づいた。その晩、練習を終えて車で帰宅する途中、教えの意味が身に染みてきた。たとえ自分自身でつくらなければいけないとしても、靴を完成させる努力をあきらめてはならない、と。

バウワーマンは町の靴修理店を訪れ、靴を自作できそうか確かめた。選手がシンスプリント（脛骨過労性骨膜炎）を起こすのはシューズの貧弱さが原因だと考え、新しい設計を思い描いていた。ヒールウェッジ（くさび型のヒール）によって足をしっかり支えるとともに、ソールをもっと軽くして安定性と牽引力を増したかった。毎晩、三人の息子が宿題をしているあいだに、バウワーマンは台所のテーブルで設計図をスケッチした。芝生、未舗装、舗装のどんな路面にも使えそうな万能ランニングシューズが、だんだんできあがってきた。陸上だけでなく、クロスカントリーやジョギングにも活用できそうだった。高校のコーチだった経験から、靴は安くなければいけないとわかっていた。ほとんどの学校は、学生ひとりずつに高価な靴をいくつも購入する予算などない。

最初、靴の修理人は、工場がなければ靴の生産は無理だと、バウワーマンを説得しようとした。しかし、バウワーマンがなおもせっつくと、修理人は基本的な手順を説明し始めた。まず最初に必要なのは木製の足型、つまり足の模型のようなものだ。シャツをデザインするときに型紙を着せるマネキンと同じ役割を果たす。機械生産なら不要かもしれないが、手作業でつくるとすれば、何百年も前から伝わる方法に従い、足型を使うことになる。

「型紙は、使い古しの茶色い紙の買い物袋でじゅうぶん事足ります」と修理人は言った。

型紙をもとに素材を裁断し、縫い合わせるか接着剤で貼るかして、アッパー部をつくる。同様にしてソールをくっつければ、靴の出来上がりだ。ただ、スパイクを装着するとなると別問題だった。作業に取りかかり始めてすぐ、バウワーマンは、その難しさに気づいた。金属かプラスチックの板、あるいはスパイクプレートを足の親指の付け根のところに固定しないと、走行時の着地の衝撃で靴がばらばらになってしまう。しかし、そういう板を追加すると、重量が増す。バウワーマンは、帯のこでたくさんの靴を切断し、異なる素材のソール、アッパー、スパイクプレートのいろいろな組み合わせを試した。

あれこれと靴を分解しているうち、別の部分の素材についても非常に気になってきた。つまり、路面の材質だ。当時のふつうのトラックはまだ、アメリカンフットボール場を取り囲む未舗装の通路と大差なかった。世紀半ばの「ハイテク」なランニングトラックでさえ、シンダー（石炭などの燃え殻を砕いたもの）で土の表面を覆い、白い石灰で線を引いてレーンを区切ってある程度だった。平らな底のテニスシューズだと、摩擦が大きすぎ、走者を前へ押し出す力の多くが失われてしまう。スパイクの付いた靴ならトラックを引っかいて推進力を得やすいが、離れた観客席からも見えるくらい、シンダーのかたまりが蹴り上げられ、土が掘れて足跡が残る。

野球ファンがリグレー・フィールドやフェンウェイパークといった球場に深い思い入れを持っているのと同じように、アメリカのランニング界にとって、オレゴン大学のヘイワード・フィールドとは、おおいなる敬意を覚えずにはいられない場所だ。ほんの数周走るためだけにこの「聖地」を訪れるランナーも多い。ここでは、大学生向けのレースのほか、全米大会や国際大会も頻繁に開催されている。バウワーマンがコーチを務めた二四年のあいだに、ヘイワード・フィールドのトラックの路面は、何度もつくり替えられた。就任当初のトラックは火山灰でできていて、その後、砕いたシンダーが敷きつめられ、さらに、合成ゴムの路面になった（これが進化して、現代の全天候型トラックにはポリウレタンゴム複合材が使用されている）。火山灰やシンダーのトラックは、「全天候型」とはとうてい言いがたい。雨が降ればぬかるみ、陽射しが強いと硬くなる。そこで、コンディションに応じてシューズを使い分けていたが、ひどくぬかるんだトラックとなると、それなりのスパイクを履いても、まともな走りはできなかった。ユージーンの町の春や秋は、長期にわたって小雨が降り続く。ヘイワード・フィールドのトラックでは、最初の三レーンが完全に水浸しになることも珍しくなかった。そのため、レース前に排水し、乾燥させ、熊手でならし、石灰で線を引き直すという時間のかかる準備が必要だった。

　それ以前の発明家と同様、バウワーマンは、ゴムが解決の鍵になるのでは、と考えた。ゴム会社に手紙を書き、テスト用に屋根コーティング材のサンプルを請求した。カタログやパンフレットが送られてきたものの、足元の防水に役立つかは疑わしいと書き添えられていた。一九五八年八月中旬の数日間、バウワーマンはユージーン郊外の邸宅で、バケツに入れたゴムとウレタンを混ぜ合わせ、トラックに見立てたレーンを何本も庭につくって、どのくらい雨に耐えられるかをテストした。二五種類以上の化合物のテスト結果をノートに記録し、「粘りすぎで駄目……固まらず……たぶん熱しすぎ」[11]「ふわふわ感が強すぎるかも」[12]などと書きためていった。牛を飼っている隣人にもサンプルを渡し、協力を仰いだ。餌場にゴムマットを敷いて、頻繁にひづめで踏まれながらの耐久性を確かめてほしい、と。最終的に、バウワーマンは、ヘイワード・フィールドの走り幅跳びの助走路を舗装するにもじゅうぶんな成分配合を見いだした。

＊　＊　＊

一九五八年までに、バウワーマンは、自作のシューズを試す準備を整え終えた。試用する栄誉を担ったのは、一マイル走者のフィル・ナイトと、将来有望な短距離走者のオーティス・デービスだった。ある夜の練習時、このふたりが、バウワーマンのトラックスパイクを初めて履くことになった。「バック」の愛称で知られるナイトは、物静かな金髪のジャーナリズム専攻の学生。チームの大物選手と比べた場合はともかく、ランナーとしてじゅうぶん能力が高かった。高校時代にはポートランドでハーフマイルを走るトップクラスの選手だった。大学では錚々たるメンバーに囲まれて、チームの真ん中あたりに甘んじていたものの、練習における意識の高さに、バウワーマンは感心していた。ナイトがチームに加わる前、彼の両親にバウワーマンはこんな書簡を送っている。「誰もが面白楽しくやっていけるわけではない。何事においても、成功するには大変な努力が必要だ」

もうひとりのデービスは、どんなグループに放り込まれても、つねに優秀だった。朝鮮戦争中、空軍に所属したあと、バスケットボールの奨学金をもらってオレゴン州へやってきた。生まれ故郷のタスカルーサから遠く離れているが、かといって、故郷のそばにある統合前のアラバマ大学に通う気にはなれなかった。ヘイワード・フィールドの向かいにある寮の部屋から、陸上選手がトレーニングをしているようすを眺め、競技を乗り換えることにした。バウワーマンのところに行って、チームに入れてくれと頼んだ。痩せ型の二六歳だったデービスは、ひとまず走り幅跳びや走り高跳びをやらされたが、やがてバウワーマンが短距離走に向いていると見抜いたのだった。

その夜、バウワーマンが練習に持ってきたシューズは、ピクニック用の防水布のような、布にゴムをコーティングした薄い生地でできていた。ナイトはそれを履いて少しジョギングし、フィットする感触が気に入ったようすだった。デービスは最初はいぶかしげな目つきだったが、ナイトから奪い取って、履いてみた。

「見えるのは、白い白いシューズが、長い長いステップを踏むさまだった」[13]。数十年もあと、バウワーマンは振り返っている。「こう叫ぶ声が聞こえた。「いい感じです。もらっておきますね。永遠に感謝します」」

欲しかった感想はそれだけだった。バウワーマンは作業場に戻って、革、キャンバス、さらにはガラガラヘビの皮（おそらく自宅の裏庭で捕まえたもの）でアッパーをつくり、一つずつ秤にかけた。縫うと重さが増すので、アッパーとソールを接着剤で固定した[14]。選手ひとりひとりの足型を紙にトレースしながら、個別のトレーニングメニューと同じように、個別につくったシューズが最高のパフォーマンスを引き出すに違いないと思った。指導している大学チーム（と、高校生の息子）がくれる完璧なフィードバックをもとに、試行錯誤を続けた。一九五九年に入ると、テストに付き合ってくれたランナーたちが、試作品を履いてレースで勝利し始めた。ランナーがいいタイムを叩き出すのであれば、たった一回のレースで靴が部分的に壊れても、大きな問題ではなかった。

靴づくりの技量が向上するにつれて、もっと優れた素材が欲しくなった。ミズノ、コンバース、アディダスなどの企業に手紙を送り、みずからが生み出したフランケンシュタインふうの創作品について伝えた。バスケットボールシューズの靴底とランニングシューズのアッパーを組み合わせると、室内用ランニングシューズともいうべき素敵な靴ができあがるぞ、と。また、さらなる実験のためにさまざまなサイズのソールが欲しいと知らせた。さすがにこの手紙は、受け取ってすぐ丸めて捨てられるなどという扱いは受けなかった。消費者の声に耳を傾けることがいかに大切かを物語る一例だ。太平洋岸北西部の変わり者の陸上コーチを満足させるという以上の意義があった。靴メーカーの立場からいえば、ひどく熱心な職人がわざわざ、製品の改良案を無料で差し出してきたことになる。的を射たアドバイスなら、もしさっそく採用すれば、その職人にさらに靴を売り込めるのはもちろん、自社でいくら研究開発費をかけても思いつけなかったような素晴らしい靴を市場に出せるわけだ。しかも、宿命のライバルメーカーがたとえばバイエルンの同じ小さな町のなかにあるとしたら、新型シューズはますます重要な意味を持つ。

　一九六〇年のローマ・オリンピックで、バウワーマンはあらたな偉業をキャリアに刻んだ。手作りのシューズを初めてテストしてから二年後、オーティス・デービスが個人四〇〇メートルと四×四〇〇メートルリレーの両方で金メダルを獲得したのだ。デービスが四〇〇メートル走のゴール地点でドイツ人選手カール・カウフマンと競り合っている写真が、『ライフ *Life*』に掲載された。ふたりとも初めて四五秒台を記録し、ふたりとも白いアディダスのスパイクを履いていた。バウワーマンが試作する靴は洗練度を増しつつあったが、アディダスなどの大手メーカーの技術力にはまだ及ばなかった。ふだん試用テストに協力している教え子でさえ、オリンピックという壮大な舞台でバウワーマンの靴を履くリスクは冒さなかった。

　こうしてアディダスがトラック競技の王座に君臨していたわけだが、安泰は長くなかった。一九六〇年代の終わり、スニーカー市場に恐るべき新顔が出現したからだ。あの一九五八年の夜にフィル・ナイトがビル・バウワーマンのスパイクを履いたことが、物語の始まりだった。

第6章

スウッシュ

二四歳の若者の多くがそうだろうが、フィル・ナイトは、人生をどう歩むべきかわからずにいた。百科事典を売り歩いたこともあった。会計士として働いたこともあった。不本意ながら臨んだある企業の採用面接では、ポケットにハンカチと間違えて靴下を入れていて、面接中にそれを出して鼻をかんでしまい、散々な結果に終わった。[1]何をすべきかとくに思いつかず、父親に金を借りて世界旅行へ出ることにした。

東京に滞在中、スポーツ用品店にふらりと立ち寄った。ある一足のトラックシューズを見たとき、急に興味が湧いてきた。アディダスの靴によく似ている。そちらはとてもお勧めですよ、と店員が言った。どこの会社の製品なのかと、ナイトは店員に尋ねた。そして神戸行きの列車を予約し、その会社へ向かった――オニツカタイガーの担当者と会うために。

ナイトは、大学を卒業して世界一周旅行へ出かけただけの、たんなる向こう見ずな青年ではない。「オレゴンの男」だ。一九五九年にジャーナリズムの学位を取ってオレゴン大学を卒業したあと、スタンフォード大学経営大学院に通い、起業について学ぶクラスで「日本のカメラがドイツのカメラにしたことを日本のスポーツシューズはドイツのスポーツシューズにできるのか？」というタイトルの論文を書いた。

大学院生のナイトは、バウワーマンが称賛する高品質のアディダスの靴と、もっと安価な日本製の同種の靴が、かなり対等のレベルにあるとみていた。カメラ分野では、第二次世界大戦後、ドイツの三五ミリカメラ「ライカ」がプロの標準と見なされていた。とりわけ、最大のライバル製品だった「コンタックス」が、「鉄のカーテン」による分断で東ドイツの製造となったため、市場はライカの独り勝ちになるかと思われた。ところが、地球の裏側で、日本のニコンが復興し始めた。戦時中に双眼鏡や爆撃照準器、潜望鏡などを製造していたメーカーだ。ニコンは、ライカのレンズをはるかに安く模倣する能力に長けていた。朝鮮戦争が勃発すると、ジャーナリストたちが、地理的な理由で入手しやすいニコンのレンズを使い始め、性能の良さに気づいた。一〇年もしないうちに、ニコンのほか、キヤノンをはじめとする日本メーカー各社が、世界市場で健闘するようになった。そこでナイトは、人件費や原材料費が安い日本なら、ドイツのブランドと互角に戦える靴を生産できるだろう、と論じた。

ナイトはブルックスブラザーズの緑色のツーボタン・スーツといういでたちだった。[2] 本人によれば、世界旅行に持って行ったスーツがそれ一着しかなかったという。タクシーで工場へ向かうはずが、間違って、町の反対側にあるショールームへ行ってしまい、オニツカ本社に到着したときには約束の時間を過ぎていた。経理室に案内されたナイトを見て、経理係が全員立ちあがった。だいじなアメリカ人実業家だろうと勘違いしたらしいが、じっさいのナイトは大学を卒業したてで、身に着けているスーツと航空券が全財産だった。工場の裏手にある会議室に入ると、五、六人の幹部がナイトを待ち構えていた。

温かい歓迎を受けて引っ込みが付かなくなり、ナイトは、アメリカの靴輸入業者だと名乗った。オニツカ側は、ナイトを精力的な若き実力者と思い込み、アメリカ市場への進出を約束してくれる人物だろうと信じた。一九六二年当時、日本はアメリカに四九〇〇万ドル相当の靴を輸出していた。平底の長距離用ランニングシューズが看板製品だったオニツカは、アメリカにはまだ販売代理店が一社しかなかった。会社名を聞かれたナイトは、とっさの思いつきで「ブルーリボン・スポーツ」とこたえた。続いて父親に三七ドルを送金してサンプルを数足注文するように頼み、晴れてブルーリボンはオニツカの二番目のアメリカ代理店になった。

ナイトはこの先ぶつかる強敵を知っていた。アディダスが陸上競技用スパイク市場を支配していることは明らかだった。ただ、アディダスのスパイクはたいてい値段が高いうえ、ときには入手が難しかった。そこで、タイガーのシューズを安く販売し、低価格帯でアディダスの市場シェアを奪って足固めをする──それがナイトの計画だった。オニツカの経営陣は興奮ぎみに、いくつかの製品サンプルをナイトに見せた。「リンバー・アップ」というトレーニング用シューズや、「スプリング・アップ」という走り高跳び用シューズ、「スロー・アップ」という円盤投げ用シューズなどなど。ナイトは笑いをこらえるのに必死だった。

「リンバー・アップ」がとくに良さそうに思え、ナイトはそれを高く掲げて言った。「こりゃあ、いい靴ですね。この靴なら──うん、うちとしても販売に力を入れたいと思います」。あとは、あるひとりの意見を聞きたかった。

かつてのコーチ、ビル・バウワーマンに見せるサンプルが届くまで、ナイトはそのあと丸一年以上待たされた。一九六四年一月、ユージーンのいつものどんよりした空のもと、ふたりはハンバーガー店で腰を下ろした。ナイトとしては、バウワーマンから好意的な感想をもらって、オレゴン大学の陸上チームに数十足の靴を買ってもらうつもりだった。ところが、バウワーマンはもっと踏み込んだ構想を持っていた。ビジネスで手を組みたい、と。

バウワーマンとナイトが五〇〇ドルずつ出資し、ブルーリボン・スポーツはさっそく日本からタイガーのトラックスパイクを輸入し始めた。バウワーマンの影響力のおかげで、アメリカの西半分にいる陸上コーチたちには簡単に売り込むことができた。当然、バウワーマンはシューズを分解したい気持ちを抑えきれなくなり、間もなく改良のアイデアがいくつか思い浮かんだ。アメリカ人は身長や体重が日本人を上回っているだけに、足のかたちが違う。バウワーマンは、タイガーの「アメリカナイズ」に取り組んだ。「一九六五年秋の陸上競技シーズン中、バウワーマンはどのレースに関しても二つの結果に注目した」とナイトは五〇年以上後の回顧録に書いている。「教え子のランナーたちの成績と、そのシューズの成績だ。シューズのアーチは持ちこたえたか、シンダー敷きの路面をソールはうまくとらえたか、爪先の締まり具合はどうだったか、甲部の曲がり具合はどうか。そのメモと気づいた点を手紙で日本に送った」[3]。オニツカは、アキレス腱にかかる負担を軽減するウェッジや、柔らかいインナーソールを工夫し、土踏まずの支えも強化して、サンプルを送り返してきた。とうとう、バウワーマンのアイデアに耳を傾けてくれる靴メーカーが現われたのだ。

＊＊＊

タコの吸盤が画期的なアイデアにつながる前、鬼塚喜八郎は困った問題を抱えていた。自社のバスケットシューズが使い物にならなかったのだ。

第二次世界大戦後の日本は、再編、復興、発想の転換を迫られた。帝国ではなくなった島国として、戦後のアイデンティティを模索していた。社史の記述によれば、三二歳の鬼塚は、地域社会を築いて人々を結びつける最善策は身体を動かすアクティビティだと思った[4]。そこで、靴の会社を立ち上げた。靴の製造が、アメリカの爆撃で焼け野原と化した町の復興に役立つはず、と考えたのだ。最初に発売したバスケットボールシューズでは、自分の足にロウソクの熱い蝋をかけて靴型をつくった。[5]アメリカのＧＩに人気のあるスポーツが、自国でも流行することを期待していた。当時はバスケットボールシューズがそもそも手に入りにくかったため、人気モデルをつくれば市場を独占できると踏んでいた。しかし、その靴は売れなかった。滑りやすく、コートの床面をつかむ力が足りなかったからだ。

伝えられるところでは、一九五一年のある暑い夏の夜、母の家で食卓を囲んだとき、名案がひらめいたという。[6]冷えたキュウリとタコの和え物を見て、自分の頭を悩ませている問題の解決策がここにあると気づいた。タコが一切れ、鉢の底にくっついていた。鬼塚は、タコの触手にある吸盤を観察した。この凹形の表面を真似て靴のソールに応用すれば、機敏な動き出しや停止が可能になるのではないか。鬼塚は、こうして開発した新しいソールを活かして「オニツカタイガー１９５０ ＯＫバスケットボールシューズ」を発売した。これを真っ先に採用した高校チームが優勝したため、性能の良さは保証付きになった。「ＯＫ」というネーミングは、履き心地が「オーケー」との意味ではなく、生みの親、鬼塚喜八郎のイニシャルに由来する。

バスケットボールシューズの問題点を解消したオニツカタイガーだったが、ほどなく、自分たちの最大の強みはランニングシューズだと考えるようになった。日本はランニングの文化が根強いことが背景にあった。イギリスやアメリカの寄宿学校や大学と同様、日本でも学校がスポーツ選手を育む場になっていた。二〇世紀初頭から、高校や大学が、一流の駅伝チームをつくろうと競い始めた。駅伝は、ひとりひとりの走者がハーフマラソンくらいの距離を走り、合計で一五〇キロ以上に達することも珍しくない。

ここで、あらたな問題が持ち上がった。オニツカの靴を履いた長距離ランナーが、足に水ぶくれができた、と訴えるケースが頻発したのだ。同社の話によれば、想像力豊かな鬼塚は、その解決策を湯船のなかで発見したらしい。熱い風呂に入ると足にしわが寄ることに気づき、靴のなかで水ぶくれができるのは熱のせいだと見抜いた。オートバイのエンジンが、通過する空気を冷却に活かしている点に着目し、オニツカ社内の設計者たちはその応用を研究した。オートバイのエンジンの空気取り入れ口にならって、靴の爪先あたりと側面に穴を開けると、水ぶくれの問題がなくなり始めた。[7]一方で、日本の足袋からアイデアを得て、親指とその他の指が割れたマラソンシューズも開発した。ほどなく、オニツカの靴は、日本のトップアスリートたちに愛用されるようになった。オリンピックのマラソン選手、君原健二は、一九六八年に銀メダルを獲れたのはオニツカの「マジック・ランナー」のおかげだとし、三五回のレースでいつもそれを履いた。

そんな会社に、ナイトとバウワーマンは提携を申し込んだのだった。オニツカ側は、日本の技術が太平洋を越えた彼方でも通用することを期待した。

＊　＊　＊

非常にゆっくりしたペースで、ブルーリボンは各地に従業員をひとりずつ増やしていった。ほとんどがバウワーマンの元教え子のアスリートだった。新人の営業担当パートタイマーがもらえる歩合は、ランニングシューズ一足の販売につき一・七五ドル、スパイク一足につき二ドル。たいした額ではないが、当時なら一足ぶんの報酬でマクドナルドのハンバーガーを一〇個ほど買うことができた。大学を出たばかりの青年にはぴったりの商売だ。やがて、車のトランクにシューズを積んで営業回りをしなくても済むように、一九六六年、ブルーリボンはサンタモニカに実店舗をオープンした。

商売が軌道に乗るなか、他人がつくった靴を売っているだけでは心許ないと、ナイトには重々わかっていた。第一に、バウワーマンが提案などをオニツカ本社に伝えているとはいえ、しょせん、向こうから送られてくる製品を売るしかない。第二に、日本からオレゴンまでかなり遠いため、供給ラインに不安がある。命取りになりかねないほど注文品が届くのが遅く、受注ミスも多かった。販売権の問題もあった。西海岸に関してはブルーリボンの独占だったが、それがパラドックスを生んでいた。もし業績が好調すぎたり、需要を膨らませすぎて供給が追いつかなくなったり、低価格での販売を渋ったりすれば、オニツカはよその輸入業者とも契約を結ぼうとするかもしれない。ブルーリボンの従業員第一号であるジェフ・ジョンソンは、一九七〇年にナイトに宛てた手紙のなかで、そうした懸念を非常に強く訴えた。

もともと、バウワーマンが靴をあれこれといじっていたことが、進化の出発点だった。引き続きフランケンシュタイン博士のやりかたにならって、バウワーマンはタイガーの靴の二モデルを分解し、レース後の状態を調べた。一つは、アウトソールがバターのように溶けているがミッドソールは変化なし。もう一つは、アウトソールは大丈夫だがミッドソールが傷んでいた。バウワーマンはそれぞれのいい部分を縫い合わせ、土踏まずのところに半円形のクッションを入れ、着地時の衝撃を和らげた。できあがった初期バージョンは、ケニー・ムーアのけがに対処するために用意した靴と基本的に同じだった。デザインを日本に郵送し、承認を待った。やがてオニツカから一九六七年に送られてきた試作品は、見るからに未来の靴だった。クッション性があり、大胆な色づかいで、きれいなラインが入っていた。さて、ネーミングはどうすべきか？　ライバルのアディダスは、オリンピック直前になると、開催国にちなんだ名前のシューズを発売するならわしで、メキシコ・オリンピック前には「アステカゴールド」という新製品を出した。ナイトとバウワーマンが新型シューズを「アズテック」と命名したところ、名称が紛らわしいとしてアディダスから警告状が送られてきた。しかたなくあらたなネーミングを考えていたとき、バウワーマンが、野球帽を脱いでまたかぶり、顔をこすって言った。

「アステカ王国を滅ぼしたスペイン人はなんて名前だったかな？」

「コルテスです。エルナン・コルテス」とナイトはこたえた。こうして「コルテッツ」の名が誕生した。[8]

＊　＊　＊

激動の一九六八年、メキシコシティで一〇月に開催されたオリンピックは、一時的に緊張を解く役割を果たすと思われた。その年の初め、マーティン・ルーサー・キング・ジュニアとロバート・ケネディが暗殺者の銃弾に倒れた。八月には、ソ連を含む四カ国がチェコスロバキアに軍事干渉し、「プラハの春」の自由運動を弾圧した。世界各国で学生運動が活発化し、公民権、民主主義、大学改革、ベトナム戦争に抗議していた。何十もの国々が、アパルトヘイト下の南アフリカが参加を許された場合にはオリンピックをボイコットする、と頑なな態度を崩さなかった。結局、南アフリカと、アパルトヘイトを支持するローデシアは、オリンピックから排除された。オリンピック開会の数日前、いわゆる「トラテロルコ事件」が起こり、メキシコの警察と軍が、おもに学生からなる抗議グループに発砲し、少なくとも四四人が死亡した。[9]

当然ながら、一九六八年のオリンピックは抗議の意志が色濃くにじんだ。一〇月一六日、アメリカの黒人ランナー、トミー・スミスとジョン・カーロスが二〇〇メートル走で金メダルと銅メダルを獲得し、スミスは世界記録を更新した。メダルの授与式で、ふたりは靴を履かず黒いソックスで表彰台へ向かった。厳粛な面持ちで両手を後ろに回し、それぞれの手にプーマのスニーカーを持っていた。表彰台にのぼったスミスは、両腕を上げて勝利のポーズを取った。右手は拳を握りしめ、左手にはスニーカーを持っていた。そのあとスニーカーを表彰台に置き、身をかがめて金メダルの授与を受けた。国歌「星条旗」の演奏が始まると、ふたりそろって頭を垂れ、黒い手袋をはめた片方の拳を突き上げて、国歌が流れるあいだじゅう、その姿勢を崩さなかった。表彰台に立っていたもうひとりの選手、オーストラリアのピーター・ノーマンは拳を上げなかったが、アメリカ人選手たちと同じオリンピック人権プロジェクトのバッジをつけて、連帯感を示した。

スミスとカーロスが行なったこの「ブラックパワー・サルート」は、一つひとつの要素が事前に計画され、象徴的な意味を持っていた。靴を履かず黒いソックスだけで歩いたのは、黒人の貧困を象徴するためだった。スミスが首に巻いた黒いスカーフは黒人のプライドを表わし、カーロスのロザリオにはリンチの被害者を祈念する意味合いがあった。また、オリンピックのエチケットに反してカーロスがジャケットのジッパーを開いたままだったのは、労働者階級を象徴するためだ。

オリンピック役員たちは、すぐさま、ふたりのランナーの政治的な抗議を非難した。その後の記者会見で、スミスとカーロスは、公民権運動により多少の進展があるとはいえ、アメリカの黒人は不平等な扱いを受け続けており、そうした現状を踏まえての行為である、と説明した。この行動に対して、スミスとカーロスはブーイングを受け、中傷され、人種差別を受けた。さらに、群衆から物を投げつけられ、「黒人はアフリカに帰れ！」などと罵られた。[10]

「僕が勝つと、アメリカ黒人ではなく、アメリカ人として扱われる」とスミスは記者団に語った。「でも、僕がもし何か悪いことをしたら、「ニグロ」と呼ばれるはめになる。僕たちは黒人であり、黒人であることに誇りを持っている。アメリカ黒人は、僕たちの今夜の行為を理解してくれるはずだ[11]」

ヒトラー支配下の一九三六年ベルリン・オリンピックのボイコットに反対したアベリー・ブランデージIOC会長と、そのほか八人のIOC理事が、スミスとカーロスをオリンピック村から追放する命令を下した。皮肉な話だが、じつはIOCは、スミスとカーロスがメダル授与式の際に何かしようと企んでいるのではないかと事前に察知し、ヒトラーの人種差別を非難した金メダリスト、ジェシー・オーエンスに頼んで、ふたりがオリンピックで政治的な行為をしないように説得してもらっていた。授与式での抗議行動のあと、オーエンスは改めてふたりに会い、なぜ黒い手袋をはめたのかと尋ねた。

「オーエンスさん」とカーロスは言った。「僕たちは、なんらかの人や物や象徴や国旗や国家の代表である以前に、黒人の代表です。この手袋は、それをあなたがたに伝えるために使いました。

この明確な色彩で、僕たちが誰を代表しているのか、はっきりさせたかったんです」[12]。この抗議行動や、結果としてオリンピック村から追放された経緯は、世界じゅうに報道された。同情的な論調も少しはあったものの、大多数は批判的で、オリンピックのような非政治的な場で政治的メッセージを発したスミスとカーロスを非難した[13]。あるコラムニストは、アメリカの黒人短距離選手たちを「戦闘員」と「非戦闘員」に分けた[14]。

しかし、ユダヤ人の女子走り高跳び選手マーガレット・ランバート（ドイツ名グレーテル・ベルクマン）はこう語っている。「ふたりが勝利の表彰台に立って拳を突き上げている姿を見て、わたしは胸が躍りました。美しいと思いました」[15]。ランバートは、一九三六年のベルリン・オリンピックの前、ヒトラー政権がいかにユダヤ人にも寛容かを示すためドイツ代表チームに無理やり合流させられたが、各国がオリンピックをボイコットしないと明らかになったとたん、チームから外されたのだった。

二〇〇五年、スミスとカーロスの抗議行動を称えるため、母校であるカリフォルニア州立大学サンノゼ校にふたりの像が建てられた。黒い手袋をはめた拳がやはり最も印象的だが、ふたりが黒人の貧困を強調するためにあえて脱いだ黒のスニーカーも、像の足下にぽつんと置かれている。

政治的なメッセージとはまた別に、アメリカ本国の視聴者はこの一九六八年オリンピックを従来にない見方で眺めていた。初めてカラーで生中継されたのだ。ＡＢＣテレビにチャンネルを合わせた視聴者は、入場パレードを眺め、オーストラリア代表団の黄色いフロックコート、ハンガリー代表団のまばゆいピンクのユニフォーム、カナダ代表団の赤いジャケットなどを見ることができた。チェコスロバキアのチームがスタジアムに入ってきたとき、同年の「プラハの春」が引き起こした一連の出来事に敬意を表して、エスタディオ・オリンピコ大学の群衆は立ち上がって歓呼した。時代を象徴する光景といえるだろう。ABCテレビの四三時間にわたる放送がすべて生中継というわけではなかったが、衛星技術のおかげで、視聴者はオリンピックの大半をリアルタイムで観戦できた。同じABCテレビでも、つい四年前にオーストリアのインスブルックで開催された冬季オリンピックのときは、現地の制作チームが白黒の録画映像を毎日飛行機でアメリカに送って放映しなければならなかった。

一九六八年のオリンピックは、ビル・バウワーマンやダスラー兄弟その他、ランナーのさらなる好記録を望んでいた人々にはうれしい大会だった。というのも、バウワーマンが実験していたのと同じような、全天候型のゴムの路面が初めて採用されたからだ。それ以前のオリンピックのコースはジェシー・オーエンスの時代からあまり進歩していなかった。新しい路面を開発した3M社は、ほかならぬオーエンスを雇ってオリンピック関係者たちに働きかけ、近代的な人工材表層トラックの設置を実現した。この技術革新によりレースのタイムが短縮された半面、あらたな問題も持ち上がった。従来は土を噛むの役立っていたスパイクが、新しい路面に引っかかって無駄な摩擦を生じることがわかったからだ。ほんのわずかなロスとはいえ、ランナーにとっては貴重なタイムとエネルギーの消耗につながる。以後のトラックシューズは、スパイクを路面に突き刺すのではなく、トラックをしっかりとらえたあと放す必要があった。オニツカの解決策は、シューズのスパイクプレートにいっそうの柔軟性を持たせることだった。母指球の真下にある長いスパイクがトラックに食い込み、爪先付近にある短いスパイクが蹴り出し時の推進力を生み出すという仕組みだ。

六十代後半に差しかかったアディ・ダスラーも、相変わらず、自社の靴を履いてくれるオリンピック陸上スター選手を探し続けていた。男子走り高跳びのディック・フォスベリーは、当時主流だったはさみ跳びやベリーロールではなく、仰向けに跳んでバーを越えるというスタイルを取り、最初のうちはコーチやほかの選手に笑われていた。しかし、一九六八年のオリンピックの直前、アディダスから届いた小包には、フォスベリーのスタイルに合わせた手づくりのスパイクが、色違いで何足も入っていた。「ドイツの靴職人が、わたしのためだけに何時間もかけてスパイクをつくってくれたと知り、本当に驚いた」とフォスベリーは語っている。「感謝の気持ちでいっぱいだった。それを履く見返りに金をもらおうなんて、夢にも思わなかった」[16]。結果として、フォスベリーは金メダルを獲得し、以後、「背面跳び」のスタイルが走り高跳びの常識を変えた。

社運を左右するほどの大問題だけに、アディダスとプーマの戦いは、正攻法から外れた戦術へ移っていった。オリンピックの規則上は、依然、選手がスポンサー契約を結ぶことは禁止されていたにもかかわらず、アスリートに自社ブランドの靴を履き続けてもらうため、茶封筒に入った現金が密かに飛び交うケースが増えた。営業回りの担当者が入れたはずのホテル予約が、何者かによってキャンセルされている、というような悪質な妨害の手も使われた。さらに、アディダスは当局者をそそのかしてプーマの靴を押収し、プーマも負けじと、選手たちに指示して押収場所から靴をこっそり運び出させた。アメリカのあるプーマ営業担当者にいたっては、私服警官たちに拘束されて説明もなくメキシコの刑務所へ放り込まれ、国務省の介入によってようやく釈放されたほどだった。最終的には、アディダスに軍配が上がり、アスリートの八〇パーセント以上が三本ストライプのシューズを履くようになった。[17]

トレーニング時には多くのオリンピック選手がオニツカタイガーの靴を着用していたが、競技会の本番で使う選手はほとんどいなかった。タイガーの「コルテッツ」はブルーリボンで売れ行き好調だったものの、厚底のトレーニングシューズだったため、レースとなると、トラック用のスパイクにはかなわなかった。しかし、まったく違うソールを活かしたスニーカーの登場が間近に迫っていた。創業間もないブルーリボン・スポーツは、そのスニーカーを看板商品として、以後何十年もランナーを支え続け、バウワーマンなどひと握りの者しか予測していなかった、あらたなスポーツ現象を引き起こすことになる。

＊　＊　＊

始まりは朝食だった。

「わたしたちは、いつものようにそのポーチにすわってワッフルを食べていました」。二〇〇六年のドキュメンタリー映画のなかで、バウワーマンの妻バーバラはそう回想している。「突然、夫はワッフル焼き器の裏側を調べ始めました。急に立ち上がって町へ行き、ウレタンを二缶買ってきて、ワッフル焼き器に注いだんです。もちろん、ウレタンはべったりくっついて剥がれなくなりました[18]」

別の説もある。一九七一年の夏のある日曜日、バーバラは教会へ出かけた。夫のバウワーマンはいつも家に残る。ポーチではなく台所にすわっていて、ふとワッフル焼き台に目をとめた。一九七〇年代初めのフラットシューズは、ソールにほとんど厚みがなく、軽い代わりにクッション性やグリップ性には欠けていた。バウワーマンは、さまざまな地形で使用できる軽量のソールをつくれないかと頭を悩ませていた。短距離用のスパイクシューズは、草や泥の上を走るのには適していない。ワッフル焼き器の四角い格子状の凹凸を見つめるうち、不意にアイデアが湧いた。バウワーマンは溶けたゴムを凹凸に注いでみた。しかし、ゴムが鉄板にへばりついてしまった。

バウワーマンはワッフル焼き器をもう二つ買ってきた。一つは、使い物にならなくなった最初の一台の代わりの調理用、もう一台は石膏型をつくるための実験用だった。格子状の石膏型をあれこれつくるうち、結局はさらに多くの台を無駄にした。ワッフル焼き器はあくまでアイデアの出発点にすぎず、最終的な解答ではないのだ、とバウワーマンはようやく悟った。ワッフルのような刻み目が入ったステンレス鋼の一片を持って、オレゴン・ラバーという会社に行き、表面だけしなやかで中身は固いゴムの塊をつくってほしいと注文した。それを使い、かねてからの長年にわたる実験の総決算として、バウワーマンはついに人生最高の発明――ワッフル・ソール――を生み出した。小さな正方形の突起が並んだこのソールはどんな路面でもグリップ力を発揮するうえ、いちど型が出来上がれば安価で製造できる。可能性はレース用のフラットシューズにとどまらない、とバウワーマンは気づいた。ブルーリボンのコルテッツを含め、トレーニングシューズはリブ・ソールのタイプしかなく、濡れた芝生や泥の上ではあまり役に立たなかった。コンバースのオールスターやケッズのチャンピオンなど、フラットなソールの靴は、平らなコートでは問題ないだろうが、凹凸の多い路面や濡れた路面を走るには適さない。バウワーマンがシンダー敷きのトラックのころから追い求めていた、スパイクのないランニングシューズが、ついに完成したのだった。

実験精神が旺盛なバウワーマンは、選手たちをモルモット代わりに使った。一マイル走者として一九六〇年代後半にバウワーマンの教え子だったジェフ・ホルスターは、ワッフルシューズの試作品をさっそく履かされた。このいわば「ウレタンスパイク」は、草、泥、舗装、トラックといったどんな路面でもたしかに有効だ、と感想を伝えた。すでにホルスターは、ブルーリボン・スポーツの三人目の従業員として雇われており、オレゴン州全域でタイガーのシューズの流通を担当していた。

数十年後、バウワーマンの家で古いワッフル焼き器が何台か見つかったが、壊れていて廃棄するしかなかった。実験の日々が過ぎ去っても、またいつの日か役立つと思って保管しておいたらしい。

＊　＊　＊

一九七一年はブルーリボン・スポーツにとって重大な転機の年だった。すでに、オニツカタイガーと決別すべき条件がそろっていた。第一に、ジェフ・ジョンソンが警告したとおり、コルテッツの人気が高くなりすぎつつあった。第二に、オニツカは、日本の顧客を満足させることを優先していたうえ、商品の品質にばらつきがあり、配送も遅れがちだった。独立するなら、オリジナルの大胆なロゴを用意しなければいけない、とフィル・ナイトは思った。オニツカの交差するライン、アディダスの三本ストライプ、プーマのフォームストリップに対抗できるような、印象的なデザインが必要だ。ナイトはその年、ポートランド州立大学で会計学を教える仕事もしていて、キャロライン・デビッドソンというグラフィックデザイン科の学生と知り合った。彼はこの女子学生を雇い、「躍動感のあるロゴ」をつくってほしいと依頼した。[19] 結果、太いチェック印に似たデザインを受け取り、女子学生に三五ドルの報酬を払った。

次は、新しい社名を考える番だった。ブルーリボン・スポーツの社内で挙がった数十の候補のなかから、「ファルコン」と「ディメンション・シックス」の二つが最有力に浮上した。後者はナイトの発案で、ほかのスタッフが嫌がったものの、ナイトはこの社名にこだわった。ふだんなら、非常に負けず嫌いのナイトが譲歩しない場合、スタッフたちは話題を変えて、後日ナイトを説得し、もっといいアイデアを承認してもらう。[20] ところが、翌朝九時までに新しい社名が必要だったため、ブルーリボンは行き詰まった。

次の朝七時、ジェフ・ジョンソンは四人目の従業員ボブ・ウーデルに電話して、あらたな名称案を明かした。ジョンソンは夢のなかで思いつき、すぐに目が覚めてベッドに起き上がり、大声で叫んだのだった――「ナイキ」と。ギリシア神話に出てくる、翼を持つ勝利の女神の名前だ、と説明を加えた。ゼロックスやクリネックスと同じように、明確な強子音を含む音節二つからなっている。

勢い込んで話すジョンソンに対し、ウーデルは納得しないながらも、いちおうナイトに伝えた。

「ディメンション・シックスじゃ駄目なのか?」とナイトが尋ねた。

「あなた以外、誰も気に入らないみたいなんです」とウーデル。「このナイキとかいう名前は、うちの靴にぴったりじゃないしょうか」

ナイトは、最終的な決定をテレックスで送ったあと言った。「まあ、とりあえずこのナイキとやらにしておこう。どの案も気に入らないけど、いままで出たなかではいちばんましだ[21]」

第7章

スポーツからストリートへ

ウォルト・フレイジャーは毎晩のように石鹸とブラシでスニーカーを洗っていた。[1] 翌朝になると、乾いてすっきり白くなったスニーカーを履き、ていねいに紐を結んだ。一一歳の少年が学校の土の運動場でバスケットボールをするにはあつらえ向きの靴だった。フレイジャーは、下を向いて、スニーカーのようすを眺めながら歩くのが好きだった。運動場には大小の石が転がっていたから、ボールが思わぬ角度で跳ね、フレイジャーの顔面に当たることもあった。人種差別がひどかった一九五〇年代のジョージア州では、生徒が全員黒人という学校にはせいぜいそういった程度の運動場しかなかった。ボールがどう跳ねるにしろ、フレイジャーは、かっこよさを大切にした。

十数年後、フレイジャーは、もはや土の運動場ではなく、初代マディソン・スクエア・ガーデンの硬材の床の上でプレーするようになったが、見かけのかっこよさを追求する姿勢は相変わらずだった。ニューヨーク・ニックスに入団したあと、ルーキー・シーズンの夏の終わり、フレイジャーは時間つぶしと気分転換を兼ねて買い物に出かけた。道すがら、つばの広い茶色のベロアのイタリア製帽子を見かけて、ふと立ち止まった。「おれ、プレーはうまくないけど、ファッションならいけるよな！」と思った。その帽子をかぶったところ、たちまち笑いの種にされた——チームメイトにも、相手チームにも。二週間後に映画『俺たちに明日はない』が劇場公開され、ウォーレン・ベイティが演じる銀行強盗クライド・バロウのめかし込んだ格好を見て、チームメイトたちは、フレイジャーのおおげさな服装を連想した。フレイザーが試合中に相手ボールを「奪う」のが得意なことから、新聞各紙もフレイジャーに「クライド」というニックネームを付け、この愛称は以後も変わらなかった。

ある日フレイジャーは、ニューヨーク・ニックスのポイントガードとしてあらたな試合に臨むため、ゲーム前の儀式をこなしていた。ユニフォームが型崩れしたり皺になったりするのが嫌なので、下着姿のまま足首をテーピングするのがつねだった。少年時代のスニーカーと同じように、愛用のプーマの靴紐はていねいに結んだ。鏡をのぞきながら、髪を整え、ひげやもみあげからはみ出ている毛がないかをチェックしているとき、チームのボールボーイのひとりが通りかかって、冷やかした。「おい誰か、クライドに氷を持ってきて。すっかりのぼせちゃってるよ」[2]

フレイジャーの儀式で重要な役割を果たすのが、シューズだった。「コートに出る直前、手を乾いた状態にしたい。だから、靴の裏に手のひらをこすりつけるんだ」[3]とフレイジャーは語っている。それが自分なりのスタイルである一方、縁起かつぎでもあった。多くのスポーツ選手と同じように、連勝中、細かい点をいっさい変えないように気をつけていた。「何試合もいいゲームが続くと、スニーカーがすり減って滑りやすくなる。交換が必要だ。でも、すぐには交換しない。好調が途切れるまでは履き続けたい」。シューズとしては、プーマのほか、コンバースの白いチャックテイラーを好んだ。片足の紐をオレンジ、もう片足の紐を青にすることもあった。

＊ ＊ ＊

当のチャック・テイラーは、一九六〇年代に入っても、バスケットボールの伝道を続けていた。第二次世界大戦中にはアメリカ空軍のコーチも務めるなど、熱心な宣伝活動に励み、そのおかげもあって、コンバースのオールスターは、スポーツのあらゆるレベルで人気ナンバーワンのスニーカーという地位を固めた。もっとも、ライバル製品が存在しなかったわけではない。ケッズの「プロケッズ・ロイヤル」はかなりよく似たキャンバスシューズで、足首の内側にまるいパッチまであった。選手やコーチとして有名なジョージ・マイカンが宣伝し、ある程度の成功を収めた。けれどもそれに大差を付けて、テイラーが亡くなる一九六九年までに、彼のサイン入りのコンバース・オールスターは、売り上げが四億足にものぼっていた[4]。

その一方で、特定のスポーツ選手のお墨付きという宣伝手法が、より洗練され、より大きな利益を生むようになってきた。チケット販売がおもな収入源だった何十年ものあいだは、スポーツ選手の収入は一般にそれほど高くなかった。観戦者が多い野球やサッカーなどの主要なスポーツでも、オフシーズンにはアルバイトをする選手が多かった。しかし、テレビ放送が普及するにつれて、選手の収入は上がり、中継放送のスポンサーから集まる金額も増えた。選手の代理人たちは、ごく早い段階から、選手を特定のブランドと結びつけるメリットを理解していた。一九五〇年代後半、アーノルド・パーマーのサインが彫り込まれたウィルソンのゴルフクラブによって、パーマーは莫大なロイヤルティーを獲得し、メーカーはそれ以上に巨額の利益増を得た。選手にとってこういった契約を結ぶ旨みは、契約料そのものにとどまらない。世間への露出度が高まる。アスリートとしての価値を保っていれば、ほかの企業からもスポンサー契約の話が舞い込むかもしれない。パーマーにしても、みずからデザインしたクラブを商品シリーズ化したうえ、ユナイテッド航空およびハーツ・レンタカーのコマーシャルに出演し、アイスティーとレモネードを混ぜて楽しむようなゴルフ好きではない人々にまで名前が広まった。何十年か前にベーブ・ルースがやったこととある意味では同じだが、こんどはもっとたくさんのスター選手が参入する余地があった。

テレビ放映が始まったからといって、あらゆるアスリートの金運が上昇したわけではない。オリンピックはもちろんのこと、テニスや大学の陸上競技では、アマチュア選手の金銭受け取りに関して厳しいルールがあった。カラー放送された一九六八年のオリンピックで国際的な知名度が上がったアディダスとプーマは、さっそく、まだ手がけていなかったスポーツ分野に目を向け、商品を勧めてくれる選手を探した。両社が繰り広げた水面下の戦いには、いくつか問題点もあった。たとえば、専属契約で縛りつけないかぎり、アスリートたちは自由にメーカー同士を戦わせ、受け取る封筒のなかの金額をつり上げることができた（この戦略を真っ先に採用したのが、一〇〇メートル走の王者で、アルミン・ハリーだった）。

ダスラー兄弟の対決は次世代に引き継がれ、アディの息子ホルストとルドルフの息子アルミンが、それぞれの社内でいっそう顕著な役割を果たし始めた。次の大きな国際スポーツ大会は一九七〇年のワールドカップだった。競技人口が世界最大のスポーツをめぐって、いとこのホルストとアルミンは選手を囲い込むためにしのぎを削った。しかしどちらの陣営も、一九六八年オリンピックのときのような醜い戦術を使いたいとは望んでおらず、クリーンな方法の端緒となる選手がひとりいることを知っていた。それはペレだった。ブラジルの英雄との契約は、非常に高くつく。本人も安くないが、ほかの選手たちまで契約料の値上げを要求し、どちらの企業にとっても許容範囲を超えた勢力争いを引き起こす恐れがある。そこで、ふたりのいとこは、非公式ながらも「ペレ協定」を結んだ。[5] 両社ともペレだけには手を出さない、とする内容だった。ところが、ブラジル選手の多くがプーマとの契約を結ぶなか、ペレは、なぜ自分にだけオファーがないのかとプーマの担当者にしつこく尋ねた。誘惑に勝てなかったアルミン・ダスラーは、結局、ペレと契約を結んだ。決勝戦のキックオフの直前、ペレは主審にちょっと待ってくれと頼み、靴紐を結び直した。身をかがめて紐を結ぶあいだ、中継カメラがプーマの白い横ラインを捉えた。ホルスト・ダスラーを含む全世界の視聴者が、この偉大な選手はどんな靴を履いているのかを思い知った。

こうしてペレ協定の和平は破られ、有名なアスリートを広告塔にする時代がはっきりと幕を開けた。

＊　＊　＊

ペレ事件よりも前から、ホルスト・ダスラーは、宣伝にふさわしい選手を見つけ出すことの価値を理解していた。父親のアディも、妻のケーテとともにバイエルンで忙しく靴ビジネスを切り盛りしていた。一九五九年、会社の全権をひとり息子に託すのはまだ時期尚早とみて、アディは、代わりにフランスの靴工場を再建するチャンスをホルストに与えた。ホルストは当時二三歳。その工場を救うにとどまらず、そこで握ったわずかな権限を膨らませて、アディダス全体の経営に大きく食い込みたいともくろんだ。そこでアディダス・フランスは、ドイツの本社とは別に独自の製品ラインアップを出し、本社を親会社ではなく競争相手とみなすことにした。ホルストはまず、サッカーシューズとトラックシューズに焦点を当てた父親の事業枠を超えて、テニスやバスケットボールの市場へ進出し、これらのスポーツ向けに史上初めて革製のシューズを発売した。

また、ホルストは、アメリカ市場に目を向けた。本社がまだアメリカを重視せず、ヨーロッパを中心に事業展開していたからだ。最初の標的をプロバスケットボールにしたのは、意外な戦略だった。アメリカのプロスポーツとしては野球やアメリカンフットボールのほうが文化的な地位を築いていたし、世界の他地域ではサッカーのほうがはるかに人気が高かった。プロバスケットボール界には、ペレに相当する有名選手がいなかった。大学バスケットボールなら、すでに世間の関心が高く、一九六八年にはヒューストン大学とＵＣＬＡの対決がレギュラーシーズンの試合として初めて全米中継された。アメリカ各地の一二〇局が、通常番組を休止し、この「世紀の一戦」を放送した。[6] これとは対照的に、プロのＮＢＡはそこまでファンが多くなかった。レギュラーシーズンの試合がゴールデンタイムに全米中継されるようになったのは、もう少し先の一九七〇年からだ。しかしホルストは、現時点でまさにこれが格好のターゲットだと見抜いた。

一九六四年、ホルストが率いるアディダス子会社は、バスケットボール用スニーカー「スーパーグリップ」と、そのハイトップタイプの「プロモデル」を発売開始した。どちらも、コート上で滑りやすいというキャンバスシューズの設計上の難点を解消していた。アッパーが革なので、薄いキャンバス地よりしっかりと足を支えてくれる。スーパーグリップはソールが幅広で、その名のとおり、硬材の床に対するグリップ力に優れていた。

唯一の問題は、履いてくれる選手が少なかったことだ。「選手たちはあくまでキャンバスシューズでプレーしていました。うちのシューズはまったく異質に見えたんでしょう」。ホルスト・ダスラーの重要な補佐役だったクリス・セバーンは、そう語っている。「べつに、コンバースから契約金をもらっていたわけでもないのに」[7]

セバーンはNBAの各チームに靴を売りまわったものの、アディダスに賭けたのは一チームだけだった。サンディエゴ・ロケッツだ。成績も資金力もリーグ最下位で、おまけに最も負傷者が多く、コーチのジャック・マクマホンは手を焼いていた。足を滑らせてけがする選手が大半だったため、名前からしてスーパーグリップという靴なら解決策になるのではと考えた。選手たちは最初のうち乗り気ではなかったが、使うにつれ、革のサポート力が気に入った。シーズン中、チームはなおも負け続けたが、スーパーグリップには周囲の注目が集まった。NBAの他チームの選手たちが、一見奇妙なシューズを実戦の場で目の当たりにして、自分も試してみたいと思い始めた。翌年、アディダスを着用したボストン・セルティックスが優勝し、キャンバススニーカーの支配に終止符が打たれた。続いてセバーンは、上司であるホルストを説得して、カリーム・アブドゥル＝ジャバーと契約を結んだ。大学時代からすでに有名な選手で、契約金は年間二万五〇〇〇ドル。当時としては莫大な額だった。

貝殻のような特徴的な爪先を持つこのスニーカーは、オールスターのライバル製品にふさわしい「スーパースター」という名前に変わった。チャックテイラーの革バージョンがいちどもヒットしなかったのに対し、一九七三年にはプロ選手の八五パーセントがアディダスを着用するまでになり、大学チームもそれにならった。すべて、ホルストが率いるアディダス・フランスの製品だった。しかし、バスケットシューズが同社の売上げの一〇パーセントを占めるほどになったため、国際事業を担当する母親から、仕事を奪おうとしていると勘ぐられるのではと心配し、ホルストは、業績を控えめに報告し、輸出量がドイツ本社より急速に増えている事実を隠さなければいけなかった。

ホルストがもう一つ目を付けていたスポーツが、テニスだった。一九六〇年代を通じてようやく本格的な人気を集め始めたNBAとは異なり、テニスのほうは、国際的なスターが世紀初めから存在していた。しかし、スポーツとスポンサーが結びついていない点は同じだった。バスケットボールの場合、投資するだけの価値があると、スポンサーを説得しなければならなかったが、テニスの場合は、スポンサーを持つことにはじゅうぶんな価値があると、むしろ選手側を説得しなければいけなかった。選手の事情はオリンピックと似ていた。プロになれば金を稼げるものの、その代わり、ウィンブルドンや全仏オープンなど、アマチュアしか参加できないトップトーナメントから締め出されてしまう。まるで野球選手が、「もしヤンキースでプレーするなら、ワールドシリーズには出場できない」との条件を突きつけられるようなものだ。出場資格をアマチュアに絞るかどうかは、歴史上たびたび変遷を繰り返すが、このころのテニスは、選手たちが内密に報酬を受け取って生計を立てる「偽アマチュアリズム」の時代だった。しかし一九六八年、プロがメジャー大会に出場できるようになり、「オープン化」の時代へ突入した。最終的には、賞金、おやけの契約金、広告への出演契約がどれも認められ、テニスに続いて、バスケットボール、ゴルフ、その他のアメリカのスポーツがすべて同様の措置をとった。

アディダスは一九五〇年代にもテニスシューズを生産していたが、改良モデルを準備すべき時期だった。白羽の矢が立ったのは、フランスのプロテニスの第一人者、ロベール・ハイレだった。彼のサインが入った革製のテニスシューズは、ハイレの英語読みで「ハイレット」と名付けられることになる。さかのぼると、ハイレは一九六〇年にプロへ転向し、全仏オープンの出場資格を失った代わりに、広告契約を受けられる立場だった。アマチュア時代にはフランス代表チームの一員としてたびたびデビスカップで活躍し、全仏オープンの準決勝に進出した経験もある。プロになってからは、ウエンブリー選手権（イギリスで開催される、ウィンブルドンより規模の小さなプロ大会）に出場していた。こういった経歴を踏まえ、その名を冠したシューズが一九六五年に発売された。清潔を重んじるテニスの厳しい服装規定に従い、[8]シューズ本体は真っ白だった。唯一のデザインの特徴は、両側に三列のミシン目があることで、通気性を良くするのが本来の目的だが、アディダスの三本ストライプをそれとなく連想させる役割も果たしていた。ただ、ハイレの引退に伴い、七〇年代に入るとこのシューズにあらたなネーミングが必要になった。

アディダスがアメリカ市場へ進出するにあたって最も確実な方法は、アメリカ人選手と契約することだった。そこで名前が挙がったのが、新星のスタン・スミスだった。身長一九〇センチ、体重九〇キロのスミスは、コート上で堂々たる存在感を放っていた。真面目ひと筋で、滅多に笑顔を見せないが、大舞台で幾度か優勝を果たした。コートの外では、かさの少ない髪と口ひげがトレードマークの、気さくなカリフォルニア住人に見えた。大会でヘイレットを履いてもらおうと、アディダスは一九七一年に接触を試みた。スミスが全米オープンで優勝した年だ。ホルストとスミスはパリのナイトクラブで顔を合わせ、夜一一時を回るころにはもう話がまとまって、スミスがアディダス・フランスの「新しい顔」になることが決まった。[9]スミスは一九七二年のウィンブルドンで優勝して世界ランキング一位となり、シューズの売れ行きは急上昇した。

テニスの人気もうなぎ上りだった。[10]芝生のテニスコートは維持費がかかるため、資金豊かなカントリークラブくらいでないと設置できなかったが、もっと安上がりなハードコートが学校やレクリエーションセンターに増え始めた。テニスは依然、上流階級のイメージを帯びていて、あこがれのスポーツだった。実際にプレーしたい人もいれば、服装だけでいいから真似したい人もいた。たとえば、ワニのマークでおなじみのラコステのシャツを着ているからといって、その人がテニスをたしなむとは限らないのだが、にもかかわらず、カントリークラブの会員であるかのような雰囲気がかもし出された。テニスシューズについても同様だった。

　プロのあいだでアディダスのシューズは大成功を収め、一九七〇年代初頭にはウィンブルドンの約八〇人の出場選手のうち半分がアディダスを履いていた。[11]「わたしのシューズを履いた選手と対戦して初めて負けたときは、本当に不愉快だったよ」とスミスは語っている。[12] スミスが宣伝を始めた当初は、ほかの選手の名前が付いたシューズだったのに、スミスが勝利を重ねるうち、ハイレとスミスの名前が併記されるようになった。スミスが四大大会のダブルスでさらに三回優勝し、デビスカップでもアメリカの優勝に貢献した結果、七〇年代の末にはハイレットの名が完全に消えた。チャックテイラー・オールスターと同じように、靴そのものにスミスの名前（とサイン）が記され、しかも「タン」あるいは「ベロ」と呼ばれる部分にはスミスの似顔絵が描かれた。テイラーと同様、この「スタンスミス」というシューズも、本人以上に名前を世に知られるようになった。

＊　＊　＊

ニューヨーク・ニックスは成績が散々だったため、サーカスが開催されるときはいつも、初代マディソン・スクエア・ガーデンのコートを明け渡さなければいけなかった。リーグの万年下位チームよりも、ゾウや道化師のほうが、有料観客を数多く集めた。

にもかかわらず、ニューヨークにおけるバスケットボール人気の灯は消えなかった。それどころか、街じゅうの運動場でバスケットボールがさかんにプレーされるようになっていた。理由の一つは、スペース上の問題だ。大都市の中心部となると、野外にアメリカンフットボール場や野球場をつくるほどの広い場所はない。しかし、コンクリートのバスケットボール用コートなら、どの地域の公園にも簡単に設置できるうえ、プレーに必要な人数や用具もわりあい少ない。ニューヨークには、公営の公園がアメリカ国内のどの都市よりもたくさんあった[13]。

ハーレムやベッドフォード・スタイベサントなどの黒人が多い地域では、公園でのゲームが独自の生態系を形成して、独自の行動規範をつくり出し、アール・〝ザ・ゴート（ヤギ）〟・マニゴールトやハーマン・〝ヘリコプター〟・ノウイングズといった名前のスター選手も現われた。この生態系でマディソン・スクエア・ガーデンに相当するのが、ポロ・グラウンド・スタジアムの跡地に近い、一五五丁目と八番街の角にあるラッカー・パークだった。プロの試合のチケットを買う余裕がない人でも、ここに行けば、夏のバスケットボールリーグの熱戦を眺めることができた。なかでも有名なラッカー・トーナメントの試合となれば、おおいに楽しめた。観衆は、ビルの屋上や木の上、フェンスの上、近くのマコムズダム橋の上などにすわってプレーを見守った。派手で、攻撃的なプレーだった。テレビでは見られないスラムダンクを、ラッカーでは見ることができた。「大学バスケットボールとは比較しようがない。ここじゃ、からだを張った試合が多かった」[14]。高校生のころ内緒でラッカーでプレーしていたジュリアス・アービングは、そんなふうに語っている。アービングのニックネーム「ドクターJ」は、こうした時期に付けられた。トップクラスの選手たちはプレースタイルだけでなく、着ているものに関しても、目を輝かせているファンに大きな影響を与えた。

さて、マディソン・スクエア・ガーデンに話題を戻すと、ニューヨーク・ニックスは二シーズン連続で勝ち越し、しだいに調子を上げていた。このニックスでウォルト・フレイジャーが存在感を見せつけたのは、一九七〇年のＮＢＡファイナルだった。シーズンも大詰めとなり、ニックスは三期連続の勝ち越しを決めていた。対するは、はるか西海岸のロサンゼルス・レイカーズだった。ウィルト・チェンバレン、ジェリー・ウェストという偉大な二選手が牽引力となり、過去八シーズンのうち六回もファイナルに駒を進めた強豪だ。一方のニックスは、一〇年にもわたって染みついた弱小チームのイメージをようやく払拭しつつあるところだった。一九六九年から翌年にかけてのニックスは、おもにキャプテンのウィリス・リードの活躍でファイナルに進出した。リードは圧倒的なセンターとして活躍し、得点王だった。ところが、第五試合で足を負傷。ニックスの初優勝の可能性に暗雲が立ちこめた。次の試合は、リードが欠場するなか、レイカーズが勝利し、ニックスは崖っぷちに追い込まれた。第七試合を迎え、リードが復帰するかどうかに注目が集まった。控えの選手たちがウォーミングアップを始めていたが、チップオフのわずか数分前、リードがコートに立った。歓声の波が場内に広がり、レイカーズはいくらかひるんだ。リードは長くはプレーできず、試合の最初の二ゴールを決めただけだったが、チームメイトたちはおおいに鼓舞された。代わってコートに上がったフレイジャーは、三六得点、一九アシスト、五スティールというキャリアハイの大活躍で、ニックスを勝利に導いた。四〇年後、ＥＳＰＮはこの試合を「ファイナル史上最高の第七試合」と呼ぶことになる。「もしレイカーズとあと一〇試合戦わなければいけなかったら、勝てなかっただろう」とフレイジャーは振り返る。「でも、この一戦に向けて、すべてが一つになった」[15]

フレイジャーとリードをはじめ、王者ニックスの選手たちは、ニューヨーク挙げての祝福を受けた。国のマスメディアの中心地だけに、各選手の名声ははるかかなたまで知れわたった。たとえばミルウォーキーでプレーしていたら、これほどのスターダムにはのぼれなかったはずだ。選手たちがこの経験をつづった本は相次いでベストセラーになった。フレイジャーとふたりのチームメイトは『セサミストリート』にも出演した。こうしたいままでにないメディア露出のなかでNBAは二五年目のシーズンに突入し、人気に火がついた。数年のうちに状況は一変し、かつてサーカスのたびに本拠地を追い出されていたニックスは、バスケットボールを国民的なスポーツに押し上げる原動力となった。

注目度がアップしたため、ニックスはニューヨークじゅうを巻き込むファッションリーダーに変わった。「着飾っていないと、仲間たちから責められたものだ」[16]。スモールフォワードだったカジー・ラッセルは、そう回想する。大きな帽子、金のチェーン、真珠のカフスボタン、タートルネックといったファッションが流行した。一方、ニックスでフォワードを務め、プリンストン大学を卒業、やがて上院議員となるビル・ブラッドリーは、さえない服を着て、たいていコートのポケットに本を突っ込んでいた。そのファッションセンスの悪さを見かねて、チームメイトのディック・バーネットが改善の助言役を買って出たが、数カ月後に諦めたという。いずれにしろ、ニックスの選手のなかで、フレイジャーのファッションは群を抜いていた。

「試合後、外へ出てバスに乗ると、男女問わず若い連中がバスのまわりに群がった。おれがどんな服を着ているかを見たかったんだ」とフレイジャーは言う。「チーム内でも、誰の服装がいちばんかっこいいかをいつも競っていたよ」[17]。しかし、ほかの選手に勝ち目はなかった。毛皮のコート、仕立てのスーツ、金鎖の大メダルを身に着け、もみあげやあごひげを生やし、愛車ロールスロイスを運転したり歩道をぶらついたりと、フレイジャーの「クライド」的な側面は、もはや崇拝の的だった。雑誌のグラビアにもたびたび登場した。ファッション性あふれる高級アパートメントには、まるいベッドと鏡張りの天井があり、写真の題材としてうってつけだった。撮影のためにニューヨークシティの地下鉄に乗り、落書きだらけの汚い車内に立っているときでさえ、フレイジャーは黒っぽいスーツに明るい色のネクタイ、つばの広い帽子を身に着け、シャープないでたちだった。

名声とファッションセンス、さらに、コート上で示すスター選手としての実力が相まって、フレイジャーは、いままでにない種類の脚光を浴び始めた。元ニューヨーク・ジェッツのアメフト選手、ビル・マティスが、ある日、フレイジャーのもとを訪れ、プーマがきみにシューズを履かせたがっていると言った。プーマはきみが欲しいスニーカーを何でもくれて、そのうえ五〇〇〇ドルくれるそうだ、と。フレイジャーは同意した。ただ一つ問題があった。プーマがつくった「バスケット」という味気ない名前のバスケットシューズは、フレイジャーの好みからすると重すぎたのだ。もっと軽くて柔軟性のある靴がよかった。その要望を聞いたプーマは、「スエード」――トミー・スミスとジョン・カーロスが一九六八年のオリンピック抗議のとき使っていたモデル――をもとに、改良を加えた[18]。

こうして「1973プーマ・クライド」というスニーカーが誕生した。フレイジャーはNBA

選手で初めて自分のサイン入りシューズを手に入れた。いろいろな理由で画期的といえる。チャック・テイラーの場合、その名を冠したスニーカーが生まれたとはいえ、現役を退いたはるかあとの話だ。また、同じころスニーカーを宣伝するプロ選手はほかにもいたが、選手名がそのまま商品名になっていたわけではない。その点、現役選手にちなんだネーミングの靴となると、人名そのものがある程度の無料広告として役立った。クライドというフレイジャーの愛称が会話にのぼるたびに、靴のステータスが少しずつ上がった。その逆もしかり。消費者からみれば、フレイジャーが培ってきたスタイリッシュで都会的なイメージの一部を金で買えるチャンスだった。

この広告キャンペーンは、フレイジャーのクールで派手な「クライド」の側面と、コートを自在に駆けまわる「ウォルト」の側面の両方に光を当てていた。ある広告では、幾何学模様のボタンアップシャツを着たフレイジャーの写真が大きく使われた。別の広告には、相手からボールをスチールする方法など、バスケットボールのプレーのアドバイスが細かく書かれ、「生きるために盗む」という見出しが付けられて、一番下に「自分の足にしっくりくるシューズを履くと、気分よくプレーできる」とフレイジャーがコメントを寄せていた。プレーに関するアドバイスと見せて、じつはセールストーク――チャック・テイラーのやりかたを彷彿とさせる広告だ。フレイジャーの靴のマーケティングは、スニーカーを売り込むための新旧の手法が混在していたといえる。昔は、後者のように長々と文章を入れた広告、とくに、実用的なアドバイスを提供する広告が多かったが、しだいに、前者の広告のような、スターの写真だけというシンプルなものが主流になった。フレイジャーにとっていい靴なら、あなたにとってもいい靴のはず、という明快なメッセージだった。

コート上でクライドを履いているフレイジャーも魅力的だが、街なかでクライドを履いたフレイジャーはまたまったく別の魅力を放っていた。ニューヨークのほとんどの人にとって、プーマのクライドは生まれて初めて見るスエードのスニーカーだった。[19] 一九七三年にはニックスが二度目の優勝を飾り、チームも、その延長線上にある靴も、ますます知名度を上げた。ハーレムの住人の多くは、ラッカー・パークでトッププレイヤーが履いているのを見て初めて、クライドの実物を目の当たりにしたわけだが、いったん知ると、たまらなく素敵に感じられた。フレイジャーのような一流選手も、近所の運動場のスター選手も愛用しているとなれば、かっこよさのダブルパンチだ。

ありふれた場所のどこでもスニーカーを見かけるようになり、メーカー各社は差別化に苦しんだが、クライドを販売するプーマは悠然と構えていられた。有名選手の肩を借りて、クライドはコートを飛び出し、カジュアルな靴として普及した。一九七〇年代半ばには、プーマ・クライドを履く選手はもう減っていたが、カジュアルウェアとしてニューヨークシティの街角で人気を保ち続けた。いまやクライドの最大の敵は、ニューヨークの天候だった。冬、雪を解けやすくするために街の当局者が塩をまくのだが、この塩が、靴の表面のスエードを傷めてしまうのだ。「吹雪を見ると、うれしくなったよ」[20]とプーマのある幹部は語った。買い替えを避けようと、道で付着した汚れを落とすために歯ブラシを持ち歩く人もいた。

スポーツウェアからストリートウェアへ。スニーカーの移り変わりは、ボトムアップ――近所で見かけたものを真似する――とボトムダウン――文化のなかで見かけたものを真似する――の両方向から進んだ。一九七〇年代を通じて、アディダスのスタンスミスは、テニスコートから遠く離れ、流行の最先端のシーンに繰り返し登場した。ビートルズの「ペニー・レーン」シングル盤の宣伝写真では、ジョン・レノンが白いアディダスのスニーカーを履いている。ほかにも、日常生活でこの靴を愛用しているレノンの写真がいくつかある。映画『がんばれ！ベアーズ』では、ウォルター・マッソーがぼろぼろのスタンスミスを履いていた。デヴィッド・ボウイも、一九七〇年代半ばに『ステーション・トゥ・ステーション』をリリースしたころのプレス写真で同じ靴を履いていた。スポーツに話を戻すと、サッカーのリバプールのファンたちが、一九七〇年代、チームのスカーフやジャージを身に着ける代わりにスタンスミスを履き始めた。ライバルチームのフーリガンにからまれて殴られないように、リバプールのサポーターであることを目立たなくする狙いがあった。ポップカルチャーの世界でも、いろいろなスニーカーが流行した。ローリング・ストーンズのキース・リチャーズとミック・ジャガーは、一九七〇年代初頭にアディダスのガゼルを着用していた。マイケル・ジャクソンも、幼いころのジャクソン5時代の写真を見ると、ときどきガゼルを履いている。

一九七〇年代の終わり、フレイジャーはクリーブランド・キャバリアーズへトレードされ、プレーに衰えが見えるとともに、スニーカーの広告効果も薄れてきた。彼はプーマとの契約を打ち切り、あらたにスポルディングと契約した。スポルディングは早くからスニーカーを手がけていたものの、どちらかというとバスケットボールの製造で有名だった。フレイジャーが宣伝した新製品は、またもスエードの「スポルディング・クライド・フレイジャー」だった。

スポーツとスニーカーを取り囲む世界は、この数年で大きく変わった。多くの競技がアマチュア選手のみというルールを捨てたせいもあり、アスリートがブランドの代弁者になり始めた。テレビ放送のおかげでスポーツの観客が増え、スニーカーはいつでもどこでも履ける存在になった。このような風潮の変化を促したのは、スニーカー会社とスター選手だけではない。一九七〇年代を通じ、社会全体の流れとして、誰でもアスリートになれるという革命的な考えかたが強調されていった。

第8章

誰もがアスリート

一九六二年のある日曜日の朝、ビル・バウワーマンはニュージーランドの緑豊かな丘でジョギングをした。その年の初めには、オレゴン大学の陸上チームを初めてのNCAAチャンピオンに導いたが、いまでは一分間のランニングだけでへとへとだった。

太平洋を渡ってニュージーランドまでやってきたのは、同国オリンピック代表の陸上コーチ、アーサー・リディアードの助言を求めるためだった。リディアードはその二年前のローマ大会で三人のメダリストを生んでいる。バウワーマンは何年も前からリディアードと連絡を取り、靴、路面、コーチング戦略などについて話し合ってきたが、ぜひ直接会って、指導のようすを見てみたいと思った。優れた長距離走選手やクロスカントリー選手をおおぜいどんなふうに鍛えているのか？　一九六〇年のオリンピックで、人口五二〇〇万のイギリスは金メダリストを一名しか生み出せなかったのに、人口二五〇万の小さな島国がなぜ二名も出せたのだろう？

オレゴン州から長時間フライトでやってきたからだをほぐそうと、バウワーマンは、リディアードの誘いを受けて、ランニングクラブの軽い練習に参加することにした。元大学アメフト選手で陸上部のスターだったから、たいしたことはないだろう、と。五〇歳になったとはいえ、クルーカットの容姿には二〇年前の自信に満ちた軍人の面影が残っていた。

週末のランニングを楽しむため、オークランドの住宅地にある公園に老若男女一〇〇人以上が集まった。大半がバウワーマンと同じように四〇歳を超えていた。オークランド・ジョガーズ・クラブは世界でもごく早い時期に設立されたジョギングクラブで、この日は、街の中心部にあるワンツリーヒルのまわりを走ることになっていた。もとは火山だった標高一八〇メートルのこの丘は、美しい緑の芝生に覆われている。リディアードから、ペースの遅いグループに交じったほうがいい、と言われた。やがておおぜいがいっせいに走り出し、バウワーマンは、日曜日の軽い遠足というよりもクロスカントリーレースのようだ、と感じた。

「一〇〇メートルほど走ったところで、わたしは、はあはあと息切れし始めました。ところがまわりの人たちは、談笑しながら平気で進んでいきます」

ジョガーの一団は、角を曲がった。

「そこから、丘の登り道が始まったんです」。何年もあと、バウワーマンは当時を振り返っている。「頭に浮かぶのは、もう死にたいという思いだけでした」[1]

三回の心臓発作を生き延びたという七六歳の男性ジョギング愛好家が、バウワーマンに同情し、ペースを合わせて走りながら礼儀正しく話しかけてきた。バウワーマンは息が切れて返事ができなかった。その男性に導かれて近道を走り、やっとほかのメンバーたちに合流した。体力の衰えを痛感したバウワーマンは、以後、ニュージーランド滞在中は朝食前にジョギングを欠かさないようにした。ときにはリディアードと、ときにはほかの人たちといっしょに走った。数週間後にアメリカへ帰国し、出発時より五キロも痩せた姿に、妻が目をまるくした。

リディアードは世界でも屈指の優秀なコーチとみなされており、今日でも広く使われているトレーニング理論を編み出した。たとえば、ハードなワークアウトの合間に楽な軽いメニューを入れて、からだを休ませ、体力を回復させる。「無理せず、鍛えよ」なるモットーは、バウワーマンの「ハード&イージー」という強弱のトレーニングを交互に行なうやりかたに近い。こうした方法の土台にあるのは有酸素運動だ。当時はようやく理解され始めたばかりで、リディアードは「ジョギング」と呼んでいた。これが、彼の指示する最も遅いペースのランニングを指す言葉として、世間に普及することになる。リディアードが有酸素運動の意義に気づいたのは、過去に、このときのバウワーマンと同じ体験をしたからだった。つまり、自分よりはるかに高齢のランナーにかなわなかった。

バウワーマンは非常に興味を惹かれた。リディアードの指導力に最大限の敬意を払いつつも、ニュージーランドがこれほど多くの偉大なランナーを輩出すできるのは、ランニングの文化が深く根づいているからだと悟った。オリンピックに出場するしないにかかわらず、ニュージーランドの人々は、こぞって走ることで、ランニング界を牽引しているのだ。

ユージーンの町に戻ったバウワーマンは、さっそくジョギングクラブを創設した。驚いたことに、さまざまな健康状態の近隣の住民がおおぜい集まった。当時、人気のあるスポーツといえば、ボーリング、ゴルフ、テニスだったから、ジョギングにこれほど関心が集まるとは意外だった。バウワーマンはオレゴン大学の走者たちを雇い、集団を先導して走ってもらうとともに、地元の心臓専門医の協力を得て、非アスリートのためのトレーニング方法を工夫した。住民の多くは、園芸用の靴やズボンなど、あり合わせの服装でジョギングをしに来た。麦わら帽にトレンチコートという姿の女性もいた。「必要な用具は自分だけだ」。のちにバウワーマンは著書にそう記している。「たいがいのフィットネスプログラムは、始める前の準備にずいぶん金がかかる。ところがジョギングは違う。ハイヒールしか持っていない女性だけは、平底の靴を買わないといけないが」

＊　＊　＊

一九六〇年代には、公共の場でランニングをするのは、アスリートと変わり者だけだった。最初のうちは、ジョギング愛好家が車の運転手から嫌がらせを受けることも珍しくなかった。ビール缶を投げつけられたり、嘲笑されたりした。あるナイキ従業員は「馬にでも乗れ！」と罵られたという。「ジョギングは人気でも不人気でもなかった。とにかく、物珍しかったのだ」。後年、ナイトはそう記している。「わざわざ外へ出て五キロ走るなんて、よほど精力を持て余した変人がやることに思われた。楽しみのために走る、運動不足解消のために走る、幸せな気分を味わうために走る、健康と長生きのために走る――そんな発想は過去に存在しなかった」[2]。大都市のジョギング愛好家は、人けの少ない場所や早朝の時間帯を狙った。あるシカゴの会社幹部は、愛車のスポーツカーで道をたどり、走行距離計を眺めながら三キロのコースを決めたあと、車を降りて走り始めた。サウスカロライナ州の上院議員ストーム・サーモンドは、一九六八年にジョギングをしていたところ、サウスカロライナ州グリーンズボロの警察に呼びとめられ、職務質問されたらしい[3]。

* * *

バウワーマンの教え子の選手たちがいくつものジョギングクラブをつくり、その影響もあって、オレゴン州ではジョギングブームが起こった。とくに秀でていた選手が、一九六九年にオレゴン大学チームに加わったコス・ベイ出身のランナーだった。名前はスティーブ・プリフォンテーン――愛称「プレ」。高校記録を塗り替えたことで有名になり、バウワーマンから直接、手紙でチーム入りを誘われた。バウワーマンがそんなラブコールを送るのは珍しい。「僕は仰天しました」とプレは語る。「手紙の文面は二段落だけでした。オレゴン大学に来てわたしの指導監督を受ければ、きみは間違いなく世界レベルのランナーになれる、というようなことが書いてありました。僕はもう、承諾のサインをどこに書けばいいのか、それだけで頭がいっぱいになりました」[4]

　プレは練習もレースもぜったいに休まなかったが、自信過剰のせいで、バウワーマンのやりかたと衝突することもあった。あるときプレは、こんどの二マイル走に出場したくないと言い出した。バウワーマンは「じゃあ、来週どこで走るつもりだ?」とこたえた。プレはそっぽを向いて立ち去りかけたが、何歩か歩いたところで気を変えた。「わかったよ、二マイル走に出る。嫌々だけどね[5]」。いざ蓋を開けてみると、プレはその大会で学校記録を更新した。

　プレが一躍有名になったのは、一九七〇年六月だった。大学一年生にして、雑誌『スポーツ・イラストレイテッド *Sports Illustrated*』の表紙を飾ったのだ。オレゴン大学のチームカラー、緑と黄に彩られた表紙写真だった（その号の目次ページの隣には、当時アメリカでスニーカー市場のシェア一位を独走していた会社の全面広告が載った。キャッチフレーズは「あらゆるスターのためのオールスター」だった）。アメリカにおける陸上競技への関心は、数十年後の現在よりも一九七〇年代のほうが高かった。プレが表紙を飾った一カ月後には、レニングラードで開催されたマラソン大会で逆転勝利を収めたフランク・ショーターが、ライバルのソビエト選手レオニード・ミキテンコと握手を交わす姿が『スポーツ・イラストレイテッド』を飾った。ショーターはプレの友人であり、トレーニングパートナーでもあった。ふたりは何度も激しいレースを繰り広げた。フィニッシュラインを越えるまでは友人であることを忘れた、とショーターは述べている[6]。この一〇年間で『スポーツ・イラストレイテッド』の表紙には陸上競技のスター選手が一八回も登場した。一九七〇年に載ったプレについての記事は、彼の才能と将来性を取り上げる一方、バウワーマンの伝説的な指導歴も同じくらい大きく報じた。しかし、バウワーマンとフィル・ナイトがその数年前からシューズを販売していたにもかかわらず、ブルーリボン・スポーツやオニツカタイガーのシューズに関しては記事のどこにも触れられていなかった。すなわち、一九七〇年当時のスポーツファンは、オレゴン大学の新入生のことは知っていても、バウワーマンのサイドビジネスはほとんど知らなかったわけだ。

プレの雄姿を見ようと、オレゴン大学のヘイワード・フィールドには何千人もの観衆が集まった。また、バウワーマンが普及させたジョギングクラブのおかげで、地元の人たちの多くが走ることに夢中になった。プレ本人も、走る楽しさを広めるため、ジョギング講座を開いたり、学校を訪問して子供たちと話したり、オレゴン州刑務所の受刑者たちを指導したりした（ただ、詳細は親友にしか明かさなかった）。二〇一六年に『ランナーズ・ワールド Runner's World』誌がプレをモハメド・アリと比較したのも不思議ではない。あるときプレは、靴から血を流しつつ五〇〇〇メートルを走り、それでも勝った。オレゴン州の観客は勝利のたびに拍手を送った。

このころ、オレゴン州以外では、ところどころで草の根ランナーの流行が始まっていた。ニューヨークシティでは、ルーマニア移民のフレッド・リーボウが、ブランドファッションの安い偽物をつくって儲け、一九七〇年にセントラルパークで四二キロのフルマラソン大会を開催した。この第一回ニューヨークシティ・マラソンの完走者はわずか五五人で、街の注目も集まっておらず、ランナーはベビーカーや自転車を避けて走らなければいけなかった。しかしリーボウの指揮のもと、コースをセントラルパークの外へ広げていき、ほかの都市型マラソンのモデルになった。

市内をくねりながら走る選手たちの姿をじかに見て、市内の五地区すべての人々がマラソンを身近に感じるようになり、長距離走はエリートだけのものという考えが払拭された。

一九七四年にニューヨークシティ・マラソンで優勝したノルベルト・サンダーは、二年後にレース当時を振り返っている。コースが初めて市内全域に広がった大会だった。サンダーが走りすぎるのを道端で見かけたホームレスの男が、どうやら刺激を受けたらしかった。「その男が「来年はおれも出場するぞ」と叫んだんです」とサンダーは語る。「それが、あのレースの素晴らしいところです[7]」

ニューヨークシティ・マラソンが大成功したため、一九八一年に第一回ロンドンマラソンが開催される際、主催者側はリーボウに連絡をとり、大都市の道路にどんなふうにレースを設定すべきか助言を求めた。ジョギング熱が高まり、街路を走る人が増えるにつれ、リスクは自己責任とばかりも言っていられなくなって、ニューヨーク市公園局は一九六八年、二〇のジョギングコースを設置した。一九七〇年代を通じて、もっと短距離の参加しやすい公道レースも相次いで始まった。ふと思い立てば簡単に見物できるだけに、幅広い観客が集まるようになった。非営利団体ニューヨーク・ロード・ランナーズの幹部はこう語っている。「この公園はニューヨークで最高のシングルズバーと化しました。夜ふらりとやってきて、若い異性に「あれ、そのシューズどこで買ったの?」と声をかけるだけでいいんです[8]」。いわゆる「市民マラソン」の普及により、レースは速く走ることよりも、さらにはゴールすることよりも、楽しく参加することに意義がある、との考えが広まった。ジョギングは「誰でもできる」スポーツだった。シアーズ百貨店は、カラフルな子供向けのジョギングウェアを販売し、進歩ぶりの記録表をおまけに付けた[9]。

ただ、一つ付け加えておかなければいけない重大な点がある。ランニングが男女どちらにも人気だったにもかかわらず、長いあいだ女性は競技から排除されていたことだ。第一次世界大戦後、学校教育から女子向けの体育プログラムがほとんど消え、女性は組織的な競技活動から疎外された。また、女性は身体がもろいという誤った認識も根強かった。大規模で有名なレース、とくにマラソン大会は、女性の参加を認めていなかった。運動が女性に与える影響について、古めかしい見解が長年はびこっていたからだ。一八九八年に発行された『ドイツ体育ジャーナル German Journal of Physical Education』の記事には、次のような記載がある。「激しい運動は、子宮の位置のずれやゆるみ、脱肛や出血を引き起こし、結果として不妊症につながり、強い子供を育てるという、女性の人生における真の目的を台無しにする」[10]。その後も、世間の考えかたはあまり変わらなかった。一九六六年、二三歳のボビー・ギブのもとにボストンマラソンの主催者から封筒が届いた。ギブは、自分のゼッケン番号の通知だろうと思って、封を開いた。ところが、文面には「女性は参加できませんし、生理的にも無理です」[11]と書かれていた。それでもギブは、ゼッケン番号なしで出走した。

スポーツは女性には向かないという妄信に立ち向かったのは、もちろん、ギブだけではない。翌年、シラキュース大学ジャーナリズム科の二〇歳の学生、キャサリン・スウィッツァーは、「K・V・スウィッツァー」の名でボストンマラソンに申し込み、問題を避けようとした。しかしレースの最中、職員のひとりが、厳粛な性別ルールの違反に気づいて怒鳴った。「わたしのレースから出ていきなさい。さあ、そのゼッケンをよこすんだ！」。スウィッツァーのボーイフレンドが、その職員を押しのけた。複数のマスメディアのカメラが、一部始終をとらえていた。ゴールしたあと、スウィッツァーは同情的な見出しとともに報道された。怒った男性職員につかみかかられて顔をゆがめるスウィッツァーの写真が、論調の後ろ盾になった。けれども、そんな報道にもかかわらず、ボストン競技協会は一九七二年まで女性の出場を認めなかった。

一九七三年になって、西ドイツのバルトニールで初の女子マラソン大会が開催された。一九七九年にはニューヨークシティ・マラソンにも女子部門が追加され、ノルウェーのグレテ・ワイツが一五年前の女子記録を約一時間縮めて二時間三二分で優勝した。オリンピックでも、一九八四年のロサンゼルス大会でついに女子のレースが行なわれて、アメリカのジョーン・ベノワが金メダルを獲り、アメリカでいっそうランニング人気が高まった。アメリカ人女性が国際舞台でじゅうぶん戦えるという証明にもなった。

＊＊＊

スニーカー業界は一九六〇年代にはまだ初期段階にあり、たった一つのアイデアをうまく実現するだけで、業界内の地位を確保できることもあった。一九〇六年、ボストン郊外の小さな町でニューバランス・アーチサポートという会社が設立された。同社は当初、アーチサポートや整形外科用の矯正靴を製造していて、小規模ながらも緩やかな成長を続けていた。一九六〇年に同社は新しいアイデアを思いついた。大量生産される靴のサイズは、それまでつねに足長だけで決まっていたが、足幅も考慮してはどうか、と。そこで同年、波形の凹凸のソールを備えたランニングシューズ「トラックスター」を発表した。〇・五インチ刻みで足幅を選べるという画期的な製品だったが、マーケティングにあまり力を入れず、ほとんどが大学や高校への通信販売だった。[12] 一〇年あまり後、ニューバランス・シューズ（「アーチサポート」は社名から外された）は、ジム・デービスという二八歳のセールスマネージャーに、同社の年間売上高と同じ一〇万ドルで身売りした。この時点で、忠実な顧客の基盤はできていたものの、マサチューセッツ州ウォータータウンにあるガレージでわずか六人の従業員が数十足のトラックスターを生産している状態だった。

デービスは、フィット感のいい自社シューズをニューイングランド以外の市場にも広めようと決意していた。「靴が合わないランナーは、負け犬になる」と発言し、このせりふがのちに雑誌広告のキャッチコピーに使われた。幅広い消費者を惹きつけるためには、どのくらいブランドを刷新する必要があるのか、とデービスは思案した。「名前を変えるべきだろうか？」と社内のデザイナーに尋ねた。[13]「ニューバランスでいいでしょう。ただ、見かけが〝年寄り臭いアディダス〟みたいなのはいただけませんね」との返事だった。そこで、シューズの側面に傾けた大文字のNをデザインし、各モデルを名前ではなく番号で呼ぶことにした。

全米に名を知らしめたいというデービスの夢は、予想よりはるかに早く実現した。ジョギングブームの高まりが、ランニングシューズ業界のどの企業の業績も押し上げた。そんななか、一九七五年には雑誌『ランナーズ・ワールド』がニューバランスの名前に言及し、それればかりか、同誌の一九七六年一〇月号では、第一回シューズガイドで「ニューバランス320」を最高のランニングスニーカーに選出した。[14] とたんに、こぢんまりと北東部でつくられていたこのシューズを誰もが欲しがった。ニューバランスの年間売上高が一〇万ドルに達するまで七〇年かかったが、一九七六年だけで一〇〇〇万ドルに跳ね上がった。翌年は四五〇〇万ドルだった。こうしてブランドが完全に確立した。

　ジョギングブームは、ナイキにも追い風となった。一九七四年に初めて一般向けに発売した「ワッフル・トレーナー」が瞬く間に人気を博し、大量に売れたため、資金を借り入れて増産に踏みきった。その年の同社の総売上高は四八〇〇万ドルだった。翌年は八〇〇〇万ドル。そのうち、ワッフル・トレーナーなどの平底トレーニングシューズだけで三三〇〇万ドルを占めていた。初期の広告は誕生秘話を誇張したもので、ワッフル焼き器にはさまった靴の写真に「できたてワッフル（Hot Waffles）」という大きな黒文字が添えられていた。

　プレは早くからワッフルシューズを履いていた。ナイキが彼を年俸五〇〇〇ドルで雇い、「全米PR部長」なる肩書きを入れた名刺を渡した。設立からまだ日の浅いナイキにとっては、初めて契約したアスリートだった。プレは活発に動きまわった。レースに参加するためヨーロッパへ何度も足を運び、国際的なエリート選手たちと友情の輪を広げるというかたちで貢献した。「これを試してみてくれ。きっと気に入るよ」と書いたメモを添え、ナイキ製品をランナー仲間に送ることもたびたびあった。しかし一方で、プレは柔軟だった。大会でよくアディダスを履いたほか、プーマやオニツカタイガー、カナダ発のブランド「ノーススター」を着用するときもあった。

　ナイキ側は、バウワーマンを通じて、プレにバーテンの仕事をやめてもらおうとした。「ランナーの模範」という地位にそぐわないと考えたからだ。しかしプレは、トラックの内でも外でも自分のやりたいことをやるつもりだった。

　あるとき、プレがヘイワード・フィールドで一マイル走に出場すると発表され、それを聞いたファンが何百人も会場に集まった。ところがその日はたまたま、ユージーンの各農家が雑草の駆除のためいっせいに畑を焼き払う作業日だった。やがて風向きが変わり、黒い煙が街じゅうを覆った。のちに「ブラック・チューズデイ」と呼ばれる一大事だった。それでもプレは、詰めかけた観客を失望させることなく、煤が立ちこめるなか、三分五八秒三の好記録を出した。

ナイキの売上高は年々増加を続けた。いくら生産しても追いつかないほどの需要があった。しかしナイキにしろ、ニューバランスやアディダスにしろ、成功が長続きしたのは、製品がランニング以外にも広く使われるようになったからだ。コンバースのオールスターやケッズのチャンピオンは、競技用シューズとしての魅力が衰えたあとも、カジュアルウェアとしてあらたな活路を切り開いた。おかげでメーカーは同じモデルを引き続き毎年販売することができた。横幅にゆとりがあるコルテッツやニューバランス320などのジョギングシューズは、「かっこいい」とみなされ始めた。

また、スニーカー、とくにナイキの製品は、ポップカルチャーのいろいろな場面で露出度が増した。ナイキは担当者をひとりハリウッドへ送り込み、履いてくれるならどんな俳優にでも靴を無料で提供した。そのかいあって、『超人ハルク』『刑事スタースキー&ハッチ』『600万ドルの男』などにナイキの靴が登場した。さらなる大ブレイクのきっかけは、ファラ・フォーセットだった。彼女は二九歳のとき赤い水着姿のポスターで一躍脚光を浴び、コマーシャルの端役から探偵ドラマ『チャーリーズ・エンジェル』の主役へと、スターダムにのし上がった。一九七七年に放映されたエピソードでは、フォーセット演じる女性探偵が、ナイキの「セニョリータ・コルテッツ」を履いてスケートボードに乗り、悪者から逃げた。ベルボトムに赤いトップスという組み合わせが、白地に赤いスウッシュが入ったスニーカーとみごとに調和していた。その場面のポスターが間もなく世間に出回り、スケートボード上でポーズをとるフォーセットとともに、ナイキの靴が大々的に宣伝される結果になった。

ナイキにしてみれば、このうえなく効果的な広告だった。魅力的な若いスターがナイキの靴を見せつけてくれたおかげで、まったくあらたな消費者層にアピールできた。ジョギングにはあまり興味がないけれど有名女優のファッションを真似たいという人々を魅了できたわけだ。このエピソードが放映されたあと、どの店も「ファラの靴」の在庫を確保するのに苦労した。相乗効果が働いて、雑誌やテレビ、グラビア写真にスニーカーが頻繁に登場するにつれ、ジムの外でジムシューズを履くことが不自然ではなくなった。

＊＊＊

一九七二年のミュンヘン・オリンピックは、陰惨なイメージと切り離すことができない。パレスチナ人テロリストによる人質事件が発生し、イスラエルの選手とコーチ一一名、ドイツ人の警官一名が死亡した。しかし、しばらく追悼の時間を置いたあとに大会が再開されると、アメリカ国民の目は長距離走チームに向けられた。五〇〇〇メートル走に出場したプレが、レースの大半で先頭を快走していたにもかかわらず、期待外れの四位に終わり、残る希望は、チームメイトふたりに託された。細身のからだと口ひげが印象的な二四歳のフランク・ショーターと、バウワーマンの指導のもとオレゴンで練習を積んだケニー・ムーアだ。結局、ショーターはアメリカのマラソン選手として六四年ぶりの金メダルに輝き、ムーアは四位だった。雑誌『ライフ』はショーターの写真を表紙に載せ、「悪夢のオリンピック」における「幸福な例外」だったと報じた。

ショーターの勝利は、国のメダル獲得に貢献したという以上の意味を持っていた。

当のショーターは後年こう語っている。「アメリカの人々は、自国民がマラソンに勝てることを目撃したわけです。ある意味で、種がまかれたんだと思います。以後、人々のマラソンについての考えかたが変わり始めました。わたしの姿を見て、けっして縁遠いスポーツではないと思うようになったわけです。だってわたしは、堂々たる体格というわけではないし、特殊なアスリートにも見えなかったでしょう。育ちにしたって、アメリカのふつうの中流階級です」[15]。これこそが、アメリカのジョギングブームを次なる段階へ押しあげるはずみになった。本気で取り組んでみよう、と思い立つ人が続出したのだ。

もとより「誰でもできる」スポーツではあったが、平均的なランナーたちまでも、自分の実力を試したい、と思い始めた。『ランナーズ・ワールド』誌の発行部数は一九七五年の三万五〇〇〇冊から一九七八年には二〇万冊以上に急増し、関連分野の書籍も数多く出版された[16]。一九六七年、ビル・バウワーマンが心臓専門医と組んで書いた『ジョギング *Jogging*』という本は、一〇〇万部以上売れた。翌年、空軍大佐で医師のケネス・クーパーが『エアロビクス *Aerobics*』を出し、心臓血管の健康のためにジョギングなどの運動を奨励した。一九六七年にはこんな出来事もあった。コネチカット州出身の三五歳の雑誌編集者、ジム・フィックスが、テニス中に腱を傷め、リハビリとしてジョギングを始めた。体重が一〇〇キロあり、一日二箱吸うヘビースモーカーだったフィックスは、初めてレースに参加したとき、五〇歳以上の部で最下位に終わった。勝者が六〇歳だったことに、フィックスは興味を覚え、やがて一九七七年に『ザ・コンプリート・ブック・オブ・ランニング The Complete Book of Running』を出版するまでになった。このガイドブックは、本人の言葉を借りれば「まず、ランニングという奇妙な世界を紹介し、次に、あなたの人生を変える」内容だった。フィックス自身、人生が劇的に変化しており、刊行のころには三〇キロ近く減量し、喫煙をやめていた。同書は一一週にわたってベストセラーのトップに立った。

アメリカ人はランニングを「肉体改造の手段」、いや少なくとも「痩せて健康になるための方法」ととらえていた。しかし、心臓学者のジョージ・シーハンが執筆したランニングとフィットネスに関する六冊の本は、フィックスの著書と同様にランニングの健康効果を強調する一方で、「自分自身を見いだす方法」という次元にも踏み込んだ。シーハンは、本だけでなく数多くの記事でも、ランニングそのものと同じくらい哲学、宗教、内省に焦点を当てた。また、ジョギングの素晴らしさを広めるために国内各地をめぐり、さまざまな大会や、企業の会合、ランニングクラブなどに出席し、講演を行なった。

一九七七年七月四日付の『ピープル People』誌の表紙には、ファラ・フォーセットと、夫であり『600万ドルの男』主演のリー・メジャースが、ふたりでジョギングする姿が載り、「みんなやっている」との見出しが付いていた。ジミー・カーター大統領までがブームに乗って、一九七八年一〇月に「全米ジョギングの日」を制定し、自身を初の「ジョギングする大統領」と位置づけた（が、一〇キロのロードレース中に倒れたこともあった）。

＊　＊　＊

一九七二年のオリンピックが終わったあと、プレは、自分の順位にちなんでオレゴン州ユージーンのどこかの道路が「四番街」と命名されるだろうと冗談を飛ばした。しかし一方、悔しさをバネに、次のオリンピックではもっと活躍してやろうと熱意を燃やしていた。

一九七五年五月、プレは、五輪金メダリストのラッセ・ビレンと五〇〇〇メートルでふたたび対戦しようと、フィンランドの陸上チームを特別記録会に招待した。あいにくビレンは都合で参加できなかったが、代わりにフランク・ショーターがプレの見せ場を演出する結果になった。プレはショーターを楽々と負かし、自己が持つ記録より二秒遅いだけのアメリカ史上二位のタイムでゴールした。レース後、プレは訪米した選手団の送別会を終え、車でショーターを自宅まで送った。友人でありトレーニングパートナーでもあるショーターを降ろしたあと、黄褐色のオープンカー「ＭＧＢ」で走り去り、カーブを曲がり損ねて岩壁に激突し横転。二四歳で命を落とした。

プレが生きていたら、どんな偉業を成し遂げただろうか。

短い生涯のなかで、プレは、二〇〇〇メートルから一万メートルまであらゆる全米記録を打ち立てたが、世界記録の樹立はならず、五輪メダルも獲得できなかった。若くして非業の死を遂げたプレは、まるで夭逝のロックスターのように、熱狂的な崇拝者たちを生んだ。事故の原因になったユージーンのスカイライン大通りにある岩は「プレの岩」と呼ばれ、アマチュアからプロまでおおぜいの選手が「巡礼」に訪れて、ゼッケンやメダル、スニーカーを置いていった。プレの記録はほどなくして破られたが、遺したものは消えていない。本人がオレゴンで活躍した二〇年後、相次いで二本の伝記映画が製作された。『ラスト・リミッツ　栄光なきアスリート』ではビリー・クラダップとドナルド・サザーランドが選手とコーチのペアを演じ、『プリフォンテーン』ではジャレッド・レトとR・リー・アーメイが主演した。[17] ナイキの広告キャンペーンでも長年にわたって大きく取り上げられ、ワッフル・トレーナーの再発売や、ナイキ・エア、企業イメージの宣伝に活かされた。さらに同社は、プレの顔をステンシルで描いて「プレは生きている」という言葉を添えたTシャツまで発売した。チェ・ゲバラの有名な肖像画を思わせるデザインだった。プレの姿は、没後も永遠にナイキの売り上げに貢献している。

バウワーマンは一九七二年にオレゴン大学のコーチを引退したが、一九九九年までナイキの取締役会に残った（風通しの悪い環境で靴づくりの実験を生涯続け、有毒な化学物質を吸ったせいで、晩年は神経障害に苦しんだ）。靴のデザインをめぐり、バウワーマンは任期中たびたび取締役を辞任すると会社に脅しをかけた。その手の内容の手紙が三一通残っており、うちの一通では、不満足な出来のランニングシューズに関して「くそシューズ（Shit Shoes）」に改名しろとつづっている。しかしこれらの書簡は、不満というよりも、会社の初期の成功がデザインの良さによるものだったことを忘れるな、という戒めとして受け取られた。

ジョギングブームが最高潮に達したとき、バウワーマンは自分のライフワークが目に見えるかたちで実ったと感じた。長い年月を経て、ランニングシューズはどんなに軽くなったことか。「昔わたしたちが履いていた、あのやたらと重い代物のままだったら」[18]と一九七九年にバウワーマンは記している。「こんなにおおぜいの人が走ってなどいないだろう」

第9章

一方、西海岸では

パティ・マッギーがスケートボードで難しい技をこなす姿に、無数の人々が魅了された。サンディエゴ出身、当時一九歳。ブロンド髪のマッギーが、木製スケートボードの両端に左右の手を置いて倒立し、滑りながら、裸足の二本の脚を高々と宙に突き立てる。全米女子スケートボードチャンピオンのそんな写真が、『ライフ』[1]一九六五年五月一四日号の表紙を飾った。発行部数が七〇〇万部を超えるこの雑誌の表紙が、一九六〇年代半ばにおけるスケートボードの状況を端的に表わしている。陽気なカリフォルニア・スタイルを体現したマッギーの横には「スケートボードの人気と危険」という見出しがあり、練習で赤くなった足裏に小さな絆創膏が貼られているところまでしゃれていた。

　スケートボードのルーツをたどると、まさにカリフォルニアのサーフ文化に行き着く。初めてサーフショップがオープンしたのは一九五六年。場所はハンティントン・ビーチの桟橋の下だった。そのころからカリフォルニアで地域的なブームが起こり始めていたのだが、サーフィンを「知る人ぞ知る」存在から「クールな」スポーツに引き上げたのは、大衆文化の力だった。一九五九年のヒット映画『ギジェット Gidget』では、若きサンドラ・ディーが、カフーナやムーンドギーをはじめとするカリフォルニアのサーファーたちの世界と出合う。ザ・ビーチ・ボーイズの曲名になぞらえるなら、「サーフィン・サファリ」がハンティントンやマリブといった「狩猟場」で始まり、たちまち「サーフィン・USA」じゅうに広まって、マンハッタンからドヒニーまでいたるところで流行したわけだ。ザ・ビーチ・ボーイズのデビュー当初のシングル五枚のうち四枚がサーフィンを題材にしていた。[2]また、ジャン&ディーンの一九六三年のシングル「サーフ・シティ」は、男の子ひとりにつき女の子がふたりという世界を約束した。南カリフォルニアのサーフィン文化は、ごく初期から、スポーツであると同時にライフスタイルだった。明るい陽射しを受けた波や砂、露出度の高い格好でビーチに群れる人々——そういった幻想的なイメージを消費者に売り込むのは簡単だった。

「サーフ・シティ」がチャート第一位に躍り出たのと同じころ、スケートボード遊戯をさす「歩道サーフィン」[3]という言葉が使われだした。スケートボードは、地上でサーフィンの真似事をするところから始まった。初めのうちは、サーフィン用の磨いた木製ボードをそのまま流用し、仲間内の俗語まで同じだった（たとえば、ボードから落ちることを「eating it」と表現した）。そもそも、波の穏やかすぎる日にサーファーたちが陸で裸足でたわむれる遊びだった。足の裏がじかにボードに触れる感触を味わいたかったから、スニーカーを履かなかったわけだ。しかし当然、足が傷だらけ、血まみれになった。

一九五八年からスケートボードが大量に販売され始めたものの、構造はいたって単純で、自作しようと思えばできる程度だった。長さ四五センチほどの木板に、ローラースケート靴から外した金属ローラーを二個取り付けただけ、という代物に近い。今日の一般的なスケートボード（八〇センチ前後）よりもずっと小さくて薄かった。その後、サーフボードのメーカー各社が、主力製品といくらか雰囲気の似たスケートボードを発売したため、安っぽい板と車輪の組み合わせより多少は進化した。セコイアやオークの木材が使われ、表面にはラミネートが施された。しかし、この新しいスポーツの実情についてメーカー側もまだ経験が浅く、クレイや鉄でできた車輪はつるつる滑ってしまい、うまく回転しなかった。水中と違い、舗装道路の上でボードから落ちると、かなり痛い思いをするはめになる。

やがてスケートボードは、カリフォルニアのサーファーたちの退屈しのぎという存在から脱却して、ローラースケートのバリエーションとみなされるようになり、はやりの遊び道具としてもてはやされた。アメリカABCテレビなどの大手放送局や人気雑誌が、スケートボード大会に目を向けた。そんな流れで、前述のとおり『ライフ』の表紙をパティ・マッギーが飾ったわけだ。

ただ、一九六〇年代半ばには、すでに世間の目が変わりつつあった。当初は「流行に乗りやすい、中産階級のアメリカ人が好むアウトドアスポーツ」[4]だったが、『ライフ』の表紙コピーが端的に指摘したとおり、「危険」と考えられ始めた。カリフォルニア医師会の報告によれば、一九六五年に起こった子供の事故の原因は、自転車よりもスケートボードのケースのほうが多かったという。同年八月までに、アメリカ国内の二〇都市が、車道や歩道におけるスケートボードを禁止した。「スケートボードはフラフープと同じ運命をたどるのか？」[5]――一九六六年の『ロサンゼルス・タイムズ』紙にチャールズ・R・ドナルドソンがそんなタイトルの考察を寄稿している。しかし、流行が下り坂になってからもこだわり続けた一部の人々が、新しいサブカルチャーの台頭を呼び起こした。

一九六五年、マサチューセッツ州に本拠を構えるランドルフ・ラバーという会社が、当時としては斬新なアイデアを思いついた。スケートボード専用のスニーカーをつくろう、と。そうして誕生した「ランディ720」は、青いスエードのロートップ・シューズで、特徴的な柔らかいソールは「ランディプリーン」と呼ばれるゴム化合物でできていた。価格は一四・九五ドル（現在の価値に換算すると約九〇ドル）。ノースハリウッドにオープンした全米初のスケートボード専門店「バル・サーフ」で店頭販売された。[6]同店の共同経営者であり、早くからスケートボードをたしなんでいたマーク・リチャーズが、みずから広告に登場した。当時の誌面広告は白黒がふつうだったが、ランディ720の広告は赤をあしらった異色のものだった。「青いシューズなんて誰も履いていないころなので、真っ先に履くのはとても勇気がいることでした」とリチャーズは語っている。「その点に対してずいぶん非難を浴びたのを覚えています」[7]

＊　＊　＊

「きっと大丈夫、心配するな」[8]。ポール・ヴァン・ドーレンは家族にそう言って、これから先、生活が大きく変わることを説明した。当時一〇歳で、五人の子供の真ん中だったスティーブは、こう振り返っている。「父は、わたしたち子供五人を並べて言ったんです。「いいか、父さんはいまの仕事を辞めて、仲間たちと新しい会社を始めることにした。今後おねだりにはこたえてやれない。あれが欲しい、これがしたいは、もう無しだ」」。ヴァン・ドーレンは靴ビジネスの世界でずっと生きてきただけに、さほど意外な決断ではなかったものの、大きな賭けには違いなかった。

さいわい、ヴァン・ドーレンは靴ビジネスが肌に合っていた。始まりはこんな経緯だ。中学二年生のとき、彼は学校へ行かずに競馬場に通い、一九四〇年代半ばとしては高額な賭けに挑んで、その大胆さから「ダッチ・ザ・クラッチ」という愛称を付けられていた。学校をさぼってそんなことをしていると知った母親が、自分の勤務先であるランドルフ・ラバーに彼を連れて行き、靴づくりの仕事に就かせたのだった。

同社が初のスケートボード用スニーカー「ランディ720」を発売するころには、ヴァン・ドーレンは上級副社長に昇進していた。しかし、目の前には難題があった。カリフォルニア州ガーデングローブにある工場をいかにして再建するかだ。その工場は毎月数百万ドルもの損失を出していた。ヴァン・ドーレンは、弟のジムと、長年の友人であるゴードン・リーの協力を得て、カリフォルニア州での靴生産の改善に乗り出した。すると、わずか八カ月で、その工場の黒字化に成功した。それから三カ月後、ヴァン・ドーレンは、会社からの独立を家族に伝え、「きっと大丈夫」と請け合った。

　一九六〇年代半ば、新参のスニーカー各社は、既存の巨大ブランドと戦わなければいけなかった。コンバース、ケッズ、PFフライヤーズ、そしてヴァン・ドーレンがもといた会社であるランドルフ・ラバー。ランドルフ・ラバーは成長著しく、国内第三位の市場シェアを握っていた。[9]そんな過酷な競争のなか、ヴァン・ドーレン、弟のリー、同僚だったベルギー人のサージ・デリアの三人は、ヴァン・ドーレン・ラバーを設立することにした。

　長年、ランドルフ・ラバーの製品「ランディ」が大量に売れるようすを間近で見てきたことが、ヴァン・ドーレンの強みだった。しかし、マージンは一足あたり数セントしかなく、利益のほとんどを小売店が得ていた。そこで、「工場と小売店の両方を運営すれば、中間業者を排除してはるかに高いマージンを享受できるはず」とヴァン・ドーレンは考えたのだった。

　一九六六年の初め、カリフォルニア州アナハイムのイースト・ブロードウェイ七〇四番地に、工場、オフィス、小売店を兼ねたヴァン・ドーレン・ラバーがオープンする予定になった。中古の靴製造機が国内各地から少しずつ運び込まれ、前年のあいだじゅう、建物の入口には「一月オープン！」の看板が掲げられていた。やがて一月オープンの見通しが苦しくなると、看板に小さく「二月を信じてくれますか」というひとことが書き添えられた。当時はやっていたＴＶコメディドラマ『それ行けスマート』のなかで、大口を叩いたくせにしくじったスパイが弁解のときよく使うせりふをもじったものだ。

みずから会社を設立することは、ヴァン・ドーレンが予想したより難しかった。三月になってようやくオープンの日を迎えたものの、問題は山積していた。店頭には靴の箱が並んでいたが、箱の中身は空っぽだった。その時点で生産できたのは、三つのモデルの試作品だけだった。出来上がったばかりで、名前も決まっていなかった。従来ながらのデザインのスケートボード用シューズ「＃４４」は、四色展開で、一足四・四九ドル。客が一二人やってきたが、店側は予約を受けることしかできなかった。とりあえず、欲しい靴のスタイルと色を選んでもらい、「午後に取りにいらしてください」と頼んだ。だが、釣り銭を用意することに誰も気が回らなかったため、結局、客に日を改めてまた来てもらわなければいけなかった。

開店日の不手際が、結果的には吉と出た。いざ工場が稼働し始めると、ほんの数日のうちに、空っぽだった箱の中身が埋まった。ほどなくして、ふたりの女性が店に入ってきた。ひとりはピンクのスニーカーを欲しがったが、サンプルを見たあと、もっと明るいピンクがいいと言った。ヴァン・ドーレンは首を横に振り、「ピンクはこの色しかないんです」とこたえた。もうひとりの女性客は、黄色の靴を希望していたが、もう少し柔らかい色合いでないと、と渋った。ヴァン・ドーレンは、そんなにたくさんの色を揃えられるわけがないと思ったものの、ふと考え直した。「その道路の五〇〇メートルほど先に、生地を売っている店があります。お好きな色の布を五〇センチぶんくらい買ってきていただければ、それを使って靴をおつくりしますよ。うちでピンクの色違いを九種類もそろえるのは難しいので[10]」
最初の客たちにも、どうせまだ商品を渡していないのだから、あらためて注文を聞き、本当に欲しい靴をカスタムオーダーしてもらってはどうか？　そのころまだコンバース・オールスターでさえバリエーションが数色しかなかったのに対し、ヴァン・ドーレンはユニークな商品展開を思いついたわけだ。あなたのカトリック学校の制服とおそろいの格子縞の靴が欲しい？　はい、おつくりできますよ。高校のスクールカラーに合わせた、赤と金のスニーカーですか？　もちろん可能です。ヒョウ柄、コーデュロイ、ハワイアンシャツのプリント柄……ええ、どんな生地でも、靴に仕立てて差し上げましょう。

ヴァン・ドーレンは、クチコミをマーケティングに活かそうと考えた。クチコミなら安上がりだ。客が知人に自慢したくなるように、カスタマイズ性だけでなく、丈夫さでも優れた靴をつくることにした。ヴァン・ドーレンの白い「＃４４」は、外見だけでいえば、ケッズ・チャンピオンのようなシンプルなデザインのテニスシューズと大差なかった。しかし、使用されているキャンバス地は、当時のケッズやコンバース・オールスターよりも重く、ゴム製のソールも、ＰＦフライヤーズのスニーカーにくらべて二倍の厚みがあった。[11] また、当初、ソールの母指球のあたりにひびが入るという苦情が寄せられたため、弟のジム・ヴァン・ドーレン（機械技師として社内の機械設備を担当していた）が、ワッフル・ソールに似た凹凸を工夫した。

最初の一年はほとんど毎週のように各地に新しい店舗をオープンし、売り上げも順調に伸びていった。同社が早々に成功を収めたのは、カリフォルニアの年じゅう温暖な気候のおかげでもあった。冬の気温が氷点下になりかねないニューイングランドでは、寒い季節になると厚手のブーツを履く人が多く、スニーカーの売り上げは落ち込む。それに比べ、一月の気温が摂氏一五度あたりのロサンゼルスでは、年間を通じてスニーカーが売れた。冬の寒さのせいで、ニューイングランドや中西部では体育館内のバスケットボールが普及したのと同じように、カリフォルニアでは「エンドレス・サマー」がスポーツの流行をかたちづくった。ヴァン・ドーレンの靴はやがて「ヴァンズ」のブランド名で世間に知れわたった。コンバースがバスケットボール、ナイキがジョギングの代名詞になったように、ヴァンズもまた、創業者たちさえ気づかないうちに、スケートボードの代名詞的な存在になった。

＊　＊　＊

「ああ、ちょっと来てもいいけど、まずはネズミ駆除をやれよな」[12]。そうサーファーたちにいつも言われたものだと、トニー・アルバは回想する。

そのころロサンゼルスでとくに人気のあるサーフィンスポットは、街のすたれた地域にある、廃墟と化した遊園地だった。まだ十代前半だったアルバと友人ジェイ・アダムズは、「ネズミ駆除」を請け負う見返りに、この場所への立ち入りを許されていた。すなわち、侵入者を退治してこのスポットを守ってみせ、先輩サーファーたちからの信用を得ていたのだ。

「磨いた石とパチンコを用意して、埠頭にすわり、自分たちの縄張りに入ろうとするよそ者めがけて撃ったんです。誰だろうとかまわず、石以外にも何だって投げつけました。瓶やら、腐った果物やら[13]」

一九六〇年代の終わりには、最初のスケートボード・ブームもサーフ・ロックも一巡していた。ザ・ビーチ・ボーイズが描き出した「エンドレス・サマー」ふうのサーフィンのイメージは消え、荒っぽく、いかれた変わり者が幅をきかせるようになった。若いアルバやアダムズが憧れたのは、そういう若者文化だった。過去の遺物があらたなたまり場になったのも自然な流れだろう。もともとパシフィック・オーシャン・パークは、海をテーマに、サンタモニカの桟橋の上に建設された。ザ・ビーチ・ボーイズのある歌のなかでディズニーランド並みに扱われたほど、有名な遊園地だった。一九六七年に閉鎖され、園内のジェットコースターや遊歩道が崩壊するにつれて、周辺地区は衰退し、「ドッグタウン（しけた町）」と呼ばれるようになった。しかし地元のサーファーたちは、ここが、みごとな波の押し寄せる極上のスポットであることに気づいた。ドッグタウンの落書きには「よそ者おことわり」「侵入者には死を」などと書かれており、アルバとアダムズはこの指令を忠実に守ろうとしたわけだ。詰めかける観光客がいなくなったいま、遊園地跡の最大の魅力は、桟橋の下にあった。「ザ・コーブ」と名付けられた秘密のスポットだ。勇敢なサーファーたちは、波に乗り、障害物のあいだを縫って進んだ。桟橋の木の支柱のほか、鉄筋、浮いたゴミなどもうまく避けなければいけない。「崩れたジェットコースターの線路や、杭のたぐいに突っ込む恐れもありました[14]」と数年後にアルバは語っている。

　波が低いとき、アルバや仲間たちは次善の策を探した。スケートボードでサーフィン気分を楽しむのだ。近所のブレントウッドにある高校が、人気スポットの一つだった。丘の中腹に建てられており、地滑りから守るために五メートル近い高さのコンクリート壁があった。「一二歳の子供にとっては最高の場所でしたね」とアルバは話す。「舗装し直されたばかりで、斜面が本当に滑らかできれいだったんです。ガラスみたいな大波とよく似ていました」[15]

アルバをはじめ、ドッグタウンを根城にする長髪の若者は、近くのサーフショップ「ジェフ・ホー・サーフボード＆ゼファー・プロダクション」によく入り浸っていた。このショップが、まず、アルバたちを含む「ゼファー・サーフ・チーム」のスポンサーとなり、一九七五年には「ゼファー・スケート・チーム」の結成を後押しした。チームメンバーは一二人いて、「Ｚボーイズ」と名乗った（うちひとりは女性、ペギー・オキだった）。サーフィン時と同じように腰を落として滑り、巧みに手を突いて方向転換した。このような動きが可能になったのは、昔のような金属製やクレイ製の車輪に代わってポリウレタン製の車輪が採用されたためだ。従来より速く滑ることができ、さまざまな路面でシャープに曲がれるようになった。[16]

スピードが増し、技の精巧さも高まるにつれ、裸足でボードに乗る人は消え、スニーカー着用が主流になった。ランディ７２０はスケートボード用に設計されたとはいえ、このスポーツの激しさに耐えるには限界があった。スケートボードの場合、靴そのものがブレーキの役割を果たすから、ソールのゴムは、突然の衝撃や長い摩擦など、いろいろな種類のダメージにさらされる。結果として、左右そちらかの靴がもう一方より早く磨耗することも多かった。すり減ったソールは、経験不足や不注意の証拠ではなく、ベテランの勲章だった。あるスケートボーダーはこう語る。「ぼろぼろになった靴は、戦争の傷のようなもの。どれだけ頑張って滑ってきたかの証であり、恥ではないんです」[17]。靴のすり減りかたが、ある種の自己主張でもあった。事情通が見れば、左右の摩滅の具合によって、靴の持ち主がどんなスタイルの滑りをする人物なのかわかる。ただ、ティーンエイジャーの懐具合では、そう簡単に靴を買い換えられるわけではない。穴が開いたり、アッパーが剥がれたりしても、ガムテープを貼る、シューグーなどの補修材を塗るといった応急措置で済ませるのがふつうだった。

スケートボードはかつての人気凋落からよみがえり始めていた。Ｚボーイズにとって最初の大舞台は、一九七五年四月のバーン＝カデラック国際スケートボード選手権大会だった。アメリカ全土からカリフォルニア州デルマーに何百人ものスケートボーダーが集まった。Ｚボーイズは、ゼファーの青いＴシャツと、同じく青いヴァンズのデッキスニーカーという、目立つユニフォームを身に着けていた。チームのマネージャーであり、ゼファー・ショップの創業者のひとりでもあるスキップ・イングブロムも、派手な紫色のハワイアンシャツをまとい、やはり人目を引いていた。

「これがうちのエントリーシートで、これがうちのゼッケンだな」[18]。イングブロムは受付で言った。「で、うちのトロフィーはどこにある？」

初期のスケートボード大会はふつう、駐車場かスケート場、あるいは干し草の俵で囲んだ平らな四角いエリアで行なわれた。フィギュアスケートの大会に似た光景で、ただ、スパンコールの衣装と氷がない代わりに、ぼさぼさの髪の十代の若者が登場するのだった。Ｚボーイズ以外の選手たちは、直立した姿勢でトリッキーな技をこなしたり、一〇年前に『ライフ』の表紙を飾ったパティ・マッギーのように逆立ちしたりした。ところがＺボーイズの滑りは、サーフィンふうだった。なめらかに回転し、鋭く方向を変える。まったく別物だった。「フェラーリとモデルＴの対決みたいでしたね」[19]とＺボーイズのネイサン・プラットは語る。挑発的な身のこなしが、Ｚボーイズの異色さをさらに際立たせた。Ｚボーイズのようなスタイルをどう採点していいのか誰もわからなかったため、男子ジュニアのフリースタイルでジェイ・アダムズが三位、トニー・アルバが四位だった。Zボーイズの紅一点、ペギー・オキはもっと順当に評価され、女子フリースタイルで優勝した。大会後の反響はすさまじく、それからのスケート大会では、Zボーイズに追いつき追い越せとばかり、スタイルを真似る選手が続出した。

一九七〇年代半ばまでには、さまざまなブランドが、本格的なスケートボード愛好者たちの心をつかみ始めた。そういう消費者は、感受性の強い若者だった。一九七六年、マカハ・スポーツウェアが「ラジアル」という靴を発売した。「デッキとシューズの隔たりをなくす」がうたい文句のこの製品は、固いソールに、吸盤を思わせるまるい突起が付いていた。鬼塚喜八郎と同じくタコの足をヒントにしたかのようだった。また、カリフォルニアの別のスケートボード・ブランドであるホビーは、青いスエードのハイトップをつくった。ベロの部分の裏に小さなタグが縫い付けられており、「スケートボード専用／他のスポーツでの着用は想定していません」と書かれていた。ほかのブランドの製品、とくにハイトップのバスケットボールシューズを愛用するスケートボーダーもいた。ドイツでは、アディダスのハンドボールシューズが好まれたが、カウンターカルチャー的な位置づけのスケートボードは、わりあい正統派（少なくとも、ある世代のドイツ人にとっては主流）のスポーツだったハンドボールとは相いれない面もあった。「わたしの父はハンドボールシューズを履いていました」と、ハーフパイプのスペシャリストであるクラウス・グラブキーは回想している。「じつは父はハンドボール選手だったんです。僕にとってスケートボードは親たちの世界からの逃避だったので、ハンドボールシューズを履こうなんて夢にも思いませんでした」[20]

＊　＊　＊

歴史上、一見ささいな出来事が大きな影響をもたらす結果になったという例は、枚挙に暇がない。スポーツの世界ではなおさらだ。なにしろ、これまでに見てきたとおり、裏庭でのほんの遊びが、数百万ドル規模の産業に化ける可能性もある。スニーカーの物語は、奇妙な偶然の重なりが軸になっている。チャールズ・グッドイヤーは、自分が発明した加硫ゴムが後世にどれほど多くの技術革新をもたらすか、想像すらしていなかっただろう。ロバート・モーゼスが率いたニューヨーク市公園局も、バスケットボール・コートを備えた公園を造設する際、都会のバスケットボールやヒップホップ、ストリートファッションが栄える環境を整えているつもりなどなかった。ビル・バウワーマンが持っていたワッフル焼き器の設計者は、まさかその鉄板の型が現代のランニングシューズに貢献するとは夢にも思わなかったはずだ。同様に、スケートボードやその専用スニーカーが台頭するうえで重要な瞬間は、まったく予期しないきっかけで訪れた。それは、異常気象だ。

　一九七五年のデルマー大会で強烈な印象を残したZボーイズだが、真の影響力を世間に示すことになったのは、翌年、州全体を干ばつが見舞ったときだった。節水のために厳しい措置がとられ、カリフォルニアの邸宅にあるプールは、どこもほとんど干上がっていた。設計上の流行により、多くのプールの底は、縁からなだらかに深くなっていくすり鉢状だったため、スケートボードにうってつけだった。[21]速度を増しながら、側面を滑り上がっていける。一九七六年から七七年にかけて、完璧なボウル形の空間が忽然と大量に現われ、陸上でいままでになくサーフィンに近い感覚を味わえる環境が整ったわけだ。Zボーイズにしてみれば、完璧なプールを探すことは、遊園地跡のザ・コーブで完璧な波を待つのと同じくらいスリリングだった。格好の空き家を見つけると、ほかのスケートボーダーにばれないように内緒にした。高い斜面を備え、ビッグエアー（とビッグフォール）を楽しめること間違いなしのプールを発見した場合は、わざわざプール排水装置を持ってきたり、底に溜まった泥やゴミを手間暇かけて取り除いたりした。

サンタモニカ地区の学校の舗装された斜面と違い、プールには「メンバー限定」の趣があった。仲間同士で技を教え合い、競い合って、プールがいわばイノベーションの実験室になった。その結果、短期間のうちに、ほかのスポーツには例がないほど急激な改革が進んだ。すなわち、カラーコーンのあいだを縫って滑走したり、倒立したりといったテクニックは、もはや色あせて、見る人の興奮をかき立てるクライマックスは、空中へ垂直に飛び出す技、いわゆる「バート」に移った。

バートに挑み始めた人がすぐに気づいたのは、スニーカーにかかる負担がいちだんと大きくなったことだ。ロサンゼルスのスケートボーダーのあいだでは、キャンバス地が丈夫なヴァンズの「シャーマン・タンク」というデッキシューズが一番人気になった。ヴァンズ側もさっそく新しい顧客層の需要にこたえた。急勾配のスロープやプールの壁面を滑走しているとき、へたをするとボードが足から離れて、すねや足首を直撃することがあった。この問題に対処するため、ヴァンズは、足首用のプロテクターをつくり、特許を取得して八ドルで発売した。プラスチック素材でできていて、ベルクロ（面ファスナー）で留める仕組みだった。さらに、他社との差別化を図るべく、スケートボード選手たちと直接手を組んだ。一九七六年には、Zボーイズのトニー・アルバ、ステイシー・ペラルタの意見にもとづいて、同社初のスケートボード専用シューズ「#95」（現在の商品名「エラ」）をリリースした。続いてその年、新しいロゴをデビューさせた。スケートボードの漫画ふうイラストに「VANS "OFF THE WALL"」という文字を入れたものだ。[22] このキャッチコピーは、プールの壁面（wall）から空中へ飛ぶ（off）瞬間を表わしている。スケートボードの場合、左右の靴底のすり減りかたが違うだけに、柔軟なカスタマイズが可能なヴァンズ製品は便利だった。たとえば左だけを買い換えることもできた。一九七七年、ヴァンズは、Zボーイズのひとりステイシー・ペラルタと月額三〇〇ドルの広告契約を結んだ。『チャーリーズ・エンジェル』にカメオ出演したこともある二〇歳のペラルタは、スケートボーダーとして史上初めて商品宣伝で報酬を得た（一方、アルバは、ヴァンズとの提携を打ち切って、自身のスケートボード会社を設立した）。

　次いで、ハリウッドが乗り込んできた。一九八一年、ユニバーサルスタジオからヴァンズの広報担当者に、「カリフォルニアの高校を舞台にした映画の撮影に使うスニーカーをつくってほしい」との依頼が入った。[23] ヴァンズ側は、派手なチェッカーボード柄の新しいスリップオンモデルを送った。映画『初体験／リッジモント・ハイ』のプロデューサーはこの靴を気に入って、若きショーン・ペン扮する長髪でのんびり者のジェフ・スピコーリに履かせることにした。脚本家キャメロン・クロウの同名小説をもとにしたこの映画は、一九八二年に公開され、瞬く間に青春映画の定番になった。大麻常習のおどけ者スピコーリがこの映画の顔であり、彼のシンボルがチェッカーボード柄のヴァンズだった。あるシーンでは、すっかりラリった彼が、ヴァンズの「OFF THE WALL」ロゴが付いた青い靴箱からスニーカーを取り出し、自分の頭に叩きつける。映画のどの宣伝ポスターにも、サウンドトラックアルバムのジャケットにも、この靴が写っていた。おかげで、南カリフォルニア以外では知名度の低かったブランドがおおいに露出された。「映画の前は二〇〇〇万ドル規模の会社でしたが、公開後、四〇〇〇万から四五〇〇万ドル規模に成長しました[24]」とヴァン・ドーレンの息子スティーブは語っている。

＊　＊　＊

『初体験／リッジモント・ハイ』で降って湧いた幸運に続き、ヴァンズにはもういちど大きな賭けのチャンスが訪れた。同社がここまで成功した要因は、製品の耐久性に対する評判、熱心な固定ファン、生産規模に依存している企業には不可能なカスタマイズ性の高さにあった。逆にいえば、ナイキ、アディダス、プーマなどと違って、広告塔代わりの有名スポーツ選手や、高いデザイン技術力はなかった。一九七六年から社長を務めるジム・ヴァン・ドーレンは、次の賭けとして、多角化に打って出ることにした（創業者のポール・ヴァン・ドーレンは会長職に退き、業務から徐々に手を引こうとしていた）。

一九八〇年代初めには、スケートボードの復活の波が砕け始めていた。相次いで出現したスケートボード場は、プールを模したすり鉢状のものとハーフパイプのものがあったが、いずれも怪我を招きやすかった。技がますます危険になったうえ、全体的な利用者が減少したにもかかわらず保険料が高騰する一方だったため、多くのスケートボード場が閉鎖に追い込まれた。専用シューズの市場も急にしぼんだ。ナイキやコンバースは、ほかの競技向けの製品を転用したにすぎないが、ウィルソンのようにスケートボード専用の靴に頼っていたスポーツ用品メーカーは、短期間で製品の価格が急落して苦しくなった。ウィルソンの靴の一箱に貼られた値札は、一七・九九ドルから一〇・七九ドル、八ドル、四ドル、三ドルと下がったあと、最終的には商品が倉庫行きになった。[25]

同じ運命をたどるまいと、ジム・ヴァン・ドーレンは対策を練った。チェッカーボード柄のスリップオンの人気が長く続かないことはわかっていた。一九八二年、ジムは会社の利益のほとんどをつぎ込んで、「セリオ」という高機能シューズのシリーズを開発した。一九八四年にロサンゼルス・オリンピックが控えているだけに、「メイド・イン・USA」である自分たちのブランドには、スポーツを通じた愛国心の追い風が吹くだろうと踏んだのだ。ジョギング用モデルの一つが雑誌『ランナーズ・ワールド』で五つ星の評価を受け、[26]セリオ・シリーズは有望なスタートを切った。ヴァンズはセリオのラインアップを拡充し、レスリング用、ボクシング用、ブレイクダンス用、さらにはスカイダイビング用まで発売した。

ヴァンズが初期に成功したのと同じ理由が、こんどは失敗につながった。いろいろな競技用シューズを手がけるとなると、従来のゴムとキャンバス地のスニーカーとは異なる製造工程が必要になり、新しい工場のスペースを借りなければいけなかった。さらに、ニューバランスを真似て、セリオは靴の幅を選ぶことができ、また、ヴァンズの伝統的なやりかたどおり、素材、サイズ、色も選ぶことができた。こうした理由のせいで生産コストがかさみ、しかも、安価な海外労働力が不足していた（一九八四年、ヴァンズのアナハイム工場で働いていた不法就労者一四〇人が連邦移民局に摘発されたこともマイナス要因だった）[27]。メジャーなプロスポーツ選手やプロチームを宣伝に引き込むことも、そもそもこの靴を採用してもらうこともできず、全国的な広告キャンペーンも行なわなかったため、大手ブランドの露出や名声にはとうていかなわなかった。セリオがある程度ヒットしたのは直営小売店のみだった、とスティーブ・ヴァン・ドーレンも認めている。[28]アメリカ全土を合わせても、販売実績は数千足どころか数百足にとどまった。

『初体験／リッジモント・ハイ』が全米の注目を集めてから二年後、すなわち、創業から数えておよそ二〇年が経過した一九八四年、ヴァンズは連邦破産法第一一章の適用を申請した。一二〇〇万ドルの負債を抱えていたため、破産裁判所はジム・ヴァン・ドーレンを社長から解任した。経営難のもと、昔のドイツのダスラー兄弟と同じように、ヴァン・ドーレン家の兄弟間にも深い溝が生じ、ポールとジムは何年も口をきかなかった。これまたダスラー兄弟と同様、ふたりは別々のスポーツシューズ会社を経営することになった。ポールはヴァンズの最高経営責任者に復帰し、ジムはナウ・オブ・カリフォルニアという会社を立ち上げた。後者の事業はすぐに頓挫したが、ポールのほうは、従業員に「経費を節約するため、家から自分のペンを持ってくるように」と命じるなど徹底した策をとり、一九八八年に会社を倒産の危機から救い出した。

Zボーイズの面々は、二年ほど活動をともにしたあと、それぞれの道を歩んだ。アルバのように自分の会社を設立した者もいる。ステイシー・ペラルタは、映画製作に乗り出す一方、トニー・ホークという若い選手を含む伝説的なスケートボードチーム、「ボーンズ・ブリゲイド」を結成した。復活したヴァンズは、世界のアディダスやナイキを相手に戦う計画を捨てて、原点に回帰し、シンプルなカスタムメイドの靴を、小規模ながら熱心な市場に向けて売るようになった。ナイキがジョギングブームを活かしたの同様、ヴァンズはニッチな市場で成功を収めたわけで、当面、ニッチなままで事業を続けるのが最善と判断したのだ。サーフィンと同じように、スケートボードの世界にも、いずれまた大波がやってくるだろうから、それを待ったほうがいい、と。一方で、別のある会社が、もっとはるかに大規模な未開拓層をつかみ、成功をつかもうとしていた。

第10章

レッツ・ゲット・フィジカル

肌も露わなライス大学女子陸上チームのメンバーたちが、羽根の生えた玉座にビリー・ジーン・キングを乗せて登場した。このあとキングは、人生で最も華々しいテニスの試合に臨むことになる。一九七三年九月の時点で、キングはすでにグランドスラムのシングルスで一〇回、ダブルスではその二倍以上の回数の優勝を果たしていたが、このエキシビション試合の観客数がどの選手権のときよりも多かった。じつに三万人以上のファンがヒューストンのアストロドームに詰めかけ、五五歳の男子選手ボビー・リッグス——当時二九歳のキングと同様、ウィンブルドンの優勝経験を持ち、元世界ランキング一位——との対戦を見守った。賞金一〇万ドルのこの試合は「性別間の戦い」とうたわれ、サーカスのように派手な演出だった。リッグスは陽気な若いモデルたちを連れて入場。世界じゅうで約九〇〇〇万人の視聴者がテレビに釘付けになった。[1] オープニング曲は「Anything You Can Do, I Can Do Better（あなたがやることなら何でも、わたしのほうが上手）」という、場にふさわしい歌だった。

　男女がテニスで対決したのは、このキング対リッグスの試合が初めてではない。一九三三年の男女対決では、女子のヘレン・ウィルスが元ＮＣＡＡ王者フィル・ニールにストレート勝ちした。リッグスは、先だっての「性別間の戦い」で、当時ナンバーワン選手だったマーガレット・コートに圧勝したものの、ずいぶん以前から、キングとの対戦を熱望していた。しかしキングは承諾を渋っていた。テニス界の「オープン化」のなか、女性の地位がかろうじて向上しかけていただけに、もし負ければ、せっかくの進歩を台無しにしかねないからだ。女子プロテニスは盛り上がり始めてまだ三年ほどにすぎず、男子にくらべてトーナメント大会の数が少なく、賞金額ははるかに低かった。大きなトーナメントでも、賞金には男女格差があった。たとえば一九六八年のウィンブルドンでは、女子で優勝したキングの賞金が七五〇ポンドだったのに対し、男子の優勝者ロッド・レーバーは二〇〇〇ポンドを獲得した。しかしいずれにせよ、キングは結局、リッグスとの対戦に合意した。

試合前の記者会見で、キングは語った。「お金が欲しくてプレーするわけではありません。大義のために、戦わなくてはいけないのです」[2]

一方のリッグスは、男性優越思想をあからさまにした。「僕の目標は、女性たちを本来の場所にいさせること、つまり、家にとどまって、赤ん坊の世話をさせることです」

一九七〇年代初頭、スニーカー会社、とくにスポーツ用シューズをつくっている会社は、女性にはあまり関心を払っていなかった。ジョギングブームは明らかに男女共通だったが、セニョリータ・コルテッツ[3]をはじめ、女性向けとして宣伝された初期のトレーニングシューズは、たいてい男性用をベースにつくられていた。ケッズのシンプルなキャンバス地の靴は、カジュアルウェアとしてまだ人気があったものの、スポーツ用としての役割はとっくに終えていたし、アメリカ中部の運動場やニューヨーク市の公園のバスケットボールコートで人気のあった「プロケッズ」は、おもに男性向けだった。広く名の知れた女性スポーツスターはほとんどいなかった。キングのほかは、同じくテニス選手のクリス・エバート、マーガレット・コートくらいだった。理由の一つは、教育機関が女子スポーツに金をかけてこなかったことにある。一九七一年以前は、大学のスポーツ予算のうち、女子のプログラムに割り当てられた額が一パーセント未満だった。学校代表選手に占める割合も、女子は約七パーセントにすぎなかった。アディダスや成長中のナイキを含め、各メーカーはこの風潮に従い、女性からの需要を軽視していた。

ところが、キングはみごとにリッグスを破り、「性別間の戦い」に劇的な勝利をもたらした。三セットを連取してストレート勝ちした瞬間、キングはラケットを宙へ投げ上げた。リッグスがネットを飛び越えて祝福に駆け寄り、観衆は熱狂した。キングの勝利と相まって、この時期あたりから、スポーツ界の女性たちの状況が変わり始めた。ほんの一年前の一九七二年には、「タイトルⅨ」と呼ばれる画期的な教育改革が行なわれ、より公平な代表選出や資金調達に向けての道が開けた。「連邦政府の財政援助を受けるいかなる教育プログラムまたは活動」も、性別による差別をしてはならない、と定められた。[4] その結果、たとえば、高校や大学の運動プログラムに費やされる金額は、男女平等でなければいけなくなった。非常に意義深い。

一九八〇年四月一日、ニューヨーク市では大量の人々がスニーカーを履いた。エド・コッチ市長らは、朝五時半から一四階にある警察本部長のオフィスに集まり、対策を協議した。交通局の職員がストライキに突入し、地下鉄やバスの運行が停止したからだ。ニューヨーク市は、深刻な財政難からようやく立ち直り始めたばかりだった。破綻寸前の一九七五年には、連邦政府による救済案をフォード大統領が拒否し、『ニューヨーク・デイリーニューズ』紙が「Ford to City: Drop Dead.（フォード、市に「死ね」）」との見出しを載せて話題になったこともある（最終的には救済案は実現した）。交通渋滞を緩和するため駐車スペースを開放する、と警察本部長が話すかたわら、コッチ市長は窓の外のブルックリン橋を見渡し、無数の市民が橋を歩いてマンハッタンへ向かっているのを知った。

「こいつはありがたい」と市長は思った。[5]

会議をあとにし、報道陣を引き連れて橋のたもとまで行くと、市長は「橋を歩きましょう！」と大声で言った。街に向かっての呼びかけだったが、マスメディアのカメラを意識したささやかな政治ショーでもあった。背後には、火曜日の出勤のためマンハッタンへ流れ込む人たちがいて、市長の言葉には拍手が湧いた。「橋を歩きましょう！　われわれはけっして連中に屈服しません」

ストライキは一一日間続いた。[6] そのあいだ、コッチ市長はマンハッタンのとある橋に常駐し、歩いて通勤する市民を応援した。もっとも、有権者たちには応援など必要なかった。交渉も交通も行き詰まっている以上、仕事に行くには歩くしかないのだった。男女とも、奇妙ながら実用的な取り合わせを身に着けていた。ビジネススーツに、スニーカー。市民がそういう姿で歩いている光景が、急に当たり前になった。トートバッグを持ち、そのなかに履き替え用の革靴を入れている人も多かった。[7]

ストライキ中、ブルックリン橋を歩いてマンハッタン南部の職場へ出勤していた女性、キム・ストローマンは言う。「最初は少しおかしな格好だと思いましたが、八センチのハイヒールを履くよりずっと快適でした」[8]

一九七〇年代は、ジョギング、テニス、バスケットボールへの関心が爆発的に高まったせいで、スニーカーはそれまで以上に多様化し、容易に入手できるようになった。また、一一日間のストライキのあいだ、ニューヨークの店頭で即時購入する人が増えた。この交通ストライキにより、スポーツ以外の分野にもスニーカーが普及していることが如実に表われた。[9]

一九八八年の映画『ワーキング・ガール』のころともなると、とくに働く女性のあいだでスニーカーが階級区分を明確に示すものになっていた。メラニー・グリフィスが演じる秘書は、柔らかくて軽い白のリーボックを履き、スターテンアイランドからフェリーに乗って通勤しているのに対し、金銭的なゆとりがある上司は、しゃれたハイヒールを履いてハイヤーで会社に来る。メラニー・グリフィスのスニーカーからは、もう一つ別の時代背景が読み取れる。メーカー各社が女性用スニーカーの需要の高さにようやく気づいたのだ。八〇年代は、本格的に女性向けにデザインされたスニーカーが出回り始めた。それと比較すると、一九七七年にファラ・フォーセットがセニョリータ・コルテッツを履いてスケートボードをしてみせたのは、意図的な演出にすぎなかった（ナイキがおもに男性をターゲットにしていたからこそ、ファン層を意識してナイキ製品に目を付けたのだろう）。七〇年代と八〇年代の差は、アメリカのスニーカー文化で次なる大きなイノベーションが起こったことを示している。これまでの多くのケースと同様、変革の起点は国外メーカーだった。

＊　＊　＊

脚上げの運動があり、腰を突き出す運動があった。腕を振り回したり、風に吹かれるかかしのように、手足を激しく揺り動かす運動もあった。かと思えば、両足を踏ん張ってからだを屈め、地面を叩いたあと、脚を開いて腕を振る運動もあり、それが繰り返された。何よりも変わっていたのは、声に出して数をかぞえることだった。ワン、ツー……と、やたら数を言い続ける。

女優のジェーン・フォンダは一九七八年、映画撮影中に足を骨折したあと、そういう光景を目の当たりにした。彼女はすでに有名人だった。アカデミー賞の最優秀主演女優賞に三回ノミネートされ一回受賞したからだけではなく、ベトナム戦争に反対する活動家としても知れわたっていた。過去二〇年間、フォンダは健康維持のためにバレエをやっていたが、足の骨折が原因であきらめざるを得なかった（骨折が治癒したあともできなくなった）。代わりとして、継母からエクササイズを勧められ、ロサンゼルスの女性イントラクターを紹介された。「彼女のクラスに参加したとたん、啓示を受けた」とフォンダはのちに書いている。「女性には身体エクササイズを試す機会がほとんどなかった時代に、わたしはいわば未来へ飛び込んだ。そのころ世間では、女性が汗をかいたり、筋肉をつけたりすることはふつうではないと思われていた。なのにわたしは、四〇人の女性といっしょにノンストップで一時間半、まったく新しいやりかたでからだを動かすことになった」[10]

全米を席巻したエクササイズといえば、ジョギングが最初だったかもしれない。しかし、ジョギングのような本格的な有酸素運動は、体調を整えたいという程度の一般人にとっては――とりわけ、公衆の面前で走るとなると――ハードルが高かった。フォンダの心をとらえたワークアウトは、もっとはるかに馴染みやすかった。インストラクターが少人数のグループを指導し、ストレッチ、ステップ、リーチといった一連のルーティンを行なう。

一九七九年、フォンダとそのインストラクターは、ビバリーヒルズにエアロビクス・スタジオを開いた。フォンダ自身もクラスをいくつか受け持った。ここのほかにも、ロサンゼルス各地にいくつかのスタジオができた（有名なところでは、リチャード・シモンズのスリモンズ・ワークアウト・スタジオが一九七四年にオープンした）。ジム利用者にとってみれば、ウエイトトレーニングやトレッドミルに代わる選択肢が生まれたわけだ。

ほんの数年のあいだに、フィットネスやエアロビクスは大人気となり、カリフォルニアばかりかポップカルチャーの世界にまで広がっていった。一九八一年のオリビア・ニュートン＝ジョン「フィジカル」のミュージックビデオでは、レオタード姿の彼女が、太った男たちだらけのジムに現われて、ウエイトリフティングやエアロビクスを指導。やがてその男たちは変身し、隆々たる筋肉美を誇るまでになる。同じ年、フォンダは、フィットネスの解説本を出版した。すわったフォンダがスリムな両脚をまっすぐに上げている写真が表紙だった。その年の一一月には『タイムTime』誌がフィットネスをカバーストーリーに取り上げた。表紙は、五人の人物がかつての不摂生だった自分の写真を掲げている姿だった。

ジム通いをまったくする気がなかった人たちまで、エアロビクスに惹きつけられた。一九七〇年代後半には家庭用ビデオデッキが普及したため、人気の解説本を映像化しないかという誘いがフォンダのもとへ舞い込み、ＶＨＳ版がつくられた。この手のビデオの発売は前例がなく、市場は相変わらず長編映画が主流を占めていた。かといって、『ジョーズ／ＪＡＷＳ』のビデオテープはそう繰り返し見るものではない。一九八二年に発売された『ジェーン・フォンダのワークアウト』は、同時期発売の『スタートレックII カーンの逆襲』や『愛と青春の旅だち』をしのぐ大ヒットとなり、「自己啓発ビデオ」という新ジャンルを切り開いた。[11]

おかげで、人前で脚上げや首回し、ステップ&キックをするなんて照れくさい、と感じるベビーブーム世代も、リビングルームでからだを動かすことができるようになった。忙しい主婦やキャリアウーマンも、決まった時間にクラスに通わなくて済む。フォンダほどの有名人が看板代わりになったため、フィットネスはアメリカの家庭にすんなり溶け込んだ。彼女のワークアウトのビデオは、無言ながらもこう大胆に語りかけていた。「そう、あなただってわたしみたいな外見になれるわ。ジェーン・フォンダがたんなる細身の美人女優じゃないことも教えてあげる」と。『ワークアウト』の発売当時、彼女は四十代半ばだった。エアロビクスが国民的な流行にまで高まったのは、ほとんど彼女ひとりの功績といってよく、このビデオはいよいよ総仕上げだった――中年女性なのに、どう見ても中年女性らしからぬ身体。ファッションにも気が配られており、フォンダやその仲間たちは、ビデオのなかでレッグウォーマーやストライプのハイレグ・レオタードなどを身に着けていた。しかし、制作サイドが見落としている点が一つあった。全員、裸足だったのだ。

それに気づいたのが、エンジェル・マルティネス。ほんの数年前にアメリカへ参入した英国ブランド、リーボックの西海岸の営業担当者だった。彼は、営業に出かけたもののうまくいかず、車でサンフランシスコへ戻ろうとしていた。リーボックが生産するランニングシューズはいくつかのモデルが好評だったが[12]、ランニングブームがピークに達したいま、取引先からの返品が相次いでおり、ナイキ、タイガー、プーマといった有名ブランドだけを扱っている店が多かった。帰宅の道すがら、マルティネスは、妻が通い始めたエクササイズ教室に立ち寄った。この種のクラスが西海岸で流行中だとは聞いていた。教室をのぞいてみると、参加者たちが脚や足裏の痛みを訴えていた。カーペットや木、コンクリートの床の上で[13]、裸足で運動している人が多かった[14]。解決策がひらめき、マルティネスはつぶやいた。「エアロビクス用シューズ……[15]」

エアロビクスのクラスでスニーカーを履いている人も一部にはいたが、ほかのスポーツ向けの靴を流用しただけだった。「横方向の動きができるシューズでないとだめなんです[16]」。エアロビクスの第一人者、ジャッキー・ソレンセンは一九八一年にそう語っている。ジョギング用シューズはまったく不適格で、テニス用シューズのほうがましだった。ランニング好きのマルティネスは、専用シューズの重要性を身に染みていた。そこで、リーボックの上司ポール・ファイアマンに、エアロビクス用のシューズをつくってはどうかと提案した。しかし、却下された。ファイアマンはエアロビクスなど聞いたこともなかったのだ。マルチネスはあきらめず、ナプキンにスニーカーのデザイン案を描き、別の重役のところへ持っていった。[17]こんどは、東アジアで試作品を製造してみろ、とのこたえだった。仕上がった試作品を、フィットネスのインストラクターたちに見せたところ、非常に好評だった。あらためて説得した結果、上司のファイアマンも納得してくれた。やがて工場から最初の納品があったものの、爪先のまわりに縦じわが寄っていた。工場長から謝罪の手紙が届いた。問題点を解消すべく作業中とのことだった。けれども、リーボックの幹部たちは、縦じわ少しあるほうがバレエ用シューズに似て見えて良いと考えた。もとどおりに縦じわを入れるよう工場側に伝えたところ、かえって作業に何カ月もかかった。

一方、ナイキは、フィットネスブームをあくまで無視しようとした。一九八〇年、東海岸工場で製品開発者を務めるジュディ・デラニーが、女性用のエアロビクスシューズを繰り返し提案したものの、聞き入れてもらえなかった。[18]ナイキはむしろランニングシューズのモデルを増やすことが重要と考えていた。その後、ふたりの上級管理職の妻が、連れ立ってエアロビクスのクラスに入会し、エアロビクス向きの靴をつくってほしいと夫に頼んだ。さらに、ナイキのある顧問弁護士が、仕事帰りにポートランドのバーでビールを飲んでいたところ、エアロビクスで汗を流し終えた男女のグループに出くわした。その弁護士はフィル・ナイトに電話し、「これからはエアロビクスです」と興奮ぎみに伝えたが、以後の反応はなかった。ビル・バウワーマンまでが、エアロビクス用シューズを作るべきだと社内回覧で訴えたにもかかわらず、何の動きも生まれなかった。ナイキの幹部ロブ・ストラッサーが、「エアロビクス好きのゲイのために靴をつくる」[19]予定はない、と発言したともいわれる。ナイキが新市場の無視を決め込んだことにより、リーボック参入の舞台が整った。

一九八二年、リーボックのフィットネスシューズ「フリースタイル」が店頭に並んだ。ナイキ、アディダス、プーマなどが当時つくっていたものとは似ても似つかない靴だった。何しろ、かさばらず、派手さも、技術的な新しい工夫もなかった。それどころか、薄っぺらい印象ですらあった。白のほかに、パステルピンクやブルーといった馴染みの薄いカラーが用意されていた。アッパーにはガーメントレザーやグローブレザーが採用されており、ほかのスニーカーの革よりも柔らかくしなやかだが、そのぶん、爪先部に縦じわが寄っていた。しかし実際に履いてみると、履き慣らしの必要がないほど快適だった。数種類のモデルのうち、ハイトップのものはきわめて特徴的なデザインで、アンクルサポートが三段の膨らみになっており、ベルクロ付きの細いストラップ二本で固定する仕組みだった。ある工場のナイキのデザイナーたちは、初めてフリースタイルを見たとき笑いだしたという。[20]

ファイアマンは思いきって、工場に三万二〇〇〇足のフリースタイルを発注した。一週目の売り上げはさえなかった。ここでマルティネスが、一足買うごとにディック・シモンズのフィットネスクラスを二週間無料で受けられる、というキャンペーンを思いついた。[21]すると数日で三万二〇〇〇足が完売した。次にマルティネスが発案した戦略は、妻のフィットネスクラスに立ち寄った際に思いついたものだった。

「月曜日にインストラクターがピンクのヘアバンドをしていると、水曜日までには全員がピンクのヘアバンドをするようになったんです」[22]とマルティネスは言う。ナイキやアディダスのように巨額の広告キャンペーンをやる代わりに、リーボックは、エアロビクスのインストラクターにフリースタイルを無料で提供し始めた。クラスのおおぜいの女性受講者にとって、身近な一般人の推薦は、有名なスポーツ選手の宣言文句よりはるかに信頼できた。リーボックは、エアロビクス関連の有名人の頂点、ジェーン・フォンダに会う必要すらなかった。以後のビデオで、フォンダはすでにフリースタイルを履いていた。売り上げが売り上げを生んだ。

ちょうどいいタイミングで、あらたな二つの要素が、フリースタイルの成功に寄与した。一つは、全国のショッピングモールに突如、スニーカーの小売店が次々とオープンし始めたことだ。少し前にJCペニーやギャップの店舗が急増したのと同じように、一九八〇年代の終わりには、フット・ロッカーやアスリーツ・フットといった靴店がいたるところにできた。作家ジョーン・ディディオンが「ベビーブーム世代向けのピラミッド」[23]と呼んだショッピングモールは、広場を囲んで店が建ち並んでいた昔とよく似た文化をよみがえらせた。かつて、靴を買う唯一の場所は村の靴屋だったように、ショッピングモールの運動靴店でスニーカーを買うのが日常になった。ひっそりと営業する専門店まで足を運んだり、通信販売に頼ったりする必要はなくなった。

ショッピングモール自体も、リーボックの躍進に役立った。屋内型の郊外型ショッピングモールは一九五〇年代の技術革新の成果だが、七〇年代から八〇年代にかけて独自の地位を確立した。すなわち、冷暖房、噴水、オープンスペース、レストラン、音楽などを完備し、客が雨にも濡れず快適にぶらぶらと買い物できる空間になった。一九七八年の映画『ゾンビ』では、不死身の化け物がいようといまいと、「ショッピングモールは必要なものがすべてそろっている聖域」という見方が示された。実際、八〇年代に郊外で暮らすティーンエイジャーにとって、ショッピングモールはクールな溜まり場だった。『初体験／リッジモント・ハイ』の冒頭シーンの舞台は、リッジモント高校ではなく、地元のショッピングモールだ。次々に繰り出される短い映像が、当時の人々の生活をリアルに描き出している。ショッピングモールにたむろする十代の若者は、知らず知らずのうちにリピートマーケティングに引っかかっていたといえるだろう。べつに買う気がなくても、店のディスプレイの前を何度も通っているうち、特定の商品のイメージが脳にすり込まれるわけだ。[24]

もちろん、個人経営の店も各地にたくさんあり、運動靴を販売していたが、フット・ロッカー、アスリーツ・フット、チャンプス・スポーツなどのチェーン店のアクセスの良さと親しみやすさが、進化を続けるスニーカー業界の存在感アップに貢献した。フット・ロッカーの従業員は黒と白の縦縞の審判ユニフォームを着ていたから、客は多少ともアスリート気分になったはずだ。リーボックのフリースタイルとジェーン・フォンダの最初のビデオが発表された一九八二年には、初めての女性向けの店、レディー・フット・ロッカーがカナダにオープンした。商売が成り立つだけの需要があることがたちまち判明し、八〇年代末には、フット・ロッカーとレディ・フット・ロッカーだけで、全米のスポーツシューズブランド全体の二〇パーセントを売り上げるまでになった。[25]

リーボックのフリースタイルが成功した第二の要因は、このシューズがエクササイズスタジオを超え、ストリートでも受け入れられたことにある。テニスとランニングがブームを迎えた影響で、一九七〇年代を通じて、それぞれの専用シューズがファッションとして浸透したものの、スニーカーがごくありふれた普段履きになるまでには、それなりの長い時間がかかった。デザイナーのカール・ラガーフェルドが一九七六年のオートクチュールコレクションでテニスシューズに脚光を当てたときは、世間の笑いの種になった。ところが、一九八〇年のニューヨーク市の交通ストライキでわかるとおり、場所を問わず快適な靴を履く人がだんだん増え始めた。この流れにぴったりの靴が、フリースタイルだった。人々の日常生活に溶け込むことができた理由の一つは、ナイキのコルテッツと違い、「スポーツ！」と声高に訴えていない見かけだったからだろう。リーボックのロゴとイギリス国旗が並んだタグは、縦一センチほどと小さい。テレビ画面に映るように意図的に大きくつくられたナイキのスウッシュやアディダスのストライプにくらべると、ごく控えめだ。白に加えてパステルカラーのバリエーションをそろえた点も功を奏し、色違いで複数足を購入する人も少なくなかった。「服の色に合う靴をつくったんです」とエンジェル・マルティネスは説明する。「手術室で履くわけではありませんから[26]」

　フリースタイルの好調により、リーボックの販売額は急増した。フリースタイル発売前の年は一五〇〇万ドルだったのに対し、翌年は一三〇〇万ドル近くに達した。四九・九九ドル、プラス税の価格にちなんで、フリースタイルはニューヨーカーから「５４１１」という愛称で呼ばれるようになった。同社のほかのモデルも、フリースタイルの成功にならってつくられた。一九八三年発売のランニングシューズ「クラシック」は、柔らかなレザーとすっきりしたライン、オールホワイトの雰囲気のおかげで、たちまちカジュアルシューズの仲間入りを果たした。テニス向けの類似モデル「ニューポート・クラシック」も発売された。さらにリーボックは、フリースタイルの男性版「エックスオーフィット」を市場へ投入した。フリースタイルは足首を二本の薄いストラップで固定するデザインだったが、エックスオーフィットでは太い一本に変わった。一九八七年にはリーボックの売り上げは一五億ドルに到達し、ナイキやアディダス、コンバースのアメリカ国内の靴売り上げを上回った。

コンバースのオールスターやケッズのチャンピオンなどのスニーカーは、かなり以前から、流行好きの十代の女の子や、不良少年、パンクロッカーらのあいだでカジュアルに履かれていたが、競技用としての役割を終えたあと、いよいよ広く一般に普段靴になった。とくにケッズは、ライフスタイル市場に事業の多くを依存していた。リーボックの快進撃を受けて、ケッズは足元を脅かされ始めた。はやりの白いリーボック・クラシックで完全に満足となると、シンプルなケッズをあえて買いたがる消費者がいるだろうか？　市場シェアの転落を恐れて、同社は一九八九年に「Keds. They Feel Good.（ケッズ、それは心地いい）」というマーケティングキャンペーンを開始し、履き心地の快適さをアピールするとともに、女性に焦点を当て、スポーツシューズから発展してきた経緯を前面に押し出した。ある広告では、寝転んだ母親がケッズを履いた足の裏に子供を載せて「たかい、たかい」をし、幼い子供が笑っている、という写真に「ケッズは重量挙げ用シューズを新発売」とのコピーが付いていた。このキャンペーンが奏功し、その年のケッズの売り上げは三倍になった。

リーボックは男女の両方にマーケティングを仕掛けて成功を収めたが、ライバル他社はその機会を逃した。たしかに、エアロビクスは、ふっくらした髪型とレッグウォーマーがはやった一〇年間だけの一時的な流行に終わったかもしれないが、「伝統的な」選手がプレーする「伝統的な」

スポーツだけを見すえ、その範囲から外れているエクササイズを受け入れなかった企業は、受け入れた企業に後れをとってもおかしくなかった。主要ブランドは女性向けの靴型を工夫してシューズをつくり始めた。たとえばニューバランスのランニングシューズ「W320」は、ヒールの幅が狭く、足にぴったりしたデザインになっている。女性向けのシューズだけを手がけるライカが一九八七年に旗揚げしたほか、同様の中小メーカーがいくつも誕生した。

スポーツの一般的な定義が広がり、愛好者が増えるにつれて、スニーカーは男女を問わず正統なファッションアイテムに成長した。しかし、スニーカーを熱狂的に買いあさるような人はまだいなかった。ほどなくして、空気より軽いとさえ思えるバスケットボール選手と、クイーンズ出身のラップグループが、決定的な変化をもたらすことになる。

一方、スポーツ界では、男女平等を建前だけで終わらせない戦いがその後も続いた。ボビー・リッグスに勝利する前の夏、ビリー・ジーン・キングは女子プロテニスを統括する団体「女子テニス協会」を設立した。一カ月後、彼女のロビー活動が実を結び、グランドスラムとして初めて、全米オープンが男女同じ賞金額で実施された。キングは、みずからの名を冠したアディダス製テニスシューズがあったものの、賞金の男女平等を広めるため、厚底シューズを履き続けた。「性別間の戦い」をめぐって、のちにキングはこう記している。「テニスだけの問題ではなく、社会変革の問題だった。いずれ時代が変わるとわたしにはわかっていた[27]」

第11章

スタイルとフロウ

アメリカの新しい芸術形式を生み出したのは、十代のジャマイカ移民だった。訛りを逆手に取って利用した。名前はクライブ・キャンベル。通称ＤＪクール・ハーク。一二歳のとき、カリブ海に浮かぶ小さな国から移住してきた。一九七〇年代初めの十代のころ、妹といっしょに、西ブロンクスのセジウィック通り一五二〇番地にある建物の娯楽室でパーティーを繰り返し開いていた。ハークは、客の高校生らが聞きたがる音楽を流すことにした。ジェームス・ブラウン、ブッカー・Ｔ＆ザ・ＭＧズ、ジミー・キャスター・バンチ……。狭い娯楽室は四〇人から五〇人ほどの客と音響システムでもう満杯で、ハーク自身は隣のスペースからパーティーを眺めた。[1] もっとも、客たちの目当ては、リノリウムの床、ラジエーター、蛍光灯があるだけの殺風景な娯楽室ではない。[2] みんな、音楽を聴きに来るのだった。自分のとっておきのプレイリストがライバルのＤＪたちにばれないよう、ハークのレコードはレーベルをはがしてあった。[3] 母国ジャマイカのダンスホールではＤＪ間の競争が激しいため、そんなふうに工夫するのがふつうだった。

　伝えられるところによれば、一九七三年八月にも、一八歳のハークはそんなパーティーを開いたらしい。ふだんどおり、客を眺め、レコードのどの部分で踊り、どの部分で踊っていないかを確かめていた。「すると、客がレコードの特定の部分を待って踊ることに気づき始めたんだ。たぶん、自分が得意な身の動きをしたかったんだろう」と後年、ハークは振り返っている。客の気持ちを惹きつけておくことが大切だ。歌詞の合間のリズミカルな部分で踊りだす人がほとんどだった。ときにはドラムとベースのみの、ブレイクビートに合わせて踊る。ということは、客が本当に楽しみにしているのはその部分なのではないか、とハークは考えた。娯楽室から屋外公園、クラブへと活動の場を広げつつ、ハークは実験的にブレイクビートだけを抜き出して流し始めた。

ハークが「メリーゴーラウンド」と名付けた手法は、一つのターンテーブルでブレイクを再生し、終わりに近くなったら、二つ目のターンテーブルで次のレコードのブレイクの出だしを用意して、最初のブレイクが終わったタイミングで切り替える、というものだ。そのあとまたタイミングよく一枚目のレコードに戻し、客が踊りたがるブレイクの部分だけをループしていく。ハークの判断でそれぞれの長さを調節し、途中、友人が即興で韻を踏む言葉や叫びを入れる。

一九七三年、ニューヨーク市は、中心選手ウォルト・フレイジャーの活躍などでニックスがNBA優勝を果たして盛り上がったが、ブロンクスに限っていえば、いいニュースがほとんどなかった。製造業にたずさわるおおぜいが仕事を失い、ひとり当たりの平均所得は市内で最低水準に落ち込んだ。南ブロンクスの四〇パーセントが生活保護を受け、三〇パーセントが失業中。[4]とりわけ、若者の失業率は六〇パーセントに達した。不動産価値も急落した。原因の一つは、ロバート・モーゼスの提唱によるクロスブロンクス高速道路が地区を分断し、あらたな開発を妨げたことだった。大量の警察官や消防士が解雇され、市の財政破綻の危機が迫るなか、麻薬取引や軽犯罪が急増した。ブロンクス内の七つの国勢調査区では、一九七〇年から八〇年のあいだに、火災や廃墟化によって建物の九七パーセントが失われた。[5]

暴力犯罪も顕著になった。「ブラック・スペイズ」「サベージ・スカルズ」「セブン・イモータルズ」などと名乗る若者グループが、ブロンクスをブロックごとに仕切って縄張り争いを繰り広げ、関連の死傷事件が相次いだ。一九七七年、殺伐とした街なかをジミー・カーター大統領が視察に訪れた際には、「金を出せ！」「仕事をくれ！」と野次が飛び交い、[6]大統領は「深刻だ」と感想を述べた。事態のひどさを象徴する映像が、数日後のワールドシリーズ第二戦のさなかに流れた。

ヘリコプターでヤンキースタジアムを上空から映したところ、数ブロック先のビルが炎上していたのだ。ＡＢＣテレビのアナウンサー、ハワード・コセルはこうつぶやいたと伝えられている。

「やっぱりです、みなさん。ブロンクスが燃えています」[7]

クール・ハークが野外パーティーを開いていた西ブロンクスは、問題の南ブロンクスよりもわりあい落ち着いた地区だった。ただ、ほかにもＤＪがいて、そのひとりに、不良集団のなかで最も規模が大きいブラック・スペイズのメンバー、自称アフリカ・バンバータがいた。バンバータは集団の指揮官で、縄張りの拡大や、新入メンバーの勧誘を行なう一方、一線を越えてライバルとの友好関係を築くことにも長けていた。[8]集団同士の休戦協定が結ばれた一九七一年は、ちょうどバンバータがＤＪとしての経験を積んでいる時期でもあった。「おれがＤＪになったときには、もう部下グループを抱えていたから、何もしなくてもパーティーに客が詰めかけるのはわかっていた[9]」と彼は語る。

一九七五年、いとこが射殺されたのをきっかけに、バンバータは心を入れ替えた。あらたな集団をつくり、不良をやめて更生したいと思う若者たちを吸収して、それがやがて非暴力組織「ズールー・ネイション」となった。

ハークのダンスパーティーに刺激を受けたバンバータは、地区の交通を遮断して大規模な野外パーティーを開き始めた。みずからターンテーブルの前に立ち、ハークの手法を進化させて、グランド・ファンク・レイルロード[10]、モンキーズ、さらにはマルコムＸの演説などさまざまな素材を組み合わせた。結果として生まれた各種スタイルのマッシュアップは、ブロンクス周辺地域の誰ひとり聞いたことのないようなものだった。ズールー・ネイションは和平を推進していたが、その一環としてパーティーを開いたわけではない。パーティー自体がメインイベントであり、それが功を奏した。フレッシュな音楽という共通項を持つこの流れは、不良行為に代わる健全な活動として人気を増し、ブロンクスやハーレムの黒人地区だけでなく、最終的には東ハーレムのプエルトリコ人居住地区にまで広がった。

クール・ハークがブレイクビートを、アフリカ・バンバータがジャンルミックスを考案したほかにも、ジョセフ・サドラーというブロンクス在住の十代の若者が頭角を現わした。「以前は、音楽どころか、たんなる音だって、あんな大音量で聞いたことがなかった」[11]と彼は数年後に書いている。「履いているスーパー・プロケッズを通じて、ベースの振動が伝わってきた」。やがて彼は、グランドマスター・フラッシュというDJ名で知られるようになり、ターンテーブル、レシーバー、コンデンサー、増幅器など、路地に捨てられていた機器をあれこれいじって、自分なりの装置をつくり上げた。

「僕は、探究心旺盛な科学者だった。ヘアドライヤーを分解し、洗濯機、ステレオ、ラジオを分解し……。コンセントにつなぐものなら何でもよかった」[12]

グランドマスター・フラッシュはヒップホップの歴史にあらたな一ページを刻んだ。ハークと同じく、家族のルーツはカリブ海にある。両親はバルバドスから米国へ移住してきた。これもハークと同様、フラッシュが音楽に興味を抱いたのは、父親のレコードコレクションの影響だった。触っただけで怒るほど、父親はレコードを大切にしていた。フラッシュは、ハークのブレイクの切り替えテクニックに感心しながらも、針を落としてブレイクの始まりを見つけるのはどうもスマートではないと感じていた。そこで、ブレイクの部分をレコードにクレヨンでマークし、スムーズにループを続ける方法を編み出した。何回転させればブレイクの頭に戻せるかが一目瞭然だったので、フラッシュは手を使ってレコードを回した。レコードを素手でさわるなど、当時はタブーだった。しかしフラッシュは、片手で一つの曲を流しつつ、もう片方の手でブレイク部分を「巻き戻す」ことで、その場で音楽を編集してみせ、ターンテーブルそのものを楽器に変身させた。

ヤンキースタジアムから数ブロック北にある南ブロンクスのクラブ「ディスコフィーバー」にフラッシュが初登場したとき、夜更けにもかかわらず五〇〇人の客が集まった。週を追うごとに、ますます人気が高まった。客はほとんどがティーンエイジャーで、手に負えないほどはめを外すようになった。クラブのオーナーはセキュリティを強化し、その費用の埋め合わせとして、新しい料金表をドアに張り出した。「ふつうの靴を履いている者、一ドル。スニーカーを履いている者、五ドル[13]」

＊　＊　＊

クール・ハーク、アフリカ・バンバータ、グランドマスター・フラッシュというヒップホップ黎明期の三大ＤＪに触発されて、新しい踊りかた「ブレイクダンス」が誕生した。このダンスには、スニーカーが大きな役割を果たす。ブレイクダンサーは、同時期のディスコダンサーとは違い、曲のあいだじゅう踊るわけではない。歌詞のない長いブレイクを待って、ジェームス・ブラウンを思わせる驚くべき速さのフットワーク、ピボットやツイスト、武術ふうの動きなどを繰り出す。また、リビングルームや廊下でじゅうぶん行なえる動きもあるから、このダンスは、ホームパーティー、野外パーティー、クラブなど、いろいろな場所で披露することができた。最高の舞台はダンスバトルだ。ダンサーたちは、相手が太刀打ちできないような動きを見せつけて、暴力を使わずに自分の優位性を証明できた。様式化され、なめらかで、音楽に合った動きであればあるほど良い。

ブレイクダンスの流れは、一九七〇年代半ばに一つにまとまった。クラブに出入りするには年齢が若すぎる子供たちも加わって、屋外でのイベントが存在感を増した。評判を確立して維持するため、ブレイクダンサーは仲間同士で組んでクルーを結成した。ほかのクルーとの差別化を図る何よりの方法には、ダンスの技だけでなくファッションも最先端にすることだった。かつての不良たちの「グランジ」と呼ばれるむさ苦しい格好とは対照的に、ブレイクダンサーたちのファッションは、スニーカーにいたるまで清潔感があった。不良たちは、履き古したコンバース・オールスターやPFフライヤーズを履き、自分なりに手を加えたジーンズやジャケットを着ていることが多かった。一方、スタイリッシュなブレイクダンサーたちは、トラックスーツにカンゴールの帽子、リーのジーンズ、Tシャツなど、派手でブランド化されたものを好んだ。[14] 服にクルーの名前を入れるにしても、古英語の字体を使うなどした。

ブレイクダンスのアクロバティックな動きには、質の高いスニーカーが必要だったが、ブランドやスタイルも重視された。ブレイクダンサーは、ストリートで人気のあるものを積極的に取り入れた。たとえばプーマ・スエード、プーマ・クライド、コンバース・オールスター、アディダス・スーパースター、プロケッツ、ナイキ・コルテッツなどだ。一九七〇年代後半に入り、各社がモデル、カラー、スタイルの多様化を図ると、クルーごとの好みも幅が広がった。[15] ズールー・ネイションとロックステディ・クルーに加わっていたホルヘ・〝ポップマスター・ファベル〟・パボンは、こう語る。「おれたちはアディダス・スーパースターが好きだった。かっこよくて、がっちりした見かけだから。白地に白いストライプでロートップ、シェルトウのシューズは、何にでも似合う」[16]

若いヒップホップ文化の担い手たちは、四つの顔（MC、DJ、グラフィティアーティスト、ブレイクダンサー）を持ち、ストリートファッションの最前線にいて、プロのバスケットボール選手や野外でプレーするバスケットボール選手に匹敵するほどの影響力を持っていた。ニューヨークの各地区や近隣地域では、それぞれ微妙に異なる着こなしかたが流行した。[17] スニーカーとブランドを合わせたベロアのスウェットスーツを着ているなら、八〇年代初頭のハーレムの住人だろう。ブルックリンでは、クラークスの靴と、太い黒縁のカザールの眼鏡が人気だった。遠目にはチャックテイラーと見間違えそうなバスケットボールシューズ「プロケッズ・シックスナイナー」は、ブロンクスやハーレムでとくに人気だったため、「アップタウンズ」の愛称で知られていた。[18] アフリカ・バンバータは公園でDJをするときによくこのアップタウンズを履いていた。ブレイクダンサーは、花から花へわたるミツバチのように、スタイルを広める役割を果たした。ベッド・スタイ、フォート・グリーン、フラットブッシュあたりのブルックリン近隣から、バトルをするためにアップタウンへ出向いた若者が、ブロンクスに新しいスタイルをもたらし、また逆に、ブロンクスで暮らすライバルが着ていたものを真似る、という調子でファッションが伝播していった。

バスケットボールコートや地域の野外パーティーで目立ちたければ、靴紐の結びかたにいたるまで、細部に気を配らなければいけなかった。一九七〇年代のニューヨークでは、太い靴紐を店頭で入手するのが難しく、若者はプロケッズやコンバースの靴紐を抜き取り、平らに伸ばしてアイロンをかけ、三〇分も費やして自作した。紐が用意できたら、次は、結びかたで個性を見せる番だ。メーカーからの出荷時には、穴を下から上へ、の向きで紐が通っているのがふつうだった。そこで、逆向きに変えて、紐先の金具を上部から内側へ押し込めば、とりあえず、買ったままでは履かないくらい、靴にこだわりを持っているのだと周囲に示すことができた。

当面は、ニューヨークという一つの市に住む若者グループだけが気にかける事柄だったが、ヒップホップが普及するにつれ、ストリートファッションは広い地域のさまざまな層に浸透していった。

＊　＊　＊

アフリカ系アメリカ人医師、ジェラルド・W・ディアスは、きわめて珍しいかたちでスニーカーの歴史にカメオ出演をした。日中、クイーンズにあるジャマイカ病院医療センターで内科医として働くかたわら、社会悪をめぐる戯曲や詩、歌を創作していた。一九八四年、マンハッタンのロウアー・イースト・サイドで、食生活のひどさをテーマにした彼の戯曲『オー！オー！オビーシティ！』が上演された。[19]翌年、栄養表示の促進に関して表彰を受け、その一方で、彼の詩「フエロン・スニーカーズ」がラップソングになった。まるで刑務所の囚人のように、靴紐なしでスニーカーを履く若者が増えていたため、それに対して警鐘を鳴らす内容だった。受刑者みたいだと指摘すれば、若い黒人男性は思いとどまるのでは、とディアスは考えていた[20]。これが、「RUN-D.M.C.」というヒップホップグループの目に留まったわけだ。

一九八〇年代半ばになると、ヒップホップ音楽自体がDJよりもMCに焦点を当てたものに変わり、DJ主体の野外パーティーのたぐいは減ってきた。グランドマスター・フラッシュはこの変化を早くから見抜き、自分のビートにラップをかぶせるMCを五人も集めて、「グランドマスター・フラッシュ・アンド・ザ・フューリアス・ファイヴ」を結成した。このグループと、ライバルの「コールド・クラッシュ・ブラザーズ」のおかげで、ヒップホップは、地域のダンス大会よりもコンサートにふさわしい音楽へ脱皮した。

ヒップホップグループがマンハッタンの流行のクラブにも登場し、レコード契約を結ぶようになった。一九八二年、アフリカ・バンバータ&ソウル・ソニック・フォースがエレクトロファンクのシングル「プラネット・ロック」を発売した。ドイツのエレクトロバンドであるクラフトワーク、ジェームス・ブラウン、スライ&ザ・ファミリー・ストーンの影響を受けた曲だ。アフリカ・バンバータは、フラッシュ・ゴードンにも似たファンクでサイケなゆるい衣装で演奏に臨んだ。同じ年、グランドマスター・フラッシュ・アンド・ザ・フューリアス・ファイヴは『ザ・メッセージ』を出し、世間に大きな影響を与えた。都市中央の近接地域における貧困を寒々しくリアルに描写し、ときにはジャングルのよう、どうすれば自分を保てるのか、と訴えた(三大DJのもうひとり、クール・ハークは、このころには姿を消していた)。

RUN-D.M.C.も、ヒップホップの進化のあらたな一章をつくった。三人組のうちふたりのMC——「Run」ことジョセフ・シモンズ、「D.M.C.」ことダリル・マクダニエルズ——が生み出すライムは、ほかの人たちよりハードでロック色が濃かった。グループのDJ、「ジャム・マスター・ジェイ」ことジェイソン・ミゼルは、このジャンルの先駆者たちが好んだディスコふうのサンプルではなく、ドラム効果とスクラッチを軸に使った。「ザ・メッセージ」と同様、RUN-D.M.C.も、自分たちの周囲の世界を曲にした。一九八三年のデビューシングル「イッツ・ライク・ザット」では、失業率が史上最高となり、人はただ生まれて死ぬだけであることが歌われている。

彼らのそぎ落としたサウンドは、高価な機材がそろったスタジオではなく、街角で耳にしそうなものに感じられた。この点はルックスにも当てはまる。当初のさえない格子縞の服を脱ぎ捨てて、レザージャケット、ベロアの黒い帽子、アディダスのトラックスーツ、ゴールドのチェーンを身にまとうようになった。彼らが生まれ育ったクイーンズのホリスアベニューで見かけそうな服装だ。アフリカ・バンバータのような奇抜な未来ふうではなく、グランドマスター・フラッシュとも違う。RUN-D.M.C.のいわば「ユニフォーム」は、一〇年前のブレイクダンサーの衣装を彷彿とさせた。「おれたちがステージ上で着ている服は、若い連中がみんな着ているのと同じだよ」とD.M.C.は語った。「つまり、おれたちのファンと同じ服装。こういう服を着れば、「なんだあいつ、おれと同じじゃないか」と共感してもらえる」[21]

ブレイクダンサーと同様、シューズも重要だった。RUN-D.M.C.の場合、ファッションの締めくくりとして、くっきりとした黒と白のアディダス・スーパースターを靴紐なしで履いていた。

ヒップホップとロックを融合していることもあって、このグループはラップ音楽の分野でそれまでにないレベルの成功を収めた。一九八四年のデビューアルバムは、ヒップホップのアルバムとして初めてゴールドディスク、二枚目のアルバムはプラチナディスクに認定された。時勢の変化をさらに決定的にしたのが、三年目の一九八六年に発売された三枚目の『レイジング・ヘル』だった。グループ最高のセールス記録を打ち立て、ヒップホップアルバムとしては初のマルチプラチナディスクに輝いた。

　このアルバムからシングルカットされてヒットした曲も二つある。一つ目が世に出るきっかけをつくったのは、デフ・ジャム・レコーディングスの設立者、ラッセル・シモンズ――Ｒｕｎの兄――だった。シモンズは、ＲＵＮ‐Ｄ．Ｍ．Ｃ．のメンバーがアディダス・スーパースターを履いているというだけの理由で同じ靴を買う人がおおぜいいることに気づいた。Ｄ．Ｍ．Ｃ．の話によれば、合成麻薬エンジェルダストでハイになったシモンズが、アディダスの靴についての歌をレコーディングしてはどうかと言いだしたらしい。

　Ｄ．Ｍ．Ｃ．はすぐにアイデアを思いついてこたえた。「紋切り型を吹っ飛ばそう。アディダスを履いて〝トゥーフィフス〟に立ち……と始めて、ポジティブな内容につなげる」[22]。つまり、ディアス博士の「フェロン・スニーカーズ」に対抗し、靴紐なしでスニーカーを履く若者だって犯罪に手を染めるわけではない、と訴える（トゥーフィフスとは、彼らが拠点とするクイーンズの二〇五丁目をさす俗語）。するとラッセルの反応は、こんな調子だった。「まあ何でもいいけど、とにかく〝マイ・アディダス〟っていう言葉を入れようぜ」

　アルバムからの最初のシングル「マイ・アディダス」は、イメージの問題に正面から切り込んでいる。おれのアディダスは良い出来事ばかりもたらしてくれる、けっして重犯罪者の靴などではない、といった内容だ。シンプルなドラムがリズムを刻み、ときおりトランペットが響くなか、RunとD.M.C.が、力強く弾む声で交互に歌う。色とりどりのアディダスを使い分けていること（くつろぐときには青と黒のモデルを履く）、天気が悪い日に履いてもシューズは怒らないこと、砂利道でも泥道でも舗道でも平気なこと、こんなにもお気に入りの靴だから、はやりの「バリー」などという代物と交換する気はさらさらないこと……。

『レイジング・ヘル』からシングルカットされたもう一曲は、意外にも、エアロスミスの一九七五年の曲「ウォーク・ディス・ウェイ」のカバーだった。エアロスミスのスティーブン・タイラーと、RunとD.M.C.のふたりとが交互に歌い、ジョー・ペリーがリフをギター演奏し、ジャム・マスター・ジェイがターンテーブルでスクラッチを入れる、という構成になっていた。ディスコ時代、ブロンディの「ラプター」のおかげでヒップホップが多くの白人リスナーに初めて浸透したのと同じように、このカバー版「ウォーク・ディス・ウェイ」を通じて、ヒップホップ人気がエアロスミスのファン層に飛び火した。さらには世界的なヒットとなり、MTVでミュージックビデオが繰り返し流されて、大量の視聴者がヒップホップの感性とスタイルを初体験した。RunとD.M.C.が履いている靴紐なしの白いアディダス・スーパースターが、何度もクローズアップになった。

一九八六年七月一九日、RUN-D.M.C.はマディソン・スクエア・ガーデンでコンサートを行なった。お気に入りのブランドのシューズやトラックスーツを無料でもらえるのではないかと期待して、マネージャーが、アディダスの幹部たちをコンサートに招待した。そのひとりアンジェロ・アナスタシオは、元サッカー選手で、ニューヨーク・コスモスに所属してペレの同僚だった。前年には、映画『ロッキー4／炎の友情』に向けて契約を取りつけることに成功し、主人公ロッキー・バルボアの靴を前作までのナイキからアディダスに履き替えさせた。そんな彼は、RUN-D.M.C.をはじめとするミュージシャンがなぜこれほどブランドに肩入れするのか不思議に思っていた。コンサート中の演出でも、「マイ・アディダス」の演奏に入る前、RUN-D.M.C.はファンにめいめいの靴を高く掲げるように呼びかけ、何万人もの観客がそれにこたえた。「全員、新しいアディダスを持ってたよ」とD.M.C.は数年後に回想している。「あっちもこっちも三本ストライプだらけ。「よう、みんなアディダス、差し出す！」だった」[23]

ステージ上のスピーカーの陰にいたアナスタシオは、この光景を見て驚愕した。[24] さっそくホルスト・ダスラーのところへ報告に行った。アフリカ系アメリカ人ラッパー三人組が、保守的なドイツのブランドであるうちの製品について歌っている、ありがたいことに、コンサートでは客全員が三本ストライプのスニーカーを高々と突き上げた、と。

このコンサートの直後、RUN-D.M.C.はヒップホップ界で初めて、スポーツシューズ会社と一〇〇万ドル規模の契約を結んだ。スポーツ関係者以外の人気者やチームとスポーツ用品会社が契約すること自体、これが初だった。意義深い一線を越えたといえる。バスケットシューズの宣伝をしたいならバスケットボールのスター選手を起用しなければいけない、というわけではなくなった。スニーカー好きの有名人なら、ミュージシャンをはじめ、すでにおおぜいいる。RUN-D.M.C.のスポンサー契約を皮切りに、大手ブランドはそうしたスポーツ選手以外のスターの影響力に大金を払うようになった。

もちろん、特定のブランドを積極的にアピールしたのはRUN-D.M.C.が初めてではない。

ヒップホップ界ではむしろ、愛用のブランドで集団の差別化を図るのが常套手段だった。ただ、RUN-D.M.C.の場合、ブランドを前面に押し出すことで、音楽、とりわけヒップホップに新しい時代を切り開いたのだ。ほかのヒップホップグループもスニーカーブランドと手を組み始めた。ブレイクダンスをやっているころからプーマの愛用者だったMCシャンは、一九八八年の曲「アイ・パイオニアード・ジス」のなかで、トゥループの靴はKKKがつくっているからおれはプーマを履く、と示唆して物議を醸した。プーマのライバルブランドであるトゥループは白人至上主義の秘密結社KKKが経営しているらしい、という（虚偽の）噂を踏まえたもので、トゥループの宣伝ポスターに出ていたLL・クール・Jが激怒した。一方、ヘヴィ・D&ザ・ボーイズは、一九八七年のデビューアルバムに「ナイキ」というタイトルの短い曲を入れている。ダグ・E・フレッシュはスイスブランドのバリーが気に入っており、「マイ・アディダス」でバリーが〝ディスられた〟のを恨んでか、ミュージックビデオに西部劇仕立ての一場面を入れた。擬人化されたスニーカー同士が決闘し、バリーがアディダス・スーパースターを撃ち倒す。当のアディダスは、続いて、RUN-D.M.C.スペシャルエディションのシューズを発売した。「エルドラド」と「フリートウッド」はこのグループの愛車にちなんで命名された。「ウルトラスター」には伸縮性のあるベロが付いていて、紐なしでも履きやすかった。

『レイジング・ヘル』がリリースされた一九八六年、RUN-D.M.C.と同じレーベル、デフ・ジャムから、ビースティ・ボーイズがデビューし、アルバム『ライセンスト・キル』は大ヒットとなった。発売から三カ月で売り上げ一〇〇万枚を突破。ヒップヒップアルバムでは初めて、ビルボードのアルバムチャートで一位に立った。ビースティ・ボーイズのメンバー三人——キング・

アドロック、MCA、マイクD――は、ブルックリン出身の白人で、最初のうちはハードコアのパンクロックを手がけ、マンハッタンにあった伝説的なクラブ「CBGB」でプレイしていた。ヒップヒップ音楽を取り込むにあたって、白人の若者らしいパンクふうの要素を交えた。Tシャツやゴールドのチェーン、ときには短パン、野球帽にスプレー落書き……。RUN-D.M.C.とくらべると白人ファンを多く獲得したため、ビースティ・ボーイズのデビューアルバムの成功は、ヒップホップやそれに付随するスタイルにあらたな支持者層をもたらした。

ビースティ・ボーイズは特定のスニーカーを名刺代わりにはしなかったものの、強いて選ぶとすればアディダスの「キャンパス」だっただろう。プーマのクライドに似た、ロートップのスエードシューズだ。クライドと同様、最初の発売時はバスケットボールシューズであり、少し形状が違い、NBAのボストン・セルティックスが一九七一年に採用している。ストリート向けモデルに変更された一九八三年には、ブレイクダンサーの男女のあいだで急速に普及した。ビースティ・ボーイズの『ライセンスト・キル』が大成功したあと、偶然か必然か、キャンパスはニューヨークのファッション通から注目された[25]。一九九二年のアルバム『チェック・ユア・ヘッド』のジャケット写真で、マイクDはキャンパスを履いている。

もっとも、ビースティ・ボーイズは自分たちなりにスニーカーに真剣に取り組んでいた。マイクDとアドロックは一九九二年、MTVの番組『ハウス・オブ・スタイル』でインタビューにこたえ、みずからの美学を明かした。「特定の時代の実用的なデザインに敬意を持っているんだ」とマイクDは語った。「若い連中が新しいスニーカーに夢中なのは、それはそれでクールだと思う。ただおれたちは、クラシックで機能本意のデザインに気持ちが傾く[26]」。アドロックは緑色のキャンパスをインタビュアーに見せ、アディダス・ガゼルとの微妙な違いを説明した。素人目には同じに見えるが、じつはガゼルのほうが幅が狭く、爪先がとがっている。その時点で、キャンパスは消えつつあり、ガゼルと比較するとかなり入手困難だった。インタビュアーは、旧型のシューズを欲しがる人がいる事実に驚き、どうやって手に入れたのかと尋ねた。

「レコードみたいに探さないとね」とアドロックはこたえた。「趣味みたいなもんさ。懸命に探さなきゃ、正真正銘の本物は見つからない」

ビースティ・ボーイズは、数年前の発売時にさばけず不良在庫として眠っている箱入りの新品を求めて、スタッフを雇い、各地のスポーツ用品店を見回らせた。「スニーカー捜索スタッフ」の仕事は、希少なモデルを発見することだった。すると、ファンたちもめいめい、レアモデルを探し始めた。たいてい、相当な時間をかけて、小売店の倉庫やガレージを漁ることになった。さほどおおぜいが参加したわけではないものの、「ほかの誰も持っていないスニーカーを手に入れる」という、マニアックな趣味がここから始まった。[27]

こうして、スニーカーはスポーツシューズからカジュアルウェアへ変身を遂げ、さらにはブレイクビートやブレイクダンスの場へ広がったわけだが、それだけでなく、ヒップホップはスニーカーを何か新しい存在に高めたといえる。MCが、スニーカーをステータスシンボルの一種に変えたのだ。すなわち、コートやフィールドで発揮する性能とは別に、ルックスを最優先する人々にクールさをもたらす役割を帯びた。ただし、スポーツの人気選手と縁遠くなったわけではない。RUN-D.M.C.がマディソン・スクエア・ガーデンで観客にアディダスの靴を掲げさせたのと同じころ、かつてアディダスのファンだったひとりの男が、間もなくアメリカの偶像になろうとしていた。

第12章

ヒズ・エアネス

フィル・ナイトは知っていた。ジェフ・ジョンソンも知っていた。ナイキの誰もが承知していた。時は一九八四年。ナイキは明らかに苦境に立たされているのだった。確かに、みずからが生み出したランニング市場では強い存在感を保っていたが、その市場分野は衰退しつつあった。新参のリーボックが女性のフィットネス熱をとらえて大きな利益を上げたのに対し、ナイキは機会を逸した。バスケットボールシューズをめぐってはコンバースという最大の敵が立ちはだかっており、それに続くアディダスも、相変わらずスポーツシューズの世界的なシェアを握る強敵だった。ナイキは四半期初の赤字を計上。上場から四年目にして、レイオフに踏みきらなければならなかった。

唯一の解決策は、「バットフェイス（Buttface）」の連中を集めて、知恵を絞ることだった。「バットフェイス」とは、旗揚げ当初の会議中、リラックスしつつ腹を割って話し合うさまをからかって誰かが使いだした俗語だが、経営陣の主要メンバーは愛着を感じている表現だった。バットフェイスたちの会議は、酒も入って騒々しいときも多かったが、結局のところ、会社の方向性はそこで決まるのだった。ナイキの幹部たちは、大きな決断が必要なときにいつも使うオレゴンのロッジに集まった。焦点は、一九八四年のNBAドラフトで何をすべきかだった。

NBAの新しいスター選手に宣伝を頼むため、五〇万ドルの予算を確保してあった。ランニングシューズのみの会社になってしまわないように、バスケットボール市場で躍進する必要がある、とフィル・ナイトは考えていた。アディダスのホルスト・ダスラーは、父親が確立したビジネスの枠組みを避け、フランス支社を利用してアメリカのバスケットボール市場へ参入。ナイトよりたった二歳年上ではあるものの、あと一年足らずで第一線を退き、アディダス全体の会長に就任する予定だった。「世界ナンバーワンのスポーツシューズ会社」の称号を奪い取るチャンスがあるとしたら、いまだ。ナイトはそうにらんでいた。

ＮＢＡのトップランクに割って入るためには、誰が将来のスーパースターになるかを見抜いて、いちかばちかの賭けに出る必要があった。難しい判断だ。一九八四年のＮＢＡドラフトには、才能ある大学生選手が数多くそろっていた。たとえば、アキーム・オラジュワン。[1]のちに「ドリーム」の愛称で呼ばれる彼は、ナイジェリア生まれで、ヒューストン大学のセンター選手だった。身長が二メートルをゆうに超え、ダンクシュートを楽々と決めることができた。オーバーン大学のフォワード選手、チャールズ・バークレーは、パワフルな巨体を持つスキンヘッドの毒舌家。南東部の大学リーグにおけるすべてのシーズンで、リバウンド数がトップだった。身長二一五センチものサム・ボウイは、高校時代からバスケットボール界で注目を浴びていた。ゴンザガ大学のポイントガードだったジョン・ストックトンは、四年時に大学リーグで得点、アシスト、スティールの三冠に輝いた。これらどの選手も広告契約を結ぶ価値がありそうだったが、才能だけでは売り上げアップに大きな効果が期待できないことを、ナイキはすでに痛いほど知っていた。

ナイトやジョンソンをはじめとするナイキの首脳陣は、さまざまな選択肢について議論した。話し合いに加わっていたひとりが、ソニー・バカロという男だった。まるまると太ったからだつきからすると、スポーツとはあまり縁がなさそうに見え、むしろ当人がバスケットボールそのものに似ていた。バカロは、ナイキとプロ選手の橋渡し役としてこの会議に参加していた。かつて一九六五年に、ピッツバーグで開催されたダッパー・ダン・ラウンドボール・クラシックの運営に携わった経験がある。有望な高校生選手が全米から集う初めての大会で、大学チームの監督たちが人材発掘のため視察に訪れた。バカロは、NBAを知る前にまず学生リーグに詳しくなろうと考え、運営を手伝ったのだった。年鑑を刊行したチャック・テイラーに似て、バカロは、これから花開きそうな若い才能を見抜く力を持っていた。一九八四年の時点では、いちどにたくさんの若い選手を見る機会がほとんどなく、バカロの知識がナイキの頼みの綱だった。

社内会議に参加したもうひとりの重要人物が、弁護士のロブ・ストラッサーだった。バカロと同様、自身はスポーツマンタイプではない。身長一八八センチにして、体重が一三〇キロ以上。運動は敬遠しがちで、ハワイアンシャツが大好きだった。バカロのようにバスケットボール界に関して知識豊富ではなかったものの、新人との契約時に強気の交渉を行なうのが得意で、会社からそこを見込まれていた。また、ナイキの擁する若いスター選手どんな役割を果たすべきか、マーケティングの進めかたについてよく知っていた。その証拠に、一九八三年の社内通達のなかでこう述べている。「選手個人が、チームよりもますます英雄になるだろう。世間の人々がしだいにできなくなっている、「リスクを冒して勝つ」という勇敢さの象徴になっていく」[2]。ナイキは数年前、テニスのジョン・マッケンローおよび陸上のカール・ルイスという、個性の強さでカルト人気を誇るスター選手と契約した。ストラッサーは、そのバスケットボール版を探していた。

＊　＊　＊

バスケットボールのルーキー層が、ナイキにとって最高の、かつ唯一の希望である、と判断したのは、社内にストラッサーとボカロの存在があったからだ。そもそもバカロは一九七七年、みずからデザインしたシューズを山ほど麻袋に詰めて、ナイキへ売り込みに来た。なかにはバスケットボール用のサンダルもあった。ナイキの重役たちはひとしきり大笑いしたが、そのあと、ボカロがじつは全米の大学バスケットボールコーチと豊富な人脈を持っていることを知った。フィル・ナイトはその場でボカロを雇い、ストラッサーとペアを組ませて、新しい任務を与えた。大学チームにナイキを採用させろ、と。「言うは易く、行なうは難し」だった。有名な大学チームのほとんどはすでにコンバースかアディダスを履いていた。しかし、フィル・ナイトが大学生に目を付けた理由は単純だった。プロの大物選手と契約する資金がなかったからだ。コンバースもアディダスほどの資金はなかったが、ナイキと違い、歴史があった。「当時、遊び場へ行って、どこのスニーカーが欲しいかと子供たちに尋ねたら、コンバースという返事がかえってきたに違いありません」[3]。ナイキのデザイナー、ピーター・ムーアはそう語る。チャック・テイラーがまいた種が、まだ実を結んでいるのだった。

　アディダスもコンバースも、スター選手のパワーに後押しされていた。コンバースの場合は、フィラデルフィア・セブンティシクサーズの伝説的な名選手、ジュリアス・アービングだ。あるテレビＣＭでは、背景で「ヘイ、ヘイ、ドクターＪ、そんな動きをどこで手に入れた？」という歌詞が流れるなか、「ドクターＪ」の愛称で知られる彼が、相手チームの選手たちより高々とジャンプして何度もダンクを決めた。キャッチフレーズは「スターたちのシューズ」だった。アディダスが契約したいちばんの大物は、レイカーズのカリーム・アブドゥル＝ジャバーで、一九七六－七七年シーズンの終了時に五度目のＭＶＰに輝いた。ライバル二社とは対照的に、ナイキがＮＢＡ選手のなかで注目していた有望株は、ミルウォーキー・バックスにドラフト三位で入団した新人マーカス・ジョンソンだった。ストラッサーはジョンソンに六〇〇〇ドルを提示した。ところが、契約交渉の噂を聞きつけたアディダスが、一万ドルに引き上げ、ロイヤリティも追加して、ジョンソンをさらっていってしまった。アディダスは攻勢を緩めず、一九七九年には新モデル「トップテン」を発売した。ジョンソンを含むＮＢＡ選手一〇人が愛用中、という触れ込みだった。かたや、ナイキが結ぶ契約はそう高額ではなかったが、成立のたび、ストラッサーは「はたして割が合うだろうか？」[4]と、スポーツエージェントのデビッド・フォークに確認した。

ナイキとしては、まだあきらめていなかった。一九七七年末には売り上げ高が七〇〇〇万ドルに迫り、ナイキ製品はかつてなくいろいろな場所で使われていて、思いがけないかたちでメディア露出することも珍しくなくなった。一二月、ヒューストン・ロケッツとロサンゼルス・レイカーズが対戦し、後半初めにボール争いをめぐって騒ぎが起こった。リバウンドのあと、ロサンゼルスのカリーム・アブドゥル＝ジャバーとカーミット・ワシントン、ヒューストンのケビン・クンナートが小競り合いになったのだ。アブドゥル＝ジャバーがクンナートを抑えつけようとしたところ、チームメイトを助けようと、ヒューストンのフォワードのルディ・トムヤノビッチがセンターコートに駆け寄った。そのときだった。ワシントンがトムヤノビッチに強烈なパンチを見舞い、顎と鼻を砕いた。トムヤノビッチは床に倒れて意識を失った。頭部のまわりに血だまりが広がった。のちにアブドゥル＝ジャバーは、コンクリートの上にメロンが落ちたような音がした、と証言している。トムヤノビッチは緊急治療室へ運ばれ、かろうじて一命を取り留めた。ワシントンは二六試合の出場停止処分を受けた。その夜遅く、フィル・ナイトのもとに、テレビで試合を見ていた父親から電話が入った。「いやあ、まったく、見たこともないくらいの信じられない光景だった」と父親は言った。「カメラがどんどんズームインして、大写しになったんだ……トムヤノビッチの靴の……スウッシュが！　そのまま、さらにスウッシュにズームインしていたぞ！」[5]

この「ザ・パンチ」事件だけでなく、一九七〇年代末にはプロバスケットボールでいくつも事件が発生した。ＮＢＡとＡＢＡが合併したばかりのこのころは、コート上での暴力沙汰がときどきあった――同じシーズン中、ほかの試合でアブドゥル＝ジャバーも敵の選手を殴った――ほか、ドラッグが蔓延しているとの噂もあった。一九七八年、ニュージャージー・ネッツのスター選手、バーナード・キングが飲酒運転とコカイン所持で逮捕された。一九八三年には、かつて「ウォルト・フレイジャーの再来」とまで言われたマイケル・レイ・リチャードソンが、コカイン依存症でリハビリ施設に入院した。同年、ＮＢＡはドラッグ対策を強化し、悪質な違反をした選手は追放処分にすることを決めた（その結果、リチャードソンが最初に追放された）。テレビの視聴率が低かったため、ＮＢＡそのものの妥当性にも疑問符が付いた。決勝戦がライブではなく録画で放映されることもあった。陰では人種差別的な考えも根強くはびこっていた。それが露わになった例として、一九七九年、ＮＢＡの主要チームの幹部が『スポーツ・イラストレイティッド』誌の記者に対してこんな発言をした。「問題は、彼ら（＝黒人選手たち）が宣伝材料になるかだ。連中が金を浪費し、はめを外して遊ぶ姿を世間は見ている。黒人のスポーツを白人の大衆に売ることなんてできるだろうか？」[6]

要するに、プロバスケットボールは理想とはかけ離れた状況に陥っていた。

それでも、プロ球技はプロ球技だ。ナイキには、ライバル他社の交渉相手を奪ったり、期待の大物新人を押さえたりするほどの資金はなかったが、下位の大学チームを早いうちに囲い込めば、ナイキ製品の末永い愛用者を確保できるかもしれない。現に、チャック・テイラーや、彼から広がった草の根的な実地レッスンが、長期にわたって成果を上げている。NCAAにはアマチュア規定があり、大学生プレーヤーに金銭的な見返りを与えることは禁じられていたが、ストラッサーとバカロは手っ取り早い回避策を使った。つまり、コーチに金を払い、コーチから選手へ無料でシューズを支給してもらうのだ。コーチは一万ドルと選手全員ぶんのシューズを受け取り、各選手に着用を勧める（ただし、実際に履くかどうかは選手本人の自由）。就任一年目のヘッドコーチは年俸がわずか二万五〇〇〇ドルほどの場合もあり、一万ドルの追加収入は大きい。コーチとナイキはウィンウィン（Win-Win）の関係を結べるわけだ。

任務開始の一カ月後、ストラッサーからナイキ首脳陣に興奮ぎみの報告が入った。ネバダ大学ラスベガス校、アーカンソー大学、ヒューストン大学、ジョージタウン大学、ほか多くの大学がスウッシュを着用し始めた、と。一九八一年までに、約八〇の大学チームがナイキを履くようになった。数千ドルと少量のシューズというささやかな投資が、広告よりも高い費用対効果を生んだのだった。テレビ中継でも、スウッシュを履いている選手が容易に見てとれた。

その一方で、NBAのスニーカーマネーは高騰しつつあった。一九七七年のマーカス・ジョンソンは一万ドルだったが、わずか四年後の一九八一年には、NBAドラフト一位の選手との契約金が六万五〇〇〇ドルと、大きく跳ね上がった。翌八二年、アディダスはカリーム・アブドゥル＝ジャバーと一〇万ドルで契約を延長した。同年、それまで「誰の宣伝にも頼らない」とむしろ誇りにしていたニューバランスが、ドラフト一位指名選手でのちに殿堂入りを果たすジェームズ・ウォージーと、八年間で一二〇万ドルの大型契約を結び、市場の目安をさらに吊り上げた。コンバースもまた、一九八〇年代初期を代表する三人の名選手を擁していた——ラリー・バード、アイザイア・トーマス、そしてアービン・〝マジック〟・ジョンソン。

契約金の高騰が、ナイキの悩みをますます深刻にした。ストラッサーとバカロの作戦が図に当たったとはいえ、大学のトップ選手たちは、プロになったあと、必ずしもナイキを使い続けてはくれなかった。巨額のオファーに惹かれ、コンバースやアディダスと契約するケースが多かった。もっとも、一九八〇年代初めの時点で、ナイキはおおぜいの選手と契約を結んでおり、一二〇人以上、つまりNBAの約半分に、八〇〇〇ドルから五万ドルの報酬を支払っていた。[7] 占有率を見るかぎりでは、成功しているように思える。しかし実際は、わりあい無名の選手たちが、資金力の乏しいナイキを圧迫している状態だった。これに対し、コンバースやアディダスは、少数のビッグスターと契約して、大きな宣伝効果を上げているようすだった。そこで、ストラッサーとももう一名のナイキ幹部が、ある計画を思いついた。小口の契約をすべて期限満了で打ち切って、その資金を活かし、新進気鋭の若い選手ただひとりを軸にした広告キャンペーンを展開してはどうか、と。

＊＊＊

ナイキ首脳陣が一九八四年、そこにたどり着いたのは、例によってオレゴン州のロッジに集まって知恵を絞っているときだった。アキーム・オラジュワン、チャールズ・バークレー、ジョン・ストックトンの三人に宣伝契約料を分配することで、話がまとまりかけた。そのとき、四人目の名前が浮上した。マイケル・ジョーダンだ。

ノースカロライナ大学の三年生からプロへ転向する予定の、若きフォワード選手だった。一九八二年の一年生時、ＮＣＡＡチャンピオンシップでウイニングショットを決め、チームを優勝に導いた。そのときのシュートの素晴らしさを覚えていたソニー・バカロが、会議中、ジョーダンを強く推薦した。[8] 数人の選手に分けて安い賭けをするよりも、ジョーダンにすべてを賭けるべき、とバカロは考えた。

あのシュート一本が、すべてを物語っていた。ジョーダンは当時、ノースカロライナ大学ターヒールズに加入したばかりの新入生で、チームメイトにはジェームズ・ウォージーやサム・パーキンスなど、錚々たる顔ぶれがそろっていた。ＮＣＡＡチャンピオンシップの決勝戦に臨んだ彼らは、強豪ジョージタウン大学を相手に、一点差でリードされたまま、残り数十秒を迎えた。相手チームの中心選手は、そのころの大学リーグ屈指のプレーヤーにして、のちに「ＮＢＡ史上の偉大な選手五〇人」のひとりにも選ばれる、パトリック・ユーイングだった。試合終了が刻々と迫るなか、ひょろ長い体型の一九歳だったジョーダンにパスが回った。これほどプレッシャーがかかる場面で、シュートを試みることができるものだろうか？　ところがジョーダンは、五メートルのロングシュートを決めた。しかも、まったく造作なく……。舌まで出してみせた。

あの男こそ、わが社の顔にすべき選手だ、とバカロは会議の場で熱弁した。ナイキにおける自分の全キャリアを賭けてもいい、とまで言った。

提案は可決された。ナイキは、ありったけの予算五〇万ドルをジョーダンひとりに賭けた。そのうえ、ジョーダンには既存のナイキ製品を着用してもらうのではなく、特別仕様のシューズを用意することにした。そのころジョーダンは、オリンピック米国代表チームの副キャプテンを務め、ロサンゼルスに滞在中だったので、ボカロはサンタモニカの有名なステーキハウス「トニーローマ」を予約し、会う約束を取りつけた。しかし問題があった。まず、ジョーダンがナイキをとくに好きではなかったことだ。ノースカロライナ大学はおもにコンバースを採用しており、ジョーダン自身はアディダスを好んでいた。ただ、コンバースもアディダスも、ナイキほどジョーダン獲得に熱を入れていなかった。コンバースは、マジック・ジョンソンとラリー・バードという強力な二枚看板に傾注していたし、アディダスのほうは、まだケーテ・ダスラーが実権を握っており、息子のホルストと四人の娘へしだいに移譲するつもりだったものの、当然ながら道は険しく苦慮していた。そうした動きを横目に、バカロはナイキの意向をジョーダンに伝えた。

契約条件を詰めるため、ストラッサー、彼とすでに何度も仕事をともにしてきたスポーツエージェントのデビッド・フォーク、そしてジョーダンの三人が、交渉の席についた。すでにフォークは、ジョーダンの代理人として、シカゴ・ブルズに三〇〇万ドルの五年契約を求めており、スポンサー契約でさらなる収入増を狙っていた。スニーカーにまつわる契約では、たいてい、選手本人が好きなシューズを選び、着用する約束を結ぶ。と同時に、見返りとして大量のシューズをもらい、友人や家族に配る。しかし、ウォルト・フレイジャーの愛称を冠したプーマの「クライド」を皮切りに、いわゆる「シグネチャーモデル」の時代が始まった。さらに、ジョーダンの契約は、名前入りのシューズをシリーズ化するという、あらたな次元を切り開く内容だった。ナイキは、「エア・ジョーダン」にかぎらず「エア」バスケットボールシューズの全モデルに関して、一足売れるごとにロイヤリティを支払うほか、ナイキの在庫ぶんや、エア・ジョーダンのアパレル販売についても、一定の割合のロイヤリティを払う、との条件を提示した。契約の総額は五年間で二五〇〇万ドルに達する。加えて、個々のアスリートを英雄として売り込むというストラッサーの構想にもとづき、ジョーダンをナイキの広告の新しい顔にすえることにした。ジョーダンが秘めた魔法が、ナイキ・ブランドの真の魅力になるわけだ。

それでも、ジョーダンは五輪後、ナイキ本社へ出向いて幹部たちと会うのさえ億劫がった。母親のデロリスに、契約したがっているのはナイキのほうなのだから、向こうから来るべきだと不平を漏らした。母親は厳しい口調でたしなめた。「マイケル、行くって約束したでしょ。朝になったら、ローリー・ダーラム空港でちゃんと飛行機に乗るのよ。おとうさんとわたしも乗って、親子三人でポートランドに行くんだからね[9]」

本社におけるプロジェクト会議中、無表情ですわっているジョーダンを見て、フォークは驚いた。当人よりも両親のほうがはるかに顔を輝かせていた。車を一台くれと要求するジョーダンに対し、ボカロが茶目っ気を出して、おもちゃの車を二台、ジョーダンに向けて滑らせた。それでも、ジョーダンは笑み一つ浮かべなかった。数十年後のインタビューで、彼はこう語った。「おれが理解した範囲では、(ストラッサーは)おれがどんなタイプの選手で、どんなタイプの人間かをよくわかっていなかったと思う。まずエア・ジョーダンありきで、その観点から、自分がやりたいことに合う選手を誰でもいいから見つけようとしていた[10]」

社内のクリエイティブディレクターであるピーター・ムーアが、エア・ジョーダンの設計に携わった。ムーアはジョーダンが何者なのか知らなかったものの、この靴が世間をあっと言わせるにちがいないとわかっていた。高めのアンクルカラーに中綿を入れ、ナイキの既存モデル「ダンク」にやや似たデザインにまとめた。ロゴは、バスケットボールの左右を翼で囲んだもので、パイロットの胸章を連想させる意匠だった。しかし、何より特徴的なのは、大胆な配色だ。ムーアが「エア・ジョーダンI」の赤、黒、白のスケッチを見せると、ジョーダンは「そんな靴は履けない。悪魔の色だ」[11]と渋った。この三色がシカゴ・ブルズのチームカラーだと指摘しても、ジョーダンはなお、自分の靴は出身大学のカラーであるキャロライナブルーがいいと言い張った。だが、コンバースやアディダスの担当者と会っても、ナイキの提示とはかけ離れた条件しか出されなかった。[12]結局、ジョーダンはナイキの契約に同意した。

ジョーダンを迎え入れるチームの見通しは、靴の契約ほど明るくはなかった。一九八四年のブルズは、控えめに言っても「ひどいチーム」だった。シカゴほどの大都市でプレーしているにもかかわらず、ここ一〇年間のシーズンは勝ち越しさえ珍しかった。ジョーダンが入る直前にしろ、八二試合で二七勝と散々だった。弱り目にたたり目というべきか、その五年前には、コイントスに負けたせいで、マジック・ジョンソンをドラフト指名する機会を逃している。ジョーダンのデビュー時、シーズンチケットは二〇四七枚しか売れていなかった。ところが、ジョーダンがプレーを始めてわずか数カ月後、シカゴ・スタジアムの観客数は二倍に増えた。

ジョーダンが注目を浴びたのは、プレーだけが理由ではない。当時、NBAのルールでは、選手はチームのユニフォームにそぐわしい靴を着用しなければいけなかった。ジョーダンが初めに履いたナイキの靴は、当初、ブルズのカラーである黒と赤が入ったものだったが、派手すぎてNBAのドレスコードから逸脱しているとみなされ、罰金一〇〇〇ドルの裁定が下った。ナイキのデザイナーや宣伝担当者は頭を抱えた。あこがれのスーパースターが履くことも許されない靴など、何の魅力があるだろう?

エア・ジョーダンの一般発売はシーズンがもっと進んでからの予定だったが、ナイキは検討のすえ、色づかいをめぐる騒動を逆手に取ったコマーシャルを流した。カメラが、ジョーダンの立ち姿を上から下へゆっくりとパンし、最後にシューズを映し出す。ナレーションが流れ、途中、「検閲」を思わせる黒塗りでスニーカーが隠される。「九月一五日、ナイキは画期的な新しいバスケットボールの靴を生み出しました。一〇月一八日、NBAはそれをルール違反と判断し、排除しました。でもさいわい、あなたが履いても、NBAは文句を言えません」。ジョーダンは黒と赤の靴を履き続け、ナイキは罰金を払い続けた。会社にもたらしたメディア露出を考えれば、たいした出費ではなかった。

エア・ジョーダンは一九八五年四月一日に発売された。シーズンのプレーオフが始まるほんの数週間前だ。価格は六五ドル。二色のバリエーション(スニーカー用語では「カラーウェイ」)が用意された。一つは黒と赤だけ、もう一つは赤と白に黒いスウッシュ。コート上では、シューズのおかげもあってか、ジョーダンは最優秀新人賞を獲得した(得点、アシスト、リバウンド、スティールいずれもチーム最高で、そんなルーキーは前代未聞だった)。また、ブルズは四年ぶりにプレーオフへ進出できた。成績不振のチームをたったひとりの力でよみがえらせた新人プレーヤー――ナイキにとって、これ以上の広告塔はなかった。

ジョーダンの電撃的なデビューと同じくらい、NBAの一九八四-八五年シーズンの大きな話題となったのが、ファイナルだった。ロサンゼルス・レイカーズとボストン・セルティックスがふたたび雌雄を争うかたちになった。たんに、絶好調のチーム同士の激突というだけでなく、西海岸対東海岸、前年の王者対敗者、マジック対バード、黒人エース対白人エースと、いわば究極のライバル対決だった。マスメディアの煽りようも大変なものだった。プロバスケットボールが、一九七〇年代後半の悪い評判を払拭したあかしでもあった。

ＮＢＡファイナルは最長七試合で争われる。レイカーズはセルティックスに過去八回も敗れており、直近では前年に負けた。選手力では劣っていない。マジック・ジョンソン、カリーム・アブドゥル＝ジャバーに加え、ほかにも三人がのちに殿堂入りを果たすほどだ。両チームとも、ファン（やアンチファン）が飛びつく材料に事欠かなかったが、コート外の勝負はすでに決していた。マジックもバードも、コンバースと契約していたからだ。どちらが優勝しようと、アディダス・スーパースターに対抗して生まれたコンバース・プロレザーが勝者の足元を飾ることは確実だった。

コンバースのテレビCMが、これ見よがしに流れた。まずラリー・バードが、白と赤の革のコンバースを持って、この靴は「最高のプロプレーヤー」のためにつくられている、とカメラに向かって語りかける。するとドクターJことジュリアス・アービングが横から入って、バードの手から靴を取り、技術的な特徴からみてこの靴はセブンティシクサーズの人気選手を意識している、と反論する。

「僕のためにできたんです」とドクターJは言う。

「それと、僕のために！」とバードも譲らない。

「じゃあ、ふたり両方に向いているわけか」

「まるでマジックだ」

ここで効果音が鳴って、突然マジック・ジョンソンが現われ、割り込んで靴を取って言う。「さあて、誰のための靴かな？」

三人のスーパースターが笑い合うところで画面が切り替わり、靴がクローズアップになる。最終的に四勝二敗でレイカーズがセルティックスを下したことを考えると、結局、いちばん説得力があったのはジョンソンかもしれない。

ナイキのほうのCMは、新人のジョーダンにすべてを託していた。一方、コンバース・プロレザーは、すでにバスケットボール界のスーパースターとして君臨する三人のお墨付きを得た。プロの三者三様のプレースタイルにも対処できるほどの靴なら、アマチュアに役立つこと間違いなしだろう。ただ、三選手まとめて囲い込んだせいで、コンバースは小さな代償を支払わなければいけなかった。赤い星が入った白いスニーカーは、三人のスター選手の誰が履いているのか見分けがつかない。その点、エア・ジョーダンを履いているのはただひとりだった。大胆な赤と黒。おまけに、みずからのサイン入りだった。

エア・ジョーダンの新発売から一カ月も経たないうちに、ナイキの賭けは明らかに報われた。販売実績は五〇万足に迫る勢いで、売り上げは一億ドルを超えた。翌年にかけて、十数色のカラーウェイが追加された。なかには黒と青、白と紫など、明らかにブルズのカラーと異なる色のバリエーションもあった。やがて、ジョーダンが切望していたキャロライナブルーも発売された。エア・ジョーダンは大ヒットとなった。

個性派の印象をまとったジョーダンは、ほかのスポンサーからも引っ張りだこになった。ナイキには好都合だった。すでに靴はジョーダンのイメージの一部と化していて、他社のコマーシャルに出演するときも、彼はナイキを履いていたからだ。たとえば、一九八五年のマクドナルドのテレビCMでは、管制塔とパイロットが無線交信で「離陸」に向けて最終チェックをしている音声が流れる。そのやりとりに操られるかのように、画面上では、ジョーダンが紙袋からビッグマックの容器を取り出し、コカコーラをひと口飲んで「燃料補給」する。「装備の最終点検」では、大きく映し出された靴を調整し、バスケットボールを手に取る。そしてついに「エア・ジョーダン二三便」が画面から上方へ飛び立つ。そのとき視聴者の目に最後に焼きつくのは、彼が履いているナイキだった。

二シーズン目のジョーダンは、足のけがでベンチを温めることが多かったが、それでもブルズはプレーオフへ進出できた。あいにくチームは第一ラウンドでラリー・バード率いるセルティックスにあっさり退けられたものの、間もなくジョーダンは、テレビのトーク番組『レイト・ナイト・ウィズ・デビッド・レターマン』に出演した。司会のレターマンは、かねてからアディダスのファンを公言しており、少し前にはアディダスから無理やり五〇足もスニーカーをもらったほどだった[13]。そんなレターマンが、ロゴを隠すようにしつつ、一足のエア・ジョーダンを取り出して尋ねた。「さて、NBAの運営側はどうしてこれを履くなと言ったんです？　たんに、醜いから？」。スタジオの笑いが収まるのを待って、ジョーダンはこたえた。「うん、同意見だよ。たしかに醜い」。続いてレターマンが、この配色がなぜNBAの規定に違反なのかと質問した。「まあ、白がぜんぜん入っていないしね」とジョーダン。するとレターマンはわざらしく当惑の表情を浮かべて、何拍か置き、「まあ、NBAもそうですけどね[14]」と黒人選手の多さを指摘した。

ドクターJ、バード、ジョンソン、さらにはジョーダンといったスターが台頭するなか、この人気ぶりの最も驚くべき点は、いずれも黒人であるという事実だろう。彼らはＮＢＡに若いパワーをもたらし、いろいろな意味で全国的なセレブになった。「バスケットボール選手だから」ではなく「バスケットボール選手なのに」だ。ポップカルチャーにおいて、当時、バスケットボールはけっして高い位置にはなかった。一九七〇年代に悪い評判が多かったうえ、おおやけに口に出すかどうかは別として、人種差別にもとづく偏見が根強かったからだ。一九七〇年代末から八〇年代初めにかけて、バスケットボール界はイメージの再建をめざしており、誰もが信頼してあこがれるこうした人気選手たちが重要な役割を果たした。

こうして、マジックとバードはコンバースのシューズで、アブドゥル＝ジャバーはアディダスのシューズで優勝を争ったものの、一方で、ファイナルに出場ならなかったエア・ジョーダンが明らかな成功を収めた。もっとも、だからといって、成功の立役者たちがナイキに長くとどまったわけではない。このあと数年のうちに、ストラッサー、ムーア、ボカロはそろってアディダスに引き抜かれることになる。それでも、ナイキはジョーダンにとどまった。

第13章

マーズとマイク

ニューヨーク・メッツの野球帽に真っ赤な半ズボンという姿で、スパイク・リーは、ニューヨーク市の街角に立ち、通り過ぎる無関心な人々の注意を惹こうとする。

「チューブソックス！　チューブソックスはいかが？　三足で五ドルだよ！」

続いて言う。「監督をしてないときは、このバイトをやってるんだ。それで家賃を払って、テーブルに食べ物を置いて、全粒粉のパンにバターを塗る」

一九八六年の夏、映画館を訪れた人たちにとって、これがリーとの初めての出会いだった。まだ二十代後半のリーは、本当にチューブソックスを売っていたわけではない。このシーンが、自身のデビュー作『シーズ・ガッタ・ハヴ・イット』の予告編の冒頭なのだ。リーは監督、脚本、制作、編集、出演を兼ねている。映画の主人公は、ブルックリンに住むノーラという名の若い自立した女性で、三人のまったく異なるタイプの恋人を持ち、関係のバランスをうまくとろうとする。リーが演じるのは、その三人のうちひとりで、バスケットボールに夢中な自転車メッセンジャーのマーズ・ブラックモンだ。トレードマークともいえる服装は、つばの裏側に「ブルックリン」とプリントされたサイクリングハット、自分のファーストネームがでかでかと書かれたベルトバックル、以前ブレイクダンス好きだったことを誇示する派手な黒縁の「カザール」ブランドの眼鏡。愛するノラとのセックスできそうな状況になってさえ、もっと愛するエア・ジョーダンのスニーカーを脱ごうとしない。映画のなかで目立つ小道具なのに、ナイキから無償提供はしてもらえず、リーは乏しい製作費をやりくりして二足買わなければいけなかった。ナイキがくれたのは、マーズの部屋に張るマイケル・ジョーダンのポスターだけだった。映画のなかで演じたマーズと同じくらい、リーもバスケットボールを愛していた。幼いころからNBAニューヨーク・

ニックスの大ファンだ。しかし、マーズのひいきチームはニックスではなく、ブルズという設定にした。ジョーダンがあまりにも神がかっていたからだ。

白黒の映画本編の予告が終わると、映像はふたたびカラーになり、リーが再登場して言う。「観たくなった？　なったよな？　なったよな？　きみが観に行ってくれないと、僕はずっとこの街角にいなきゃいけない。……チューブソックス！　チューブソックスはいかが？　三足で五ドルだよ！」

製作費[1]一七万五〇〇〇ドルの『シーズ・ガッタ・ハヴ・イット』は、興行収入が七〇〇万ドルに達した。映画評論家たちの目にもとまった。もったいぶった映画評の端々に、リーの映画がいかに新鮮かがよく表われていた。「ほかの映画とまったく違う何かがある」[2]とマイケル・ウィルミントンは一九八六年、『ロサンゼルス・タイムズ』紙に書いた。「それはおそらく、われわれがじゅうぶんに目を向けていないもの——ないがしろにされがちな人間の、喜びと活力だ」。また、『フィルム・コメント Film Comment』誌の批評家は、こんなふうに評した。「登場人物たちは、ほとんど黒人ばかりが住む地域に生活の拠点を置き、ほかのおおかたの映画に出てくる黒人とは違い、黒人なまりを〝知的に〟しゃべる。リー監督の映画に出てくる黒人は、リアルな人間だ。リアルな人間として、わたしたちみんなに語りかけてくる」[3]。一方、『ニューヨーク・タイムズ』紙の映画評論家、D・J・R・ブルックナーは、公開当時にこう記した。「リー監督は、黒人の観客がこの映画をどう受けとめるかを心配していると聞く。しかし、特定の観客層のみに気を揉む必要はない。この映画の登場人物たちは、あらゆる人たちの興味を惹くだろう」[4]

その「あらゆる人たち」のひとりが、クリエイティブディレクターのジム・リスウォルドだった。彼が所属するオレゴン州ポートランドの広告代理店「ワイデン＋ケネディ」は、オフビートなＣＭで知られ、直近の代表作はホンダのスクーターのＣＭだった。ルー・リードの曲「ウォーク・オン・ザ・ワイルド・サイド（ワイルド・サイドを歩け）」がサックス演奏で流れるなか、一九七〇年代のマンハッタン・ローワーイーストサイドの街角風景が断片的に積み重ねられていく。このワイデン＋ケネディは、ニューヨーク市のはるかに大手の広告代理店から、エア・ジョーダンのＣＭ制作を引き継いだばかりだった。『シーズ・ガッタ・ハヴ・イット』の予告編と本編を見終わったリスウォルドは、将来有望な若手監督としてリーの名前を書きとめた。もしいずれ、いいタイミングでふさわしい広告の依頼が来たら、連絡してみよう、と。

＊　＊　＊

古典的な一流品を見習うとしたら、どうすればいい？　おしゃれに仕上げるのがいちばん。「イタリア製」と記されたタグが付いたスニーカーなど、めったにないだろう。それが、エア・ジョーダンⅡがめざした方向性だった。すなわち、機能性の高さとファッション性の高さを融合する。デザイナーのピーター・ムーアは、靴の側面にイグアナのフェイクレザーをあしらって際立たせた。また、この靴を横から見ると、ソールのかかと部分に赤い部分があり、紳士用ドレスシューズのヒールをさりげなく連想させるように計算されているのがわかる。小売価格は一〇〇ドル。当時としては破格の高額だった。「タキシードに合わせて履いても素敵に見えるはず」。ナイキの広報担当者は『スポーツ・イラストレイテッド』誌にそう語った。技術的にも、初代エア・ジョーダンからいちだんと進歩していた。ソール全面にエアクッションが入り、ミッドソールのポリウレタン製パッドのかさが増し、アンクルサポートも厚くなった。しかし、初代モデルから二年後、一九八六年一一月に発売されたこの靴の最も注目すべき点は、ナイキのスウッシュがどこにも見あたらないことだった。初代と同じく、翼のついたバスケットボールのロゴは入っているものの、ナイキという社名すら、後ろ側に小さな黒文字で書かれているにすぎない。

ナイキは、会社の代名詞といえるロゴをあえて入れず、「ジョーダン」の名前だけでじゅうぶんだろう、と賭けに出た。当然かもしれない。ジョーダンはすでにマクドナルド、コカ・コーラ、バスケットボールメーカーのウィルソンの広告に出演中だった。メディア研究家のマーシャル・マクルーハンが何と言おうが、ジョーダンはメディアではなくメッセージなのだ、とナイキは固く信じていた。ジョーダンの驚くべきダンクさえあれば、どんな製品も売れるにちがいない、と。

一九八六年のエア・ジョーダンⅡのＣＭでは、ファンキーなギターが流れ、ジョーダンが無言でボールを抱え、バスケットへ向かってスローモーションでジャンプし、大きく両腕を回す。続いて、靴がアップになり、目に見えない階段を駆け上っていくように見える。視聴者は、じつは階段があるのか、それとも宙を掻くような足の動きでジョーダンがダンクをめざしているのか、と不思議な気持ちにさせられる。ＣＭの最後にナイキのロゴとシューズが映し出され、「すべてはあなたの想像力のなかにあります」というナレーションが入る。

問題は、もう一つ別の製品が併売されたことだ。一九八七年の初め、ナイキは一般用途向けのスニーカー「エアマックス１」を発表した。ソールにポリウレタン製のエアクッションが組み込まれ、その構造が側面の「窓」から見えるという斬新なデザインだった。たちまち業界の話題となり、一〇〇ドルのシグネチャーシューズは霞んでしまった。しかも、けがのせいでジョーダンがシーズンの多くを欠場したため、エア・ジョーダンⅡがコート上で着用されている時間は短かった。さらに厄介なことに、エア・ジョーダンⅡの売れ行きが期待したほどではないと明らかになるにつれ、経営陣がバスケットボール分野へのさらなる投資を渋り、一般向けのエアに軸足を移してしまった。ジョーダン自身も、エアのCMにほんの一瞬、カメオ出演したほどだ。こんな状況だったから、ジョーダンの心がナイキから離れつつあったとしても不思議ではない。なにしろ、それほど遠くない以前は、アディダスとコンバースを愛用していたのだ。ナイキの賢明な幹部たちは事情を察知し、引退の日までジョーダンにナイキを履き続けてもらうため、計画を練った。

当時まだナイキに在籍していたロブ・ストラッサーは、フィル・ナイトを説得する前に、まずジョーダン本人から契約継続の同意を取りつけねばならなかった。一九八七年五月、ストラッサー、ピーター・ムーア、ジョーダン、彼の家族、彼の代理人が、ノースカロライナ州のシェラトンシャーロット空港ホテルで一堂に会し、今後の方針を話し合った。ストラッサーは二つの選択肢を提示した。一つは、ふつうどおり、シーズン中に靴を履く契約。もう一つに関して、「これまでスポーツ選手が経験したことのない次元に、マイケルを連れて行けます。色つきのスニーカーの域を出て、一つのスタイルとして確立するのです」[5]とストラッサーは切り出した。子供っぽく見える、バスケットボールと翼のロゴは廃止。代わりに「ジャンプマン」を採用する。片手を高く上げ、脚を左右に広げてダンクをするジョーダンのシルエットだ。逆Y字形のようなこのシンプルなロゴは、ポロ選手を描いたラルフ・ローレンのロゴと同様、どんなアパレル商品にもふさわしく、無限の可能性を持つ。ジョーダンはこのアイデアが気に入った。

しかし、計画が実現する前に、別の誘惑がジョーダンを惑わせた。一九八八年の夏、ストラッサーとムーアがふたたびジョーダンに接触した。ふたりはすでにナイキを辞めていて、独自の道を進むべく、ジョーダンを引き抜こうともくろんだのだ。ジョーダンをブランド全体の柱にするという構想は変えていなかった。ジョーダンのほうは、エア・ジョーダンⅡの販売が伸び悩んでいることや、ジャンプマンの商品シリーズ化がなかなか実現しないことにいらだっていた。つまり、新しいアイデアに乗ってもおかしくなかった。ストラッサーとムーアの計画がうまくいく可能性もあったわけだ。「オレゴンの男」と、ブルックリン出身の新進の映画監督さえいなければ……。

＊　＊　＊

オレゴン大学の仲間たちともども、ティンカー・ハットフィールドはしょっちゅう、ヘイワード・フィールドの外野席の下に呼び出された。そこに、陸上コーチの仮設の靴工場があるのだ。そこで渡される靴の試作品は、履いているうちに足から出血するものもあれば、そうでないものもあった。かつてハットフィールドは高校のスター選手として新聞で大きく取り上げられ、オレゴン大学に入学し、学内の棒高跳の新記録をつくった。一九七六年には、棒高跳のオリンピック代表選考会で六位だった。それから少し経った二年生時、ジャンプしたあとに五メートルの高さから荒れた地面に落ち、足首の筋肉を断裂する大けがを負った。その夜、ベッドに横たわって五回にもわたる手術を待っている最中、医師たちの話し声が漏れ聞こえてきた。この子の陸上のキャリアはもうおしまいだろう、と言っていた。しかし、コーチのビル・バウワーマンには別の考えがあった。バウワーマンは、ハットフィールドの痛めた足に負担がかからないように、片側にヒールリフトの付いたスパイクをつくった。おかげでハットフィールドは、チームから外されて奨学金を失うことなく済んだ。コーチに感謝すると同時に、興味をそそられた。[6] そこで、バウワーマンの靴のデザインを手伝い始め、図面を描いたり、意見を述べたり、性能テストをしたりした。

ハットフィールドは一九八一年、会社専属の建築設計士としてナイキに入社した。その時点では、やがて彼がナイキの運命の鍵を握る人物になるとは、誰も予想していなかった。入社後の四年半は、オフィスやショールームの設計を手がけた。[7] ナイキがリーボックに追いつくためもあって二四時間デザインコンテストを行なったとき、ハットフィールドも参加し、彼は「スクーターに乗るのに最適な靴」[8] を考案した。二日後、「これからはスニーカーのデザインを担当してもらいたい」と告げられた。

ハットフィールドが脚光を浴びるきっかけになったプロジェクトは、エアマックスだ。じつは意外なところから、デザインのインスピレーションを得ている。ハットフィールドは、パリへの旅行中、ぜひこの目で見たいと思っていた場所を訪れた。ジョルジュ・ポンピドゥー・センターだった。マンサード屋根の建物が並ぶ、絵はがきのようなパリの街で、ポンピドゥー・センターはきわめて奇抜な設計を誇っている。外壁がなく、建物の内部が丸見えだ。大量の太いパイプやダクトが張りめぐらされ、ハムスター用ケージによくあるチューブに似た、ガラス張りの通路やエスカレーターが見てとれる。たんなる露出ではなく、内部構造が誇張されているのだ。人目を惹くため、一部のパイプやダクトは色とりどりに鮮やかに塗られている。当時の建築評論家の多くはこの建物をモダニズムの奇怪な産物ととらえていたが、ハットフィールドにとっては、まさに啓示だった。

おかげで、一九八七年発売の「エアマックス1」は、設計上の課題を解決できた。というのも、かかとにエアクッションを備えたナイキの最初の靴は一九七八年のエア・テイルウィンドだが、以来、エア・ジョーダンも含め、ナイキのシグネチャースニーカーの多くが、ある難点を抱えていた。窒素入りのエアバッグがクッション性と軽量化をもたらし、素晴らしい技術革新を実現していたにもかかわらず、このエアバッグはミッドソールに埋め込まれていたため、クッションの利点が消費者によく伝わらなかったのだ。ポンピドゥー・センターを訪れたハットフィールドは、解決策を思いついた。クッションの仕組みを可視化し、見て触れられるようにすればいい、と。

「間違いなく、あの建物を見ていなかったら、エアバッグを露出させて靴の内部が見えるようにしよう、などという提案はしなかったと思います」彼はのちにそう語った。

一九八七年のエアマックス1は、新しい「ナイキ・エア」シリーズの主軸と位置づけられ、エア・ジョーダンⅡを脇役へ追いやってしまった。しかし皮肉なことに、そんな状況を招いたハットフィールドが、次のエア・ジョーダンの設計責任者になった。ピーター・ムーアがアディダスへ移籍したせいでポジションが空いており、革命的なスニーカーデザインを思いついたハットフィールドが後継者に最適と目されたのだ。当然ながら、ジョーダンの意見を聞くことになった。ジョーダンとしてもエア・ジョーダンⅡ発売のあといろいろ検討し、Ⅲはハイトップとロートップの中間がいいと考えていた。軽量かつ快適で、なおかつある程度のアンクルサポートも得られるはずだと思ったのだ。ハットフィールドは後年、そんな新しいアイデアがアスリートから出されるとは思っていなかった、と振り返っている。ふつう、選手はシューズを履くだけが務めだ。ハットフィールドは、ジョーダンの要望に沿って設計した。ハイファッション志向で不発に終わった前モデルの轍は踏まないつもりだった――が、多少の飾り立てはせずにいられなかった。見えるクッション（いわゆる「ビジブルエア」）を組み込んだほか、遊び心で、象の皮膚を思わせる模様をかかとと爪先に入れた。

＊　＊　＊

ワイデン+ケネディのクリエイティブ・ディレクター、ジム・リスウォルドからの電話を受けたとき、スパイク・リーは初め、映画学校のクラスメートのいたずらではないかと疑った。[9]

「僕が、マイケル・ジョーダンと仕事をするんですか？」[10]とリーは聞き返した。

リスウォルドからのオファーは、マーズ・ブラックモンとジョーダンを主人公にした白黒CMを監督してほしい、報酬として五万ドルを支払う、というものだった。最初の映画製作でクレジットカードの信用枠を使いきっていた若手監督にとって、夢のような条件提示だった。『シーズ・ガッタ・ハヴ・イット』の製作費の三分の一に相当する額を稼げるうえ、ジョーダンといっしょに仕事ができるのだ。ただ、一つだけ気がかりがあった。ジョーダンはまだこの話を知らないという。彼は『シーズ・ガッタ・ハヴ・イット』を観ていないし、スパイク・リーが何者なのかも知らない。[11] しかし結局、ジョーダンもこのアイデアに賛成した。彼に関するマーケティングを強化するなら、従来とは違うアプローチが必要なのだった。

じつは、数多くの映画がスニーカーを大きく扱っており、意図せずしてスニーカーのCMを撮っていた映画監督は枚挙にいとまがない。一九八六年の『勝利への旅立ち』では、一九五〇年代という時代設定にリアリティを持たせるため、選手全員がコンバース・オールスターを履いている。この名作は、以後のほとんどのスポーツ映画のお手本になった。一九六一年の『ウエスト・サイド物語』にも、同様のスニーカーが登場する。若者たちが指を鳴らしながら踊るオープニングシーンはあまりにも有名で、物語は東ハーレムのバスケットボールコートから始まる。「ジェット団」を名乗る、全員が白人の非行グループは、みんな明るい色のスニーカーを履いており、一方、敵対関係にあるプエルトリコ系アメリカ人の「シャーク団」は、濃い色のスニーカーを履いている。セックスの最中もエア・ジョーダンを脱がないマーズ・ブラックモンは、歴代の映画の流れを受け継いでいるわけだ。

リーの長編第一作と同じく、CMでもキャラクターを際立たせる必要があった。それまでの広告では、ジョーダンは存在感のみだった。素晴らしいダンクシュートを披露したり、勝利の笑顔を見せたりしていたものの、親しみやすさは感じられなかった。リーは、みずから演じるファン青年、ブラックモンとのペアで、ジョーダンを愛想のいい、親近感の湧く人物として描こうと考えた。ただし、当のジョーダンが気に入ってくれなければ、すべて白紙になることも承知していた。

「もしマイケルが、別の監督に変えてくれ、と言ったら、僕はそれっきりだった[12]」とリーは回想している。

最初の顔合わせで、ジョーダンはリーを眺めたあと、「スパイク・リーか」とだけ言った。[13]まるで、お手並み拝見といこうじゃないか、と挑発するかのようだった。

リーが監督した最初のエア・ジョーダンCMは、一九八八年に放映された。マーズ・ブラックモンに扮したリーが、バスケットボールのリングの縁につかまりながら言う。「僕がどうやってこんな高くにいられるか知ってる？　知ってる？　知ってる？　知ってる？　そうだよ。エア・ジョーダンのおかげ。エア・ジョーダン、エア・ジョーダン」。カメラが下へパンすると、じつはブラックモンがマイケル・ジョーダンの肩の上に立っていることがわかる。ジョーダンは、左胸に小さなジャンプマンのロゴが入った白いTシャツを着ていて、「やれやれ」と言いたげに苦笑し、ゆっくりと歩き去る。残されたブラックモンは、リングから宙ぶらりんになってしまう。ジョーダンがふたたびフレームインしたかと思うと、ブラックモンがしがみついているリングに強烈なダンクを決める。そこでモノクロ画面がフェードアウトし、黒地に赤のジャンプマンが大きく映し出される。途中、エア・ジョーダンⅢもちらりと映るが、とくに強調はされない。主役はあくまでエア・ジョーダンというブランドそのものであり、一新されたロゴなのだ。

ジョーダンがリーに笑みを向けた一瞬こそ、ジョーダンが偶像、すなわち「アイコン」に生まれ変わり始めた瞬間だった。ついに、「真の広告塔ジョーダン」という、あらたなキャラクターが誕生したわけだ。親しみやすいけれど、異次元のバスケットボール選手。きらりと輝く笑顔。不可能を可能にしつつ、あなたにも同じことができるかもしれないとほのめかす。もちろん、適切な製品を買えば、だが。

CMシリーズ「マーズとマイク」第一弾と同じ年に、リーの長編映画第二作『スクール・デイズ』が封切りされた。風刺のきいたミュージカル・コメディで、黒人が多い大学が舞台。男女の学生クラブにおける貧富の壁や、あまりオープンに議論されてこなかった髪や肌の色に対する偏見などをテーマに、学生たちの対立を描いている。観客からの評価は上々で、商業的にも成功し（興行収入は前作の二倍だった）[14]、インディペンデント映画界におけるリーの立場が強まった。大半のアメリカ人が初めてリーの作品を見たのは、ジョーダンと共演のCMだったものの、それがリーの劇場映画に悪影響を及ぼすことはなく、リーは芸術と商業をみごとに両立させた。一九九一年、CMを手がけた理由を彼はこう説明している。「僕にとってもマイクにとっても、ふたりで何かをやる価値はじゅうぶんあると思ったんだ。違う分野の若い黒人同士が手を組む、というのがね」[15]

エア・ジョーダンⅢのCM第二弾では、リー扮するおしゃべりなマーズが再登場し、ジョーダンの攻撃をカバーする（防ぐ）ことは「不可能、不可能、不可能」だったと語る。するとジョーダンがマーズの口を片手でふさぎ、「マーズ・ブラックモンをカバーする（口をふさぐ）のは簡単だ」と言う。リーと広告代理店のワイデン＋ケネディは、ジョーダンをめぐって世間が騒がしくなってきた状況に焦点を当てた。一方のジョーダンは、画面上で自然な演技ができる力を証明してみせた。もっとも、「マーズとマイク」のいちばんうまいところは、広告塔が広告塔に専念できる設定にしたことだ。ファン青年のマーズが熱っぽくしゃべりまくれば、選手の演技力には依存しなくて済む。

「マーズとマイク」以前のスニーカー広告にも効果はあっただろうが、このCMのような、製品の背後にいる人物を活かす手腕に欠けていた。選手のカリスマ性を誇示しようとするときも、説得力に乏しかった。一九八六‐八七年シーズンのコンバース・ウエポンのCMでは、マジック・ジョンソンが黄と紫のスニーカーを持ち、「コンバース・ウエポンこそ本物の靴。マジックの生まれながらの才能を開花させる」とラップする。続いて四人のスター選手がひとりずつ順に現われ、それぞれ、気取った韻を踏みながら靴をアピールする。最後はラリー・バードの登場だ。「この靴が僕に何してくれたか、知ってるだろ？　MVPをもらったよ」。ここに、ナイキと他社のCMの差が表われている。スパイク・リーのCMは、ジョーダンがありのままの姿をさらしているような印象を与える。視聴者の予想どおり、舞台はバスケットボールのコートだし、ジョーダンが最高のダンクを決めるようすが描かれる。リーはジョーダンの個性を引き出そうとしているが、ふだんしそうにないこと、たとえばラップを歌うなどを無理強いしていない。コンバースのCMには六倍の人数のNBAスターが詰め込まれているが、マジックとバードとマクヘイルの区別はほとんどない。どんなキャラクター設定なのか、まったく伝わってこない。視聴者に向けてひたすら買えと繰り返せば、それでじゅうぶんだろう、と言わんばかりだ。

コート上のジョーダンは、契約に見合う以上の活躍をした。一九八八年二月には、NBAオールスターゲームのスラムダンクコンテストに出場した。優勝者を決める最終ステージの最終チャレンジを迎え、彼は、コートの片隅まで下がった。まるで、いったんゴムを大きく引き伸ばすかのようだった。フリースローラインに近づくと、例によって舌を出し、高々と舞い上がって、ボールを豪快にバスケットへたたき込んだ。ほぼ完璧なシュートで、彼は二度目のスラムダンク王者の座をつかんだ。スローモーションのリプレイを見ると、ジョーダンはまるでワイヤーを伝って空中を走っているようだった。全米の子供たちが、このショットを真似ようと、舌を突き出しつつフリースローラインから思いきりジャンプした（後日、ジョーダンは、かみ切る恐れがあるので舌を出すのはやめるように、と子供向けに警告した）。翌日の夜には、エキシビション試合で四〇ポイントを決め、ジョーダンはオールスターMVPに選ばれた。ブルズはその年の東部コンファレンス決勝には進出できなかったものの、ジョーダンはリーグの得点王、守備王、さらには初のMVPを獲得し、シーズンを締めくくった。

打った手がすべて正しかったことが、エア・ジョーダンⅢの販売実績で裏付けられた。この靴の成功もあって、一九八八年のナイキは売り上げ一二億ドルを達成した。それまでしばらく続いていた収益の低調、リストラ、レイオフ、コスト削減の連鎖から、ようやく脱却できたわけだ。後継モデルの「エア・ジョーダンⅣ」にも、同じ体制で臨んだ。すなわち、ハットフィールドのデザイン（今回は第二次世界大戦の戦闘機から着想を得た）に、リー監督のCM（マーズ・ブラックモンに加え、『シーズ・ガッタ・ハヴ・イット』の主人公ノーラがカメオ出演[16]）。さらに、アカデミー賞にノミネートされたリーの新作映画『ドゥ・ザ・ライト・シング』でもこの新製品が使われた。[17] コート上のジョーダンも、圧倒的なパフォーマンスを見せた。シューズと選手の両方を売り込むナイキの手法が成功したことを受けて、ライバル他社も「ジョーダン効果」の模倣を試みた。

おおぜいのスター選手がいろいろな製品を宣伝するようになり、大衆は、スニーカーの種類の豊富さをいままで以上に明確に認識した。なにしろ、お気に入りのアスリートたちが、まずはコート上で、続いてコマーシャル上で競い合っていた。そのあと数年間は、気まぐれな消費者を自分たちのブランドのファンに取り込もうと、各社がさまざまな角度からアプローチした。日常生活のなかでも、トレーニングやスポーツをするときも、自分なりのファッションを見せつけたいときも、つねに靴が大きな役割を担うと訴えた。この方向性が続き、もはや軍拡競争の様相を呈してきて、スニーカーは代を重ねるごと進化していった。

結局、マイケル・ジョーダンは永遠に「ナイキの顔」としてとどまった。

第14章

ブランド間の攻防

一九九一年二月九日、ディー・ブラウンはシャーロット・コロシアムのロッカールームで靴紐を結んでいるとき、このあと自分がセンセーションを巻き起こすとは思っていなかった。身長は一八五センチで、NBAの選手としてはそう高いほうではなかったが、二二歳の彼は、いくつかの武器を持っていた――大きな手、長い腕、新しいリーボック・ポンプス。

各シーズン中の週末、NBAはバスケットボールのありとあらゆるお祭り企画を開催する。一九五一年から始まったオールスターゲームを筆頭に、ファンサービスのイベントが増えていった。引退した往年のスター選手がコートに戻ってくることもある。はるか彼方からスリーポイントシュートを放つコンテストも行なわれる。日曜日のオールスターゲームの前夜には、スラムダンクコンテストが開かれる。まるでフィギュアスケートのように、各選手が独創的なスタイルのダンクを披露し、たいがいは過去のスーパースターたちが審査員になって、主観にもとづく採点を行なう。ダンクは一九六〇年代から七〇年代にかけて一〇年近く禁止されていたが、いまや、野球のホームランに相当する、華やかな点の取りかたになり、みごとに決めれば喝采を浴びる。

ブラウンは、ほかの七選手とともにこのスラムダンクコンテストの出場権を得た。ボストン・セルティックスの新人ポイントガードだった彼は、まだ人気者にはほど遠かった。その点、シアトルのショーン・ケンプは堂に入っていて、有力な優勝候補だった。かなり離れたところからボールを空中へ放り、フリースローライン付近でいちどバウンドさせたあと、跳び上がってボールをつかんだ。リングの位置が目の高さに合ったあたりで、一本目のダンクを力強く決めた。大歓声を上回るほどの音を立てて、リングが震えた。

ブラウンの番が来て、アナウンサーたちはめいめい思うがままのコメントをしていたが、ブラウンのしぐさを見て、一瞬、何事かと黙り込んだ。ブラウンは身をかがめて、履いている黒いハイトップのベロに描かれたオレンジ色のバスケットボールを何度も押していた。

「どうやら、ポンプでシューズを膨らませているんですね！」とひとりのアナウンサーが言った。

「ああ、なるほど」と相方がこたえた。

「うまくいけば一〇〇万ドルの契約が転がり込むかも」

ブラウンはケンプを真似て、スリーポイントシュートのラインの外側に立ってボールを宙へ投げ、一回バウンドしたボールを両手でつかむと、頭の後ろでバスケットに叩き込んだ。

終わると、彼はふたたび身をかがめて、膨張ボタンの隣にあるバルブを押し、シューズをゆるめた。後ろ向きのダンクがおおいに受けて、ブラウンは第二ラウンドへ進んだ。彼はあらためて、靴のポンプを何度も押すパフォーマンスを見せ、その足元がカメラで大写しになった。勢いよくドリブルしながら走り、両腕を大きく振りかぶって、またも後ろ向きダンクを成功させた。

ブラウンとケンプはともに最終ラウンドへ進出した。優勝を賭けて最後のダンクに向けて動きだしたとき、ブラウンはまだ、どうすれば勝てるのか迷っていた。「リングのそばまで行くと、たとえ目をつぶってみせても、観客には見えないでしょう。テレビでもわからないかもしれない」[1]と彼は数年後のインタビューで語っている。「走りながら思いついたんです。目を閉じるだけじゃなくて、目隠ししてみせればいい、腕で隠してみよう、とね」[2]

ブラウンは、フリースローサークルの端で跳び上がり、顔を下に向けたかと思うと、片腕で目の前を覆った。その姿勢のまま宙を移動してバスケットに近づき、空いているほうの手でボールをネットに突き刺した。

アナウンサーが叫んだ。「おっとまあ、とびきりのトッピングサービス付きだ！」

別のアナウンサーは思わず吹き出した。勝者は明らかだった。即座に特許取得の「目隠しダンク」を編み出したルーキーを祝福するため、ケンプがブラウンのもとへ駆け寄った。

その晩の二次会で、ブラウンは大人気だった。セルティックのファンがサインを欲しがったのは、ラリー・バードでもロバート・パリッシュでもケビン・マクヘイルでもなく——そう、ブラウンだった。さらに夜が更け、いつの間にやら、大物スターたちとVIPルームにいた。マジック・ジョンソン、チャールズ・バークレー、そしてもちろんマイケル・ジョーダン。

ふと気がつくと、ジョーダンとふたりきりだった。ジョーダンの活躍で、ブルズはその数カ月後にファイナル初優勝を遂げ、続く黄金期に計六回も優勝することになる。

「おい、さっきは素晴らしかったな。若いくせに、たいしたショーだった」とジョーダンがブラウンに話しかけた。「でもな、おまえのせいでシューズ戦争が始まったぞ」[3]

ジョーダンの言うとおりだった。いや、戦争そのものはもっと前から始まっている。コンバースやケッズのころから、ダスラー兄弟がバイエルンの小さな町を二分する前から、靴の戦争は続いてきた。ただ、従来とは様相が変わってきており、ジョーダンはそれを指摘したのかもしれない。つまり、年を追うにつれ、アスリートたち個人が戦いに深く関わりつつあるようだった。スニーカーであれハンバーガーであれ、商品の宣伝役を引き受けるからには、金銭上の結びつきだけで済むものではなく、その商品に忠誠を誓うことになる。優勝回数、勝利数、各種の統計と並んで、コマーシャルや製品が、アスリートを互いに評価する指標になった。大衆も、ブルズやセルティックスのファンであることを公言するのと同じように、ナイキ、リーボック、アディダス、コンバースへの忠誠を宣言した。

さらに、もっと直接的な対決の火種がくすぶりつつあった。ナイキが、自分たちの縄張りにリーボック・ポンプが入り込んだことを不快に思い始めていた。

＊　＊　＊

一九七九年、シカゴで開催された製品展示ショーの会場へ足を踏み入れたとき、ポール・ファイアマンは、女性のスニーカー産業を活性化させようとも、膨張式のバスケットスニーカーをつくろうとも思っていなかった。彼は三五歳で、キャンプ用品や釣り用品の販売業者だったが、新しい仕事を求めていた。一方、リーボックのオーナーであるジョー・フォスターは、社のあらたな方向性を求めていた。ふたりはこの全米スポーツ用品協会の展示ショーで顔を合わせ、ともに、求めていたものを発見することになる。当時のリーボックは、まだわりあい小さなイギリスのブランドで、カスタマイズ可能なスポーツシューズに力を入れており、米国ではほとんど無名だった。フォスターと話し合ったすえ、ファイアマンは、リーボック製品を米国でライセンス販売してみようと、六万五〇〇〇ドルの契約を結んだ。べつに、業界をひっくり返すような気はなかった。「わたしの目標は、小さいながらも信頼の置ける、優良企業をつくることでした。年に二、三週間の休暇が取れて、子供たちを学校へ行かせるお金に困らなければ、それで満足だったんです」[4]。数年後、彼はそんなふうに述べている。しかしやがて、ナイキ、アディダス、さらにはコンバースにも匹敵するような成功の道をたどることになった。

ジョー・フォスターの祖父、ジョセフ・ウィリアム・フォスターは、一四歳だった一八九五年、スパイク付きのランニングシューズを自室で手づくりし始めた。イギリスの地元ボルトンで、ランニンググループに所属していたからだ。後日、靴職人である祖父の工房を訪れたとき、クリケットシューズのペグの形状によってトラクションに大きな違いが出るのを目の当たりにした。やがて一九世紀の終わりごろ、彼はスパイク付きの「ランニング用パンプス」を完成させ、販売のためにみずから会社を設立して、その後、息子たちと共同経営の体制を整え、社名を「J・W・フォスター&サンズ」とした。また、製品の需要が伸び続けたため、本格的なスポーツシューズ工場を建て、アスリートがその工場を訪れれば、ランニング用やクリケット用のカスタムシューズを試着できるようにした。一九二四年のパリ・オリンピックでは、短距離走の金メダリストたちがフォスターの靴を履いていた(そのようすは映画『炎のランナー』でも描かれている)。一九五八年には、創業者の孫ふたりが独立して関連会社のリーボックをつくり、二〇年後、もとのJ・W・フォスター&サンズを吸収した。

ファイアマンは、「小さいながらも信頼の置ける、優良企業」と口にしながらも、リーボックのアメリカ支社を成長させようと大きな夢を持っていた。一九八一年には、同年公開の映画『炎のランナー』の追い風を受けられるのではと期待して、ランニングシューズの最上位モデルを三つ発売した。以前のフィル・ナイトと同じように、車のトランクにシューズを積み込んでレース会場をめぐり、選手に試用してもらった。リーボックUSAの一九八一年の売上高は一五〇万ドルに達したものの、ファイアマンはまだまだ安心できなかった。資金繰りが苦しく、現金の調達がままならなかった。その年、持ち株の過半数を投資グループに七万七〇〇〇ドルで売却したが、これは当時のナイキの歳入の一パーセントにも満たない額だった。[5]

しかし数年後、リーボックはきわめて適切なタイミングでエアロビクス用シューズを開発し、一九八八年には売上高一七億九〇〇〇万ドルにまで成長。[6]一二億ドルのナイキを抜いた。

リーボックの歴史には、ナイキといくつか類似点がある。両社とも、国外の企業のアメリカ支部という役割を果たして業界内の足場を固め、そのあと新しいタイプの靴を開発、販売して成功を収めた。ただ、経営トップの人物像が異なる。フィル・ナイトは週に三〇キロ以上走るのが習慣で、オークリーのサングラスをかけ、執務室へ入る際には和室でもないのに靴を脱ぐ。一方、ファイアマンは、執務室のドアを開けたまま仕事をし、好きなスポーツはゴルフだ。

このスニーカー界の大御所ふたりが顔を合わせたことは、たった一回しかない。一九九三年の全米オープンだ。ほんの一五分ほど、歓談を交わした。あるナイキ幹部によれば、イスラエルのラビン首相とＰＬＯのヤセル・アラファト議長が会談したのに似ていたらしい。

「褒められた話ではないだろうけれど」とナイトは言う。「要するにわたしは、ライバルを好きになりたいとは思わないんだ」[7]

ファイアマンは、ナイトについてこう語った。「試合を終えたあと、わたしなら相手と握手して別れる。しかし彼の場合、墓穴にスコップで土をかけるだろう」[8]

和平を結ぶチャンスがもしあったとしても、一九八六年には完全に消えた。その年、リーボックがナイキを抜いて米国市場トップに立ったのだ。バスケットボール分野では、ジョーダンとエア・シリーズの人気でナイキが気勢を上げたものの、リーボック・フリースタイルやその後継モデルが、全国的なブームを引き起こした。フィル・ナイトは、リーボックに地位を逆転されたうえ、ロブ・ストラッサーがアディダスに移籍してしまい、大きな打撃を受けた。

一方のファイアマンも、ナイキが二位の座に甘んじたままおとなしくしているはずがない、とわかっていた。フィットネスブームはすでに頂点を過ぎており、リーボックが首位をキープするためには、もう一つの急成長分野であるバスケットボールシューズを手がけるしかなさそうだった。一九八〇年代の後半、ファイアマンは、社内の「先進コンセプト」チームの責任者ポール・リッチフィールドに、バスケットボールシューズの開発を命じた。

リッチフィールド率いる研究開発チームは、ほんの五、六名からなる集団だった。リッチフィールド自身は、グッドイヤーやデュポンに勤めた経験があり、工学的な観点から靴のデザインに取り組んでいた。ほかのメンバーが見栄えを改良するとはいえ、最終判断はリッチフィールドが下す。リーボックが少し前に買収したスキー靴メーカーが、新しい発想の原点になった。そのメーカーの靴にはエアバッグが組み込まれており、手動ポンプの要領で空気を入れて膨らませ、フィット感を調節できる仕組みになっていた。リッチフィールドは、ナイキがランニングシューズやバスケットボールシューズにポリウレタン製のエアバッグを組み込んで成功したことを考えた。空気は軽い。空気は柔らかい。空気は見える（ある意味で）。目を惹くデザインとマーケティングを組み合わせれば、新発想の強力な製品になるかもしれない。

エアバッグ内蔵の靴は、じつはだいぶ前から存在していた。リーボック・ポンプの先祖といえそうな靴が特許を取得したのは一八九二年、すなわち九〇年近く前だった。とはいえ、リッチフィールド率いる開発チームは、ゼロから設計に取りかかった。かつて消防士だった経験があるリッチフィールドは、血圧計になじみが深く、あの腕帯に使われている空気注入式のエアバッグの仕組みを応用できないか、と思いついた。[9] この着想にもとづいて、膨らませることができるエアバッグでミッドソールをくるんでみた。また、ビニールプールに利用されているようなエアバッグ素材ではなく、点滴バッグや輸血バッグなどの医療用品向けの素材を採用した。開発が難しかったのは、空気を注入するためのメカニズムだ。コートへわざわざポンプを持って行く人はいないだろうから、シューズに内蔵しなければいけない。初期の試作品は、歩くうちに自然に膨らむ方式だったが、近隣の学校でテストしたところ、評判が良くなかった。子供たちは自分の手で靴を膨らませたいのだった。別の試作品では、かかとの部分にポンプを、側面に圧力放出バルブを組み込んだが、見た目が悪すぎてだめだった。やがて、靴のベロにポンプを取りつけ、オレンジ色の小さなバスケットボールのような見かけにして目立たなくする、という独創的なアイデアにたどり着いた。

それが一九八九年の初めで、至上命令が二つあった。一つは、クリスマスまでに完成品を売り場の棚に並べること。もう一つは、まともに機能する靴を仕上げることだ。ポンプがうまく作動しなければ、宣伝が台無しになってしまう。一足一七〇ドルと高めの価格だから、なおさらまずい。そこで、製造工程では、念には念を入れた。米国製のエアバッグを、製造の三時間後にテストし、二四時間後に再テストしてから、韓国の靴工場へ送った。工場に到着した時点で、膨らませて二四時間放置。エアバッグを靴に縫いつけた段階で、あらためてテスト。靴が完成したあと、もういちどテスト。工場からの出荷前にも、最終テストを行なった。

初めはひたすら手作業で膨らませていたが、韓国工場のある従業員の発案により、縫製用の機械を改良して、何千足もの靴を自動的に膨らませることができるようにした。ところが、この安易な改良がわざわいして、空気注入メカニズムが折れ曲がって靴に組み込まれてしまった。工場側はそれに気づかず、できあがったものをマサチューセッツ州にあるリーボックの流通センターへ送った。

届いた靴を検査した流通センターの従業員は、パニックに陥った。あわててリッチフィールド本社に電話をかけ、大量の靴が不良品であることを伝えた。

「大変だ、靴が膨らまないぞ」[10]。現場からリッチフィールドに報告が入った。

「何だって？」

「膨らまないんだ、どの靴も」

「何かの間違いだろう」

リッチフィールドは、たまたま不良品に当たっただけに違いないと思いつつ、配送センターへ出向いた。次々に箱を開けてみたが、どれも結果は同じだった。八〇ないし九〇パーセントの靴が機能しなかった。

「あやうく、漏らしそうになった」とリッチフィールドは振り返る。

リッチフィールドをはじめ五、六人が、縫製のための部屋にこもって、スニーカーのベロの縫い合わせをほどき、ポンプを引き抜いて新しいものと交換し、ふたたび手で縫い直した。そうやって三、四〇〇〇足のスニーカーを完成させた。苦労のかいあってクリスマスに間に合い、靴は商品棚に並んだ。

リーボック・ポンプは画期的で、スニーカー内部の空気の量をコントロールして自分の好みのフィット感に調節できる――少なくとも宣伝はそううたっていた。初期の広告では、当時のバスケットボールのスターたちが、ポンプを何回くらい押すと具合がいいかをめいめい述べている。ドミニク・ウィルキンス＝一五回、ダニー・エインジ＝二〇から二五回、コーチのパット・ライリー＝五、六回。テニスのスター選手、マイケル・チャンを大きく扱った雑誌広告では、彼の好みについて細かな数値を並べた。ガットのテンション（六四ポンド）、グリップのサイズ（G４）、靴のポンプ（左足一六回、右足二一回）。リッチフィールドは、一九九一年のスラムダンクコンテストを自宅でビールを片手に観戦していた。ディー・ブラウンが靴を膨らませるのを全米生中継で目にして、これこそ金では買えない広告だ、と悦に入った。リーボックの誰ひとり、ブラウンがそんなパフォーマンスをやるとは知らなかったらしい。

リーボックはみずからの勝利だけでは満足せず、ナイキを敗北させたかった。リーボック・ポンプの広告キャッチフレーズ「ポンプ・アップ、そしてエア・アウト」は、空気を入れたり抜いたりするメカニズムをさすだけでなく、「これからはリーボック・ポンプ。ナイキ・エアよ、さようなら」という意味が込められていた。その証拠に、テレビCMでは、ドミニク・ウィルキンスが左手にリーボックを持ち、右手のナイキを投げ捨てた（ウィルキンスは、スポーツニュースのハイライトシーンに取り上げられそうなダンクを連発することから「ヒューマンハイライトフィルム」の異名を持ち、ナイキ・エアの広告塔として有名だった）。とりわけ敵意に満ちていたのが、一九九〇年のスポットCMだ。ふたりの男性がバンジージャンプに挑む。ひとりはナイキ、もうひとりはリーボックを履いて、橋の上からジャンプ。すると、リーボックを履いた男は無事だが、ナイキの男は姿が消えてしまう。最後に、脱げた靴だけがバンジーコードからぶら下がっているようすが映し出される。このCMは一九九〇年のNCAAトーナメント中に一回流れたものの、その後はCBSに放映を拒否された（子供を持つ視聴者から苦情が殺到したため、リーボックもあきらめた）。

ナイキも対抗し、空気注入式のシューズ「エアプレッシャー」を発売した。コンセプトはリーボック・ポンプと似ている（一七〇ドルという驚くべき高価格も同じだった）が、ナイキの靴はポンプ機能を内蔵しておらず、専用のポンプを持ち運ぶ必要があった。どの特徴をとってもリーボックのほうが上で、ナイキ・エアプレッシャーは静かに姿を消していった。

その後、四〇億ドル規模のスポーツシューズ市場において、ナイキは僅差でリーボックを抜いて首位を奪還した（一九九〇年の時点で、両社が市場シェアのほぼ四分の一ずつを占めていた）。リーボックには、ジョーダン効果ほど強力なメディア戦略はなかったものの、ディー・ブラウンの即興パフォーマンスにより、話題性を生み出せる（少なくとも話題性を利用できる）ブランドであることを実証した。新しいタイプの靴、新しいマーケティング戦略、新しいアスリートの登場が相次ぎ、シューズ戦争の決着はまだまだ付きそうになかった。

＊　＊　＊

「冗談だろ？」とジョン・マッケンローは抗議した。「ふざけないでくれ！」[11]

一九八一年のウィンブルドン大会の一回戦。主審はマッケンローのサーブを「アウト」と判定した。マッケンローは両手を挙げ、声を荒らげて不満を示した。彼のいつものポーズだ。

「ボールは線上に落ちた。白い粉が飛んだじゃないか。どう見たってインだった。いったいどうしてアウトなんだ？」

度を超した抗議（と、審判を「世界最低の節穴」となじったこと）により、マッケンローは罰金を科された。もっとも、どうということはなかった――最終的にシングルスで優勝し、巨額の賞金を手にしたのだから。彼は若くて才能があり、激しやすい性格だった。つまり、ナイキがアスリートに求める条件をまさに兼ね備えていた。

マッケンローは一九七八年にナイキと契約を結んだ。「悪童」と呼ばれた彼は、観客の心をつかみ、試合に勝つ方法を知っていた。ナイキは、彼がしょっちゅう腹を立てて汚い言葉を吐くのを利用して、「マッケンローはこう罵った」「マッケンローの好きな卑語」などのタイトルで広告を出した。マッケンローは、最初の子供が産まれて一時休んだあと、一九八六年に復帰することにした。すでにグランドスラムで七回優勝しており、二七歳を迎え、大会出場のキャリアは最終段階に近づいていた。彼はナイキに連絡して、足にあまり負担のかからない靴をいくつか送ってくれと頼んだ。数種類のテニスシューズに加え、試作段階の靴も届いた。その試作品をマッケンローに送ることは、デザイナーのティンカー・ハットフィールドも知らされていなかった。

従来とは一線を画すシューズだった。テニス用というより、いろいろなスポーツに使える万能型の新しいデザインだった。当時は、ジョギングやエアロビクスのブームが下火になり、エクササイズが多様化していた。かといって、ジムに通うとき何種類もスニーカーを持っていくわけにもいかない。そこでナイキのデザイナーは、ウエイトリフティングからランニング、そしてもちろんテニスまで、各種のアクティビティに適したシューズが必要だと考えたのだ。のちに「エア・トレーナー1」と呼ばれるこのプロトタイプの最も大きな特徴は、甲の部分に一本、ベルクロのストラップがあり、足をしっかり固定できるように見えることだった。黒、白、グレーの三色模様に緑のアクセントが入っているのは、ジムのトレーニング器具をイメージしたものらしい。
「いちど履いたとたん、「ああもう、これしかない」という感じがしたよ」とマッケンローは話す。「「これを履くにかぎる。これで試合に出なきゃ」とね。そのくらい、しっくりきた」[12]。大会ではまだ着用しないでほしいと言われていたにもかかわらず、彼はこれを履いて、復帰戦で勝利を収めた。一九八六年にバーモント州で開催されたボルボ・インターナショナルのダブルスだ。パートナーはピーター・フレミングだった。マッケンローがこの靴でプレーしているのをテレビで見て、ハットフィールドは驚いた。
「彼が着用すると知らなかったから、唖然とした。誰も知らなかったんだ」とハットフィールドは言う。「テニス用のシューズではなかったし、だいいち、まだ披露するつもりはなかった」[13]。大会後、マッケンローは靴を返却するように言われたが、断固として拒否した。「あんたらがつくったテニスシューズのなかで、ぴかいちだぜ」[14]
品が悪いながらも率直なその言葉を受けて、ナイキは翌年に製品化し、一般発売した。

＊　＊　＊

「ミージェネレーション」とも呼ばれる一九七〇年代から八〇年代にかけてのベビーブーム世代は、自己改善と健康にとりわけ関心が高いことで知られる。

それだけに、「アスリート」の定義が広がり、人気選手の顔ばかりに頼らない広告も可能になってきた。マイケル・ジョーダンやラリー・バードのような有名人のみならず、一般消費者もスポーツ用品、とくにスニーカーの宣伝に大きく貢献するようになった。広告にスーパースターが必要とはかぎらないことは、思い起こすと、数十年前にビル・バウワーマンがニュージーランドでジョギングをした時点ですでに明らかだったのかもしれない。ニュージーランドのジョギング愛好者たちは、オリンピック出場をめざしていたわけではなく、ジョギングという行為そのものに惹かれていた。ユージーンでバウワーマンのもとへ最初に集まった人たちにしても、多くは「ふつうの人々」であり、「オレゴンの男」のようなスポーツ専攻の若者ではなかった。バウワーマンの口癖を借りるなら、「からだされあれば、誰もがアスリート」[15]なのだ。

一九八七年のナイキのCMでは、スター選手も一般人も等しくスポーツにいそしむようすが、モノクロのモンタージュ映像で描き出された。ビートルズの「レボリューション」をBGMに、さまざまな人たちがランニング、バスケットボール、テニス、サイクリング、さらには単純なウォーキングなどで汗を流す姿が映っていた。ジョン・マッケンローも、小さなナイキを履いて笑顔で歩道を走っていく幼い子供も、同じ重みで扱われていた。ナイキ・エアの広告であることは二の次で、ナイキが売り込もうとしたのは、靴ではなく、「あなたにもできる」というメッセージだった。あなたがこの靴を買うのは、特定のスター選手が履いているからではない、と訴えていた。あなたがすでにスターだからだ、と。

ポール・ファイアマンは、最初にCMを見たとき、「やられた」[16]と思った。リーボック・ポンプが発売されるのはまだ二年後のことだ。適切なメッセージを発信しなければ、すぐにナイキの後塵を拝するはめになる、とファイアマンは悟った。ただちにレボリューション、すなわち革命に参加しないと、退屈な時代遅れになってしまう。

「あなたにもできる」という理想主義は、唐突に生まれたわけではない。一九八〇年代後半、テレビCMはしだいに洗練されてきた。売り込みたいのが商品であれ、人であれ、アイデアであれ、視聴者の感情に訴えるようになった。一九八〇年のスーパーボウルの最中に流れたコカ・コーラのCMは、ピッツバーグ・スティーラーズのディフェンスタックル選手、ミーン・ジョー・グリーンを主人公にすえていた。グリーンが足を引きずりながら、力なくロッカールームへ向かっていく。それを見た男の子が、僕のコーラをあげるよ、と言う。コーラを飲んだグリーンはたちまち笑顔になり、お礼の品として自分のジャージを男の子へ投げる。コカ・コーラは友情の架け橋、というわけだ。

印刷広告も路線を変更した。選手が跳んだり走ったりする写真をやめたわけではなかったが、新しい消費者に向けて、なぜあなたにもギミックなエアクッションが必要なのかを伝えなければいけない、とメーカー各社は判断した。ナイキは三枚組の図で説明を試みた。一枚目には、エアマックスを履いた足のかかとが衝撃を受けるようす、二枚目には、エアクッションが衝撃を吸収するようす、三枚目には、シューズの反動力で次の一歩を踏み出すようすが描かれていた。さらに、社内のスポーツ研究所が作成した棒グラフが添えられ、エアマックスがコンバース・ウエポンなどのライバル製品より優れたクッション技術を備えている点も強調された。デジタル時代の幕開けに伴い、定量分析が可能になったため、広告を眺めるスポーツ愛好者に科学の力で訴え始めたわけだ。

一九六〇年代の広告業界人は、こうした要素をまとめて「ビッグ・アイデア」と呼んだ。マーケティングキャンペーンをひとことで要約すればどうなるか？　ブランドとして消費者に何を訴えたいのか？

ナイキの「ビッグ・アイデア」は、よりによって、死刑囚の最後の言葉に由来する。一九七七年、強盗殺人で有罪となったゲイリー・ギルモアは、複数人による銃殺刑をあえて希望し、執行直前「レッツ・ドゥ・イット（さあ、やろう）」と言った。その言葉、とくに後ろの二つの単語が、ワイデン＋ケネディの共同創設者であるダン・ワイデンの記憶に長らく引っかかっていた。ナイキが一九八八年に新しい企業スローガンを決めるとき、ワイデンの脳裏にそれがよみがえり、「ジャスト・ドゥ・イット（行動あるのみ）」というフレーズが思い浮かんだ。

ナイキの旗揚げ当初のキャッチフレーズは「ゴールはない」だったが、「ジャスト・ドゥ・イット」は違う角度から消費者に語りかけた。ジムに行ったりジョギングを始めたりすることを先延ばしにする人々に、行動を起こそう、と呼びかけたのだ。「するとみんな、自分がそれまで後回しにしていた事柄や避けてきた事柄すべてに、この言葉を当てはめました」。当時ナイキのマーケティング責任者だったリズ・ドーランは、そんなふうに振り返っている。「ある女性から届いた手紙には「おかげでやっと、ろくでなしの亭主と別れられました」と書いてありました。「ジャスト・ドゥ・イット」という助言に従って、離婚に踏みきったのです」[17]

＊　＊　＊

マイケル・ジョーダンと契約して、ナイキは世界屈指の人気アスリートを味方につけたわけだが、こんどは「ジャスト・ドゥ・イット」という、史上屈指の有名なスローガンを武器にした。

この二つを組み合わせたら、どうなるだろう？

ボー・ジャクソンは、非の打ちどころのないアスリートだった。もし記録映像が残っていなかったら誰も信じないような、超人的なことをたびたびやってのけた。あるときは野球選手として、バットを腿で（あるいはヘルメットをかぶった頭で）へし折ったり、外野の壁をよじ登ってフライをキャッチしたりした。またあるときはアメリカンフットボール選手として、ラインバッカーなどいないかのようにサイドを駆け上がった。ジョーダンのスター性に肩を並べる、あるいはそれを上回る選手がいるとすれば、間違いなくボー・ジャクソンだろう。彼は、アラバマ州の田舎で一〇人兄弟の八番目として育ち、一九八二年にニューヨーク・ヤンキースからドラフト指名されるも断って、オーバーン大学へ入学し、野球だけでなく陸上やアメリカンフットボールにも打ち込み、カレッジフットボールの年間ＭＶＰに当たるハイズマン賞を獲得した。大学卒業後は、カンザスシティ・ロイヤルズに外野手として入団し、それと並行してロサンゼルス・レイダーズのランニングバックとしてもプレーした。二つのプロスポーツで同時に活躍した選手は、現代で初めてだった。

ジョーダンを親しみやすい有名人に仕立て上げたのと同じ広告代理店が、超人ジャクソンについても同じ魔法を試みた。もっとも、ジョーダンのバスケットボール用スニーカーは、コートから街へ、ごく自然に普及させることに成功したものの、二つのスポーツをこなすジャクソンの場合、はたしてどんな戦略を使えばいいのか？　広告代理店ワイデン＋ケネディは、ジャクソンの万能の運動能力と、ナイキのここ最近の試みとを組み合わよう、と決めた。

一九八九年のテレビＣＭキャンペーンでは、「ボーはバスケットボールを知っている」（ジョーダン）、「ボーはテニスを知っている」（マッケンロー）、「ボーはランニングを知っている」（ジョーン・ベノイト）と、ナイキと契約中のアスリートたちから称賛を受けつつ、ジャクソンがさまざまなスポーツに挑戦する姿が映し出された。しまいにはジャクソンがエレキギターを弾き始めるが、ブルースミュージシャンのボ・ディドリーが「（同じファーストネームだからって）ディドリーは知らないだろ？」とたしなめる、というオチで終わる。この「ボーは知っている」広告キャンペーンは、ジャクソンがあらゆるスポーツに活かせるシューズはナイキのクロストレーナーだけだと暗に訴えていた。

マッケンローお墨つきのシューズが市場に受け入れられたため、ナイキはクロストレーニング向けに一気に力を入れた。靴そのものは、リーボック製品に代表される「フィットネススニーカー」の強化版にすぎなかったが、ナイキは「レボリューション」のCMや「ジャスト・ドゥ・イット」のキャッチフレーズをうまく使って、「誰もがアスリート」というスポーツ推進ブームの波に乗った。リーボック・フリースタイルは、おもにエアロビクス——すなわち、コートやフィールドやトラックのない場所で行なうフィットネス——向けだったから、どちらかといえば、本格的なスポーツの枠から外れた用途を意識した靴だった。一方、ナイキのエア・トレーナーは、北米の一般の人々が行なうあらゆるスポーツに向けられていた。

「ボーは知っている」キャンペーンの成功を受けて、ティンカー・ハットフィールドは、「エア・トレーナー3」の設計にあたり、ジャクソン本人からインスピレーションを得た。「有名アスリートを念頭に置いた靴づくりには楽しい一面があって、まるで現実の靴のパロディーをデザインしているような気持ちになる」[18]とハットフィールドは語っている。「するとこんどはボー・ジャクソンの番になった。超人的な人物で、誰よりも速くて強い。なんだかアニメのキャラクターみたいに思えたよ」。実際、ジャクソンは一九九一年の土曜朝のアニメ番組『プロスターズ』にアニメのキャラクターとしてレギュラー出演していた。[19]この番組は、犯罪と戦うスーパーヒーローのアスリートたちを描いていて、ほかにマイケル・ジョーダンやウェイン・グレツキーも登場する。「ボーは知っている」のひとことを活かしたジョークが、ほぼすべてのエピソードに出てくる。もちろん、このフレーズはほかにも、じつにたくさんのところで使われた。たとえばシカゴ交響楽団も、宣伝に「弓《ボー》は知っている」という言葉を入れた。[20]

後れを取るまいと、ほかのブランドもクロストレーニング用シューズ市場へ参入したが、成功例もあれば失敗例もあった。リーボックにいたっては、この市場分野の定義に反して、「テニス用クロストレーナー」や「バスケットボール用クロストレーナー」を発売した。

「ボーは知っている」ブームが頂点に達しているさなか、ジャクソンのキャリアは突然、断ち切られた。二八歳のときだった。一九九一年一月の試合で、一見ありふれたタックルを受けた際、右臀部の関節を脱臼したのだ。レイダーズに解雇され、ロイヤルズにも解雇された。しかしナイキは彼を手放さなかった。すでになかば伝説的な存在になっていたせいもあるだろうが、いずれにしろ、いくら腰が悪かろうが、靴は履ける。あるCMは、ジャクソンがジムで必死にリハビリに励むようすを伝えた。そのかたわらにいるコメディアンのデニス・リアリーが、視聴者を挑発した。「で、腰がぴんぴんしてるあんたらは、いま何をやってるんだ？　……コマーシャルを眺めてやがる！」

＊　＊　＊

一九九二年にスペインのバルセロナで開催されたオリンピックは、あらゆる主要シューズブランドにとって、願ってもない戦場だった。この大会のころには、「アマチュア選手のみ出場可」という条件がようやく緩和され始め、プロのバスケットボール選手が参加できることになったからだ。期待どおり、米国は、国際的な知名度を誇る才能豊かな選手たちを集めて「ドリームチーム」をつくることができた。メンバーはめいめい、自分が広告契約を結んでいるスニーカーを履いた。

ナイキ組が、マイケル・ジョーダン、チャールズ・バークレー、デビッド・ロビンソン。コンバース組は、ラリー・バードとマジック・ジョンソンだった。米国チーム内にはリーボック、アディダス、プーマを履く人はいなかったものの、やや小さなブランド、たとえばLAギア、アヴィア、パトリック・ユーイングのシグネチャーモデルを着用する選手はいた。その昔、バスケットボールがオリンピック公式競技になった一九三六年のベルリン大会では、米国の男子代表チームは全員がオールスターを履いて金メダルを獲得している。それとくらべると、隔世の感があった。

オリンピック代表のうち、ナイキ関連の有名人はほとんどがバスケットボール選手であることから、リーボックは、世間一般にはまだ知られていなかったふたりの十種競技選手——ダン・オブライエンとデイブ・ジョンソン——に力を入れて、オリンピック前の宣伝キャンペーンを展開した。ふたりとも金メダルの有力候補であり、陸上界では名の通ったスーパーアスリートをメディアの寵児に祭り上げれば、ドリームチームに勝るとも劣らない宣伝効果を生み出せるのでは、とリーボックはもくろんだ。もしどちらかが十種競技の金メダリストになったら、米国代表としては一九七六年のブルース・ジェンナー以来の快挙だ。十種競技の選手は、速く走る、長く走る、高く跳ぶ、遠くへ跳ぶ、さまざまな物体を投げるなど、多彩な種目に長けているわけで、クロストレーニング用シューズの最も良き理解者に違いない。つまり、ナイキが二刀流のボー・ジャクソンを擁すなら、リーボックはいわば十刀流の選手ふたりで勝負しよう、というわけだ。

この「ダン&デイブ」の広告キャンペーンには、八カ月間で二五〇〇万ドルが投じられた。「史上最高のアスリート」になるのはどちらだろうかと対決をあおる内容で、テレビCMスポットでは、ふたりの子供時代のホームムービーが交互に流れ、ダンの砲丸投げの記録やデイブの走り幅跳びの記録がナレーションで読み上げられた。ふたりとも、リーボックのマルチスポーツ用シューズの新製品「ポンプ・グラフライト」を推奨していた。

オリンピックの一カ月前、オリンピックでナイキを凌ぐというリーボックの野望は挫折した。オブライエンがオリンピック代表チームに入れなかったのだ。「世界一のアスリートが、バルセロナで決まる」[21]という広告メッセージの大前提が崩れてしまった。リーボックは急遽、戦略を練り直し、足の負傷にもかかわらず銅メダルに輝いたジョンソンに焦点を当てた。

しかし、リーボックにはまだ、せめてもの期待があった。オリンピック公式ユニフォームのデザインを担当していたからだ。バスケットボールのドリームチームは金メダルを確実に獲得するはずで、そうなれば、マイケル・ジョーダンやチャールズ・バークレーをはじめとするナイキの有名選手たちが、ライバル会社のロゴが入ったユニフォームを着て記念撮影するはめになるに違いなかった。選手はジャケットの着用を拒否できない。

「ライバル会社を支持するつもりはないよ」とジョーダンはコメントした。「自分のメーカーにとても強く忠誠を誓っている[22]」

「おれたちナイキがらみの選手は、ナイキに忠義を尽くす。だって、たくさん金をもらっているんだから」。バークレーはあけすけにそう言った。「リーボックを着ない理由は二〇〇万個ある」

彼らはメダル授与式への出席を拒否するのでは、との噂が広まった[23]。ナイキの本社に抗議の電話がかかってきた。「ユニフォームのロゴがどうのこうのだからって、国が誇るオリンピックスターが最高の栄誉を拒むのか」と。マスメディアの論調も厳しかった。「スポンサーに忠誠を誓うわりには、ジョーダンは、契約料を上積みされてコカ・コーラからゲータレードへ乗り換えたのではなかったか[24]」と『ニューヨーク・タイムズ』紙のデイブ・アンダーソンは指摘した。フィル・ナイトはＰＲの失敗を感じた。

「事態が深刻になってきた。マイケルと相談するしかない[25]」とフィル・ナイトは言った。

たび重なる交渉の結果、チーム全員がジャケットの襟を折ってリーボックのロゴを隠し、安全ピンで留めることで話がまとまった。ジョーダンとバークリーはさらに一歩踏み込んで、アメリカ国旗を肩から掛け、上半身を覆った。ジョーダンにいたっては、下半身まで星条旗をピン留めして、ウォーミングアップ用のパンツに縫い込まれた小さなリーボックのロゴを隠した。

もっとも、リーボックとナイキにとっては、靴をめぐる長い攻防の、ほんの一日にすぎなかった。

各社が気づき始めたのは、スニーカーに関して、売り上げとは直接関係のない側面でいざこざに巻き込まれるケースが増えてきたことだ。製品がどのように生産されているか、欲しいスニーカーを手に入れるために一部の人たちが何をするか――一九九〇年代、そういった社会問題が俄然、脚光を浴びることになる。

第15章

スニーカーの罪と罰

フィル・ナイトは、いらだった。[1]

街なかで不穏な動向が続いている。

つい先日、リーボックが、ポンプの特徴を受け継いだ新製品「ブラックトップ」を発売した。従来モデルとは違い、アウトドア向けのバスケットボールシューズと位置づけられており、ナイキにとって明らかに脅威だった。一九九一年のある朝早く、ナイトは、別の重役の執務室の扉に伝言メモを貼った。「このアイデアに対して、対抗上、われわれはどう反応すべきか？」[2]と書いてあった。重役はそのメモをはがして、ティンカー・ハットフィールドの製図台に置いた。いつものとおり、ハットフィールドはまだ出社していなかった。

　リーボックはまたもナイキを出し抜いて、なおざりにされていた市場分野へ参入したことになる。チャック・テイラーの時代から、バスケットボールシューズはおもに室内の木の床を念頭に置いてつくられており、偉大な選手たちを育んだ肝心の場所――舗道《ブラックトップ》や運動場――を無視していた。ナイキとしては、だいじな消費者層を見逃していたのも痛いが、ライバル会社、それもリーボックに先を越されたとなると、事は重大だった。

　ハットフィールドは、ニューヨークやロサンゼルスの屋外コートを訪れ、有名か無名かを問わず、アウトドアでバスケットボールをする人たちがシューズに何を求めているかを調べた。彼が見物した試合は、思った以上に荒っぽいファウルが多いうえ、選手と観客との距離が近く、濃密な雰囲気だった。ニューヨークで名高いラッカー・パークでは、コートの端から端までたったひとりの選手がドリブルでディフェンダーをかわし、ダンクを決める場面もあった。チームワークも大切ではあったが、観客を湧かせる単独プレーが目立った。アスファルトの上で激しい動きに耐えられる丈夫な靴が何よりも求められている、とハットフィールドは感じた。

その結果、彼が考え出した「対抗上の反応」は、厚いミッドソールと丈夫なアウトソールが特徴のシューズだった。横から見ると、かかとへ向かってソールが大きくせり上がっている。また、甲の部分では、二本の太いストラップが交差してX字形を描いており、まるで戦闘に備えて足をしっかり固定するかのようだった。ハットフィールドは、友達に妬まれてすぐ「ジャックされる(脱がされて奪われる)」ほどの靴、という意味で、「エアジャック」と命名したがった。当然ながら、このネーミングは幹部会議で却下され、代わりに「エアレイド」となった。この靴は一九九二年に売り出され、スパイク・リー監督によるCMも完成した。リーは、ゴールデンステート・ウォリアーズの新星ティム・ハーダウェイとタッグを組んだ。今回のリーは、マーズ・ブラックモン役ではなく本人役として登場。カラフルな幾何学模様の屋外コートを前に、観客たちに囲まれながら、ハーダウェイのプレーを実況した。強風という屋外コートに特有の悪条件のもとでも、ハーダウェイはああやって余裕でジャンプショットを沈めることができる、と。リーが手に持った靴は、黒地にグレーのX字形ストラップが付いていて、そのあとすぐ公開される彼の新作映画『マルコムX』の宣伝ポスターかと見まがうほどだった。この映画は、以前の『ドゥ・ザ・ライト・シング』と同様、傑作と称賛された。

ニューヨークやロサンゼルスの住人にしてみれば何十年も前から見慣れてきた光景に、スポーツ関連の企業やマーケティング業者は、ようやく着目した。突然、ピザハットが「ストリートボール」と名づけたバスケットボールを四・九九ドルで売り出したかと思えば、一九九二年の映画『ハード・プレイ』は、カルフォルニアのアスファルトで覆われたコートを舞台に、バスケットボールを生業とするギャンブラーたちの物語を描いた。しかし、どのスニーカー会社も、新しいアイデアを求めて街に目を向けたにすぎず、路地裏で何が起きているかまでは関知したがらなかった。

＊　＊　＊

一九八九年五月二日の午後、一五歳のマイケル・ユージーン・トーマスは、メリーランド州ボルチモア郊外の小さな町フォートミードにある高校から、帰宅の途についた。二週間前に新品のエア・ジョーダンを買ったばかりだった。代金の一一五・五〇ドルは、小遣いと、父親からの援助で工面した。彼は毎晩、靴の手入れを欠かさなかった。部屋の目立つところに箱を飾り、レシートも記念に保管してあった。欲しがる若者がとても多い靴だと知った祖母から、学校には履いて行かないように忠告を受けた。

「あのねえ、おばあちゃん」と彼はこたえた。「僕からこの靴を奪おうと思ったら、僕を殺すしかないよ」

その火曜日、学校を出てから数時間後、トーマスは森のなかで裸足の絞殺体となって発見された。

間もなく、警察は、トーマスといっしょに下校するのを目撃されていた一七歳のジェームズ・デビッド・マーティンを見つけた。マーティンは、トーマスが購入したのと同じ赤いエア・ジョーダンを履いていた。自分の靴だと言い張ったものの、サイズが合っていなかった。彼は第一級殺人と強盗のかどで逮捕された。捜査当局は、真新しいエア・ジョーダンが殺人の引き金になったとの見方を明らかにした。

「これはわれわれの貧しい時代の表われだと思う」[3]と、郡の殺人課主任のトーマス・A・スーツ巡査部長は述べた。

しばらくして、シカゴ・ブルズの練習施設でワークアウトをする前に、マイケル・ジョーダンは鍵のかかった記者会見ルームにすわり、ジャーナリストから手渡されたトーマス殺害の記事を読んだ。

「信じられない」。ジョーダンは声を落とした。

マーティンは殺人罪で七年間服役し、一九九六年に釈放されたものの、いちどならず殺人を重ね、ふたたび収監された。[4]一九八九年当時の事件は、翌年五月発売の『スポーツ・イラストレイテッド』誌のカバーストーリーに取り上げられ、スニーカーやスポーツジャケットをめぐる殺人事件の記事の先駆けになった。扇情的な表紙イラストは、えび茶色のチームジャケットを着た男の肩から、白いエア・ジョーダンがぶら下がっている絵だった。何者かがそのシューズを片手でつかみ、もう一方の手に握った拳銃を背後から突きつけている。見出しはこうだった。「スニーカーと命、どちらをとるか？」

一九九〇年代には、この雑誌『スポーツ・イラストレイテッド』がスポーツ界に大きな影響力を持っていた。特集してもらえた選手は「一流」のお墨付きをもらったも同然だった。トップに取り上げられた問題は、全米に波紋を広げた。今回の記事の場合、スニーカーその他のスポーツ用品に関して暴力犯罪が多発、という実態が浮き彫りになった。マイケル・ユージーン・トーマスの殺害は、この種の事件の最初でも最後でもない。記事中には、スニーカーやジャケットに関連する暴行の事例がほかに一〇件掲載されていた。テレビも新聞もこの問題を取り上げ、原因追及の議論が白熱した。誰に責任があるのか？　製品をつくって宣伝した企業なのか？　製品の人気をあおった有名人か？　スラム街の殺伐とした空気か？　物質主義の欲望をここまで高めてしまった社会そのものが悪いのか？

「おれが靴やら何やらの広告に出たせいで痛ましい事件が起きるなんて、思いもしなかった」とジョーダンは語った。「あこがれの的になるのは誰だってうれしいけれど、子供たちが現実に殺し合うとなると……いろいろ考え直さないといけない」[5]

『ニューヨーク・ポスト』紙のコラムニスト、フィル・マシュニックは、ジョーダンとスパイク・リー監督を非難した。「みなさん、これは殺人だ」と一九九〇年のコラムに書いている。「しゃれにならない、ただの人殺し。たかがスニーカー欲しさ、ジャケット欲しさのせいで。わかるか、スパイク？　殺人だ」[6]

ふたりの著名な黒人セレブを名指しすることで、マシュニックは、スニーカー犯罪に人種問題の要素をからめた。リーとジョーダンがあまりにも高価な靴を売り込んで、ファン層である消費者を裏切り、手に入れるためなら殺人を犯すほどの心理に追い込んだ、とマシュニクは考えた。一九七〇年代、ＮＢＡバスケットボールは「黒人が多すぎ」[7]だから全国的な人気を集めるのは難しい、という主張があったのと、根本はどこか共通していた。

もう一つ指摘するなら、マシュニックは、リーとジョーダンの宣伝キャンペーンを思いついた広告代理店が白人主体の会社である点を無視していた。

リーは、マシュニックの批判に不快感を示した。

「アメリカ人の気質がマイケル・ジョーダンと（ジョージタウン大学のバスケットボールコーチである）ジョン・トンプソンと僕に左右されているなんて、荒唐無稽な言いがかりだ」とリーは反論した。「殺人の罪をスニーカーになすりつけるつもりか？」[8]

マシュニックのコラムについて、翌年、『プレイボーイ Playboy』誌のインタビューで質問を受けたリーは、さらにこう続けている。「黒人の若者が比重を置くべきところ、自分の人生の頼りにするところがおかしくなっていると思う。希望を見失っている。人生をスニーカーで定義してしまっている。あるいは、羊皮のコートで……。元凶はスニーカーでもコートでもない。僕たちは映画『ドゥ・ザ・ライト・シング』で問題をあぶり出そうと試みた。黒人の若い連中は、自分を失っている。ラジオ・ラヒーム（映画中で警官に殺される人物）――彼の人生はあのラジオだった。目に見えない存在。まわりから無視されている。でも、彼がラジカセでパブリック・エナミーの「ファイト・ザ・パワー」を大音量でかけていると、周囲の人たちは対処しなければいけない。あのおかげで、彼は存在を他人に気づいてもらえる。あれが自分の存在価値になった」[9]

『スポーツ・イラストレイテッド』の記事から三年間、スニーカー犯罪の報道は後を絶たず、スポーツウェアと不良グループの服装を結びつける議論が活発化した。コンバースが一九九三年、バスケットボール用スニーカーの新作を「ラン・ガン」と名付けようとしたところ、非難の声が巻き起こった。「ガン（銃）」は速い突破力と高い得点力を想起させるネーミングのつもりだったが、若者や地域団体から抗議を受けたコンバースは、「ラン・スラム」と改名した。

サウスブロンクスで縄張り争いがさかんだった一九七〇年代、不良グループのスタイルといえば、自分たちで手を加えたジーンズジャンパーが定番だったが、その後二〇年で大きな変化を遂げた。スポーツウェアは、ロゴやブランド、色、マークが豊富だから、ある意味で自己主張につながり、差別化を図りやすいうえ、入手も容易だ。ボストンでは、グリーンウッド・ストリートを根城にする不良グループはグリーンベイ・パッカーズのウェアを好み、キャストゲートのグループはシンシナティ・レッズのウェアを、インターベイルのグループはつねにアディダスの帽子、ジャケット、靴を身に着けた。[10]不良がうろつく地域にあるアパレル店のオーナーのなかには、非行少年や麻薬の売人に人気のあるジャケットやスニーカーの販売を中止する者もいた。[11]

「わたしはいつも心のどこかで、子供たちに真似てもらえるかもしれないと思っていた。子供たちがわたしの真似をして、フィールドで活躍する日を夢見てくれるのではないか、と」。ボー・ジャクソンはそう語っている。「街角にたむろするドラッグの売人ではなく、わたしのほうの真似をしてくれれば――そう考えていた[12]」

大都市から遠く離れたアメリカ中部のメディアは、スポーツブランドウェアやチーム服を着た若者はおおかた非行少年だろうといわんばかりだった。不良グループのシンボルカラーは、「クリップス」が青、「ブラッズ」が赤、などと報道された。もし非行少年に拳銃を向けられてシューズを奪われたら、もちろんたまらない。しかし、犯行に及んだ少年は、たまたまその地域でたまたまその色の服を着ていただけかもしれない。ところが、不良グループが巣くう街では、色に関する報道が過剰な反応を引き起こした。

一九九五年五月、デトロイト南西部でふたりのティーンエイジャーがガムを買いに出た。ともに、黒と青のスニーカーを履いていた。一帯を支配する「ラテン・カウント」のシンボルカラーは黒と赤。黒と青は、対立しているグループの色だった。ラテン・カウントのメンバー数人が近づいてきて、ティーンエイジャーの片方を殴りつけ、靴の色が違うぞと難癖をつけた。[13] この小競り合いが銃撃戦にまで発展し、不良一名とデトロイトの警官一名が死亡した。

＊　＊　＊

一九八〇年代の西海岸は、ロサンゼルス各地でコカインが大流行し、不良グループの活動や麻薬取引が活発化した。一九六〇年代の南カリフォルニアには「サーフシティー」という気楽な楽園のイメージがあったのだが、一転して、グループ抗争がさかんに報じられるようになった。縄張りや手柄を得るために対立するグループのメンバーを襲ったり、ときには一般人も巻き込んだりした。

「ロサンゼルス中南部は、ドラッグ、犯罪、暴力が街を支配している」。一九九一年公開の映画『ボーイズ'ン・ザ・フッド』のなかで、ローレンス・フィッシュバーンが演じる男は口癖のようにそう言う。ジョン・シングルトン監督のこの映画は、黒人が多く貧しいLAスラム街の実情をまざまざと描き出し、広く世間に見せつけた。車を運転していた黒人ロドニー・キングが白人警官に取り囲まれて激しい暴行を受ける映像が報道され、さらにはその警官が全員無罪になったことがきっかけで、一九九二年には六日間におよぶロサンゼルス暴動が発生した。同年、ロサンゼルス郡では過去最高の二五八九件の殺人事件が発生。七月と八月だけで五〇〇件を超えた。

そのような背景を踏まえ、カリフォルニアで芽生え始めたあらたなヒップホップは、一〇年前のブロンクスのヒップホップとは色合いが異なっていた。アイス‐Ｔの一九八六年の代表曲「６イン・ザ・モーニング」は、朝六時に警察が戸口にやってきて、真新しいアディダスを履いた主人公が足音を忍ばせてバスルームから逃げるようすの描写から始まり、警察の追跡、銃撃、刺殺、セックスなどに満ちた長い物語を詳細につづっている。同年にＲＵＮ‐Ｄ．Ｍ．Ｃ．がリリースした屈託のない「マイ・アディダス」とは雲泥の差だった。新しい西海岸のラップに含まれる暴力的な歌詞を耳にして、音楽そのものが暴力のみなもとになっているのではないか、と感じた人も世間には多かった。しかし、「ザ・メッセージ」と同様、ラッパーが自分たちの住む地域で起きていることをありのままに歌った結果、銃撃事件、警官による暴行、ドラッグ使用、不良グループの非行などが音楽に取れ込まれたにすぎず、そういったものにまみれた生活を誇示していたわけではない。アイス‐Ｔはみずからのサウンドを「リアリティ・ラップ」[14]と表現した。

　もっとも、最終的に定着したジャンル名は「ギャングスタ・ラップ」で、「６イン・ザ・モーニング」はその幕開けだった。ギャングスタ・ラップは、音楽のみならず、ファッションのかたちでも独特な感性を示した。カリフォルニア州コンプトンで結成されたヒップホップグループ「Ｎ．Ｗ．Ａ．」もギャングスタ・ラップの先駆者で、ラスベガス・レイダースやロサンゼルス・キングスのチームマークが入った黒い野球帽をつねにかぶり、まるで自身もカラーの決まっている不良グループであるかのようだった。レイダーズの帽子やジャケットその他は、非行につながりかねないとの懸念から、多くの学校で禁止された。Ｎ．Ｗ．Ａ．のファッションでは、スニーカーはたいがい黒か白だったが、ＲＵＮ‐Ｄ．Ｍ．Ｃ．と違い、特定のブランドにこだわってはいなかった。ナイキ、リーボック、アディダス、カリフォルニアのブランド「ケースイス」など、その時々の流行のものを履いた。RUN-D.M.C.が途中でファッションを変更し、出身地であるクイーンズ州ホリスのはやりに合わせてゴールドチェーンとレザージャケットを身に着けたのと似た感覚だった。ファンに受け入れてもらうには、いかにも本物のルックス、つまり、地元の定番ファッションを取り入れる必要がある。ラッパーたちは、自分が住む地域でどんなスニーカーが好まれているかを声高に訴えた。たとえば、LAではバリーではなくチャックテイラーを履いている、と2パックは一九九五年のシングル「カリフォルニア・ラブ」で歌った[15]。ノトーリアス・B.I.G.は一九九四年の「スーイサイダル・ソーツ」のなかで、黒のティンバーランドと黒のパーカーが好きだとし、良い子ぶって白を履いて天国へ行くよりまし、と付け加えた[16]。

履いている靴は、良くも悪くも、自分が何者なのか、どこから来たのかと密接に結びついていた。一九九〇年代の初めの時点では、スニーカー自体がどこから来たものなのかという疑問を持つ人はほとんどいなかった。ところが、一〇年ほどで状況は劇的に変化した。

映画『フォレスト・ガンプ／一期一会』では、白いナイキ・コルテッツをもらった主人公が、「ちょっと走ってみよう」と思い立ち、どこまでも駆けていく姿が描かれている。舞台は一九七〇年代半ばで、フォレストがジョギングブームを引き起こす。当時、ナイキはアメリカや韓国の工場で靴をつくっていた。この映画が撮影された一九九〇年代初頭には、多くのスニーカーメーカーや衣料品メーカーがすでに労働力を外部に委託していた。ナイキは一九八〇年代にアメリカ国内の最後の工場を閉鎖し、そのぶんを韓国工場で補った。同八〇年代の終わり近くになると、それまで委託していた工場の労働者が組合をつくってストライキをする権利を得たため、ナイキは、代わりの労働力を求めて中国、マレーシア、インドネシアへ南下した。賃金は韓国で支払っていた額の何分の一かだった。トム・ハンクス演じるフォレスト・ガンプが履いていた小道具の靴は、おそらくそうした東南アジアの工場でつくられたものだろう。ガンプはこんなせりふを口にする。「ママがいつも言ってたよ。靴を見れば、その人のことがいろいろわかる、って。その人がどこへ行くのか、どこに行ってきたのか」

一般大衆はしばらく、労働力の変化に気づかなかった。ところが一九九二年、雑誌記事などが、労働者の賃金と靴の販売価格とのあいだに大きな隔たりがあることを報じ始めた。『ハーパーズ・マガジン Harper's Magazine』誌の記事は、インドネシアのある女性労働者が時給一四セント相当でミッドレンジのナイキ製スニーカーを組み立てていることを伝えた。週に六日、一〇時間半ずつ働いて、彼女の月給は三七・四六ドルだったという。[17] 一足八〇ドルで売るスニーカーを生産するのに、労働賃金がわずか一二セントしかかかっていない計算だった。

一九九〇年のナイキは、年間の売上高二二億ドル、歳入約二億四三〇〇万ドルを計上し、スポーツシューズとアパレルを合わせた市場でついに世界トップの座を勝ち取った。[18] 年次報告書の表紙は、目を細めて笑うマイケル・ジョーダンの顔の大写しだった。喜びの陰で、海外の労働力に頼っていた衣料や靴の業界全体が、存続すら危うい危機に直面しつつあった。労働搾取工場の実態の報告は初めてではなかったが、『ハーパーズ・マガジン』の記事は、問題の想像以上の広がりを物語っていた。『オレゴニアン』『ニューヨーク・タイムズ』『ロサンゼルス・タイムズ』といった新聞各紙、『エコノミスト Economist』誌、ＣＢＳテレビなど、多数のメディアがさらなる情報を伝え、賃金の低さ、過酷な環境、不当な解雇、脅迫など、東南アジアの搾取工場における労働状況を暴いた。そうした搾取工場では、おおぜいの労働者が何列にも並んだミシンに向かって身をかがめ、何時間も休憩なしに働くのが、当たり前の光景だった。トイレへ行くこともろくに許されず、スニーカー、ジーンズその他の衣料、玩具などを延々とつくり続けていた。

ナイキは当初、そのような工場は自社所有ではなく、契約しているだけだから、施設内の労働環境は自分たちの責任ではない、と主張して批判をかわそうとした。労働力のアウトソーシングに依存するグローバル経済のもとでは、責任範囲を決めるのがきわめて難しく、他人に転嫁することもできた。「うちは、工場の誰にも賃金を払っていないし、工場内のルールを決めているわけでもない」[19]。一九九〇年、ナイキの生産部門のデイブ・テイラー副社長は『オレゴニアン』にそう語っている。

一九九二年、ナイキは、下請け業者や取引先に対して行動規範を策定し、現地の規制を遵守するとともに、定期的なチェックを行なうことを義務づけた。しかしこの程度では、下請け業者から「問題なし」と報告が入れば、鵜呑みにするだけで終わってしまう。海外における労働問題を一掃した、とナイキが断言したにもかかわらず、一九九〇年代のあいだじゅう、現実には改善されていないとする報道が絶えなかった。一九九七年のある会計事務所の報告によると、ベトナムの工場で働く労働者（おもに二五歳未満の若い女性）の七七パーセントが、仕事中に有毒物質にさらされているせいで呼吸器系の疾患をわずらっていたという。その工場は韓国企業の下請けを担っており、従業員は週六五時間の労働を余儀なくされ、賃金は週一〇ドルにとどまっていた[20]。

労働力を搾取していると非難されたのは、ナイキだけではない。たとえばリーボックは、インドネシアでの靴生産の割合がナイキよりも多かった。それでも、労働搾取に反対する運動家としては、槍玉に挙げやすいのがナイキだった。一九九七年にナイキの世界売上高は九億ドルを突破し、わずか三年で約三倍に膨れ上がっていた。かたやリーボックは三億ドルに落ち込み、五億ドルのアディダスに二位の座を明け渡した。反対運動家の立場からすれば、世界で認められている市場リーダーがどの企業なのかは明らかだった。

労働問題の世界的な活動家であるジェフ・バリンジャーは、『ニューヨーク・タイムズ』にこう書いている。「ナイキは、莫大な宣伝コストを投じ、数百万ドル規模の広告契約をいくつも結んでいる。この企業に絞って焦点を当てていなかったら、国外の強欲な業者に苦しめられているインドネシアの窮状にアメリカ人消費者の注意を向けることは不可能だったと思う[21]」

一九九〇年代が終わりに近づくにつれ、搾取工場の労働環境がますます頻繁に報じられるようになった。スニーカーにかぎらず、多様な製品が関わっていた。アパレルメーカーのＧＡＰも、契約先の南アジアの工場で搾取が行なわれているとされ、ナイキショップと同様、販売店の前に抗議者が集まった。もちろん、有名人も狙い撃ちされた。たとえば、テレビ番組の司会などで知られるキャシー・リー・ギフォード。ウォルマートを通じて販売されているの彼女のブランド衣料について、一九九六年、生産ラインがホンジュラスにあり、一三、四歳の子供を長時間働かせていていると告発され、非難を浴びた。同じ年、『チャーリーズ・エンジェル』の出演女優ジャクリーン・スミスも、Ｋマート向けの彼女のブランド製品が搾取工場でつくられていると批判された。ディズニー、ウォルマート、マテル、リズクレイボーンなどの各社も、悪い報道にさらされた。もっとも、九〇年代の後半は、原因の究明よりも解決策の模索に関心が寄せられるようになった[22]。

最も煽りを食ったのはナイキだが、ほかのスニーカーブランドも用心し、海外生産への依存度の低さをアピールし始めた。ニューバランスはかねてからスニーカーが「メイド・イン・USA」であることを誇っていたが、あらためて「わが社は素晴らしいスポーツシューズを国内生産しています。なぜほかのメーカーは真似できないのでしょう?」と広告した。「ジョギングする大統領」の異名にたがわず、早朝に首都ワシントンをよく走っていたビル・クリントンは、アシックス（オニツカタイガーからブランド名変更）をやめてニューバランスを履くようになった。

ナイキは、このような世間からのバッシングに加え、ポップカルチャー界からも散々な攻撃を受けた。数多くの新聞に掲載されていた四コマ漫画『ドゥーンズベリー Doonesbury』は、一九九七年五月から、ナイキの労働慣行をたびたび風刺した。たとえば、登場人物のあるアメリカ人女性が、ベトナムのナイキ工場で働く遠い親戚を訪ねる。すべての機械には「ジャスト・ドゥ・イット」のスローガンが貼られ、従業員が五分間だけ許されているのは、仏像ではなくジョーダンの像を拝むことだった。低賃金で過重労働させられていた女性従業員は、訪ねてきた遠縁の親戚の顔を見たとたん、通訳に向かって「彼女はわたしをこの地獄の穴から救い出しに来てくれたんでしょうか?」と大声で聞く。

一九九八年のドキュメンタリー映画『ザ・ビッグ・ワン』のなかで、マイケル・ムーア監督は、フィル・ナイトにインタビューすることに成功した。ムーアとしてはめったにない幸運だった。彼のドキュメンタリー第一作『ロジャー&ミー』では、ミシガン州フリントにあるいくつかの自動車工場が閉鎖された件をめぐり、ゼネラルモーターズのロジャー・ボーナム・スミスCEOにインタビューを試みたものの、失敗に終わっている。フィル・ナイトやナイキの広報チームは、この機会にインタビューを受けて、東南アジアの工場で労働改革を行なったことをはっきり述べたほうが得策、と考えたのかもしれない。ムーアは、彼らしいやりかたを使った。インドネシア行きのシンガポール航空便のチケットを贈り、いっしょに視察しようと誘ったのだ。しかしナイトは拒否した。
「わたしはただ、基本的な考えとして、アメリカ人は靴をつくりたがらないと思っているだけだ。過去にそう痛感させられたことがあって、非常に強く心に焼きついている」とナイトはムーアに語った。「アメリカ人は嫌がる。靴づくりに情熱を持っていない」。ムーアの思うつぼだった。ムーアは、自分の故郷のミシガン州フリントにナイキが工場を建てると約束してくれれば、働き手をすぐさま五〇〇人探してみせる、と申し出た。ナイトは難色を示した。
『ザ・ビッグ・ワン』が劇場で封切りされてから一カ月後の一九九八年五月、ナイトは全米記者クラブで会見に臨み、自社が悪い評判にあえいでいる点を認めた。「ナイキ製品が、奴隷賃金、強制残業、恣意的な虐待と同義語になってしまっている。アメリカの消費者は、過酷な労働環境下でつくられた製品を買いたがらないだろう」[23]
ナイキはその後、下請け工場での児童労働をやめさせること、監視を強化すること、請負業者に米国の安全衛生基準を満たすよう義務づけることなど、さまざまな改善策を公約した。社内に企業責任部門を新設し、GAPや世界銀行、いくつかの非営利団体と協力して、工場労働者の条件を改めた。しかし、いったん染みついた悪いイメージの払拭は難しかった。ナイトの公約どおり改善が進んだ――徹底的な工場監査が行なわれ、一部の工場の劣悪な環境が一〇八ページもの報告書にくわしく記載された[24]――にもかかわらず、労働搾取問題の悪印象はナイキから消えなかった。二〇〇一年、マサチューセッツ工科大学の大学院生で、のちに「ハフィントンポスト（The

Huffington Post、二〇一七年四月以降はハフポスト／HuffPostに改称）」や「バズフィード（Buzzfeed）」といったオンラインメディアの共同創設者となるジョナ・ペレッティは、スニーカーをパーソナライズできるサービス「ナイキiD」を通じて、「スウェットショップ（労働搾取工場）」という単語を靴に刺繍してほしいとリクエストした。しかしナイキは、その単語が「不適切なスラング」[25]であるとして、リクエストを拒否した。

地域の動向、労働条件、犯罪行為などにも注意を払わなければいけない――スニーカーメーカーは、ときに高い代償を払いながら、そういった教訓を学んだ。ブランドの文化的な足跡を大衆がどのように見ているかは、深く幅広い影響を世間全体に及ぼす。消費者がなぜその商品を欲しがるのか、それに対していくら支払い、手に入れるためにどれだけの労力を払う気になるかを、ブランド側は的確に見極める必要がある。その判断力が磨かれるにつれて、イメージ重視の姿勢がいっそう大きな役割を果たすようになった。

第16章

スニーカーヘッズ

二〇〇五年二月二二日火曜日の朝、店を開けるため、ジェフリー・ウンはマンハッタンのオーチャード・ストリートの角を曲がった。驚いたことに、何百人もの客が、野球バットやナイフを持って、開店を待ちかねていた。客の目当てはスニーカーだった。

「いったいどうなってるんだ？」[1]とウンは思った。「ジェフ・ステイプル」という英語名も持つ彼は、二六歳でスキンヘッド、自信に満ちたおおらかな性格だった。小売店と画廊を兼ねた「リード・スペース」を二年前にオープンし、ストリートウェア愛好者が普段着を買い求める店として人気だった。ストリートウェアとは、一九九〇年代後半から二〇〇〇年代前半に顕著になってきたファッションを広くさす。南カリフォルニアの一九八〇年代や九〇年代のサーフカルチャーがルーツ[2]だが、ヒップホップ、ポップアート、スケートウェア、アスレチックギア、ブティックブランドといったいろいろな要素を含んでいる。流行のストリートウェアをこれ見よがしに着ていると「ハイパービースト」と呼ばれて揶揄されることもあったが、いずれにしろストリートウェアは、二一世紀初頭のポップカルチャーにおいてアイデンティティを主張する重要な鍵になっていて、自分にふさわしいルックスを求めて躍起になる若者が多かった。

　隣は借り手のつかない賃貸スペース、反対隣は非常口にジャケットやシャツを吊り下げているようなディスカウント衣料品店だったから、ウンの店は当然、この界隈では最も流行に敏感なショップとして通っていた。ウンは最初のうち、自分でデザインした図柄をTシャツにシルクスクリーン印刷して細々と売っていたが、一〇年も経たないうちに、オリジナルブランドを立ち上げ、デザイン工房をつくり、ナイキからシグネチャーモデルのスニーカーを改良してもらえないかと依頼されるほどになった。

今回、店の前に人だかりができた原因は、ナイキの「ＳＢダンク」の特別モデルだった。東京、ロンドン、パリ、ニューヨークの四都市をテーマにすえた「アート・オブ・ザ・ダンク」という期間限定企画の一環として発売された。「ダンク」シリーズは、もとはバスケットボールシューズとして誕生した。カラフルな配色が特徴で、大学のチームカラーを活かしたものが多かった。その後、一九九〇年代後半にカジュアルスニーカーに位置づけ直され、さらに、ストリートウェアの流行に合わせて、スケートボーダー向けの派生シリーズ「ＳＢダンク」ができた。

「ダンク」シリーズ二五周年を記念して、ナイキは、デザイナーを四都市からひとりずつ選び、もしスニーカーがその都市でつくられたら、と想像してデザインさせるという企画を立てたのだった。ロンドン・バージョンはグレーを基調としていて、陰気な天気を連想させるデザインだった。かかとの近くにあしらわれているくねくねした青い線は、テムズ川を表わしていた。パリ・バージョンは、サイケデリックなキャンバス地をアッパーに使っていた。一枚の絵画をキャンバス地にプリントして切り分けてあり、切り分けかたがまちまちなので、まったく同じものは二つとなく、すべてが世界でただ一つのスニーカーだった。

都市をテーマにしたスニーカーという企画は、フィル・ナイトが一年前、ナイキ・ダンクにインスパイアされた作品を制作してほしい、と日本人アーティスト集団に依頼したことに端を発している。できあがった作品は、ふつうには靴と呼びがたいものばかりだった。トランスフォーマーのようなロボットを靴の内部に折りたためるもの、スケルトンのスニーカーに骨を思わせるスウッシュが入ったもの、さらには、小さなスニーカーを履いた天使の彫像……。ＳＢダンクの東京バージョンも、同様にユニークだった。白一色のキャンバス地で、あたかもデザインを履く人それぞれに委ねているかのようだった。

ニューヨーク・バージョンのデザインを任されたウンは、鳩をモチーフに選んだ。ニューヨーカーの本質を象徴していると感じたからだ。街の厄介者とみなされがちな鳥だが、ウンはもっとポジティブな印象を抱いていた。「この街には、何が何でも欲しいものを手に入れてやる、みたいな精神がみなぎっています。それって、鳩と同じでしょう?」とウンは説明する。「鳩は、たくましく生き延びています。都会では生きていけそうにないのに、生き残っている。都会で成功している。勝つ方法を知っているんです」[3]。彼がデザインした靴は、アッパーが二色のグレーで、鳩の不潔な羽根を連想させる。ソールは、鳩の足と同じオレンジ色。かかとの外側に、小さな鳩が一羽、縫い付けられている。このダンクを三〇〇ドルで購入しようと行列をつくった人々は、おそらく、「ハト目ハト科カワラバト属」がらみで最もぜいたくな買い物をしたことになる。[4]

この正式名「ナイキ×ステイプルデザイン・SBダンク・ロー・プロ・ピジョン」は、一五〇足しかつくられなかった（コラボレーションスニーカーの命名法では、ブランドとデザイナーを区切る「×」は相乗効果を表わし、モデル名をたいてい最後に付す）。ウン自身の店を含む五つのトレンディーブティックショップだけが、販売の権利を与えられた。さらには、ウンの店に割り当てられた三〇足は、他の四店舗の販売分とは違い、シリアル番号がレーザーエッチングされているという特別仕様だった。

オーチャード・ストリートに行列していた人たちは、誰ひとり、その靴がどんな外見なのか知らなかった。ウンは写真を公開しておらず、情報の流出もいっさいなかった。実物を想像する唯一の手がかりは、発売日の予告の上に小さな鳩が描かれていたことだ。月と年を示す数字はふつうだったが、日を表わす２２は、上から落ちた鳩の糞で覆われていた。また、三〇足しか販売しないことは書かれていなかった。

ウンも、彼の靴をマニアがそうとう熱心に欲しがっていることを薄々勘づいてはいた。発売日の数日前、店の外に列ができ始めた。摂氏五度を割る寒さに備え、芝生用の椅子とテントを店のセキュリティゲートに結わえる者もいれば、近くにとめた車に避難する者もいた。この二〇〇五年初め、靴を買うために泊まり込むという行為は、徐々に珍しくなくなっていた。大手チェーンであるフット・ロッカーの店舗前には、最新のエア・ジョーダンを求めて前夜から並ぶマニアがよく見られた。ただ、今回は事情が違った。クチコミに頼った少量販売にすぎないうえ、なによりも冬だった。ニューヨークの冬は厳しい。発売の前夜、ウンは遅くまで働いたあと、帰りぎわ、並んでいる客の数人にピザを差し入れした。数センチの積雪に耐えていた客にとっては、多少の慰めになっただろう。

よそでは買えない高価な品物で熱心なファンを獲得するという手法は、昔から高級ファッションブランドが培ってきたが、ここに来て、ナイキ、アディダス、リーボックなどの主要な靴ブランドも、このマーケティング戦略に成功した[5]。ごく限られた数の特別モデルを発売し、お祭り騒ぎでファンともども盛り上がると同時に、希少価値のある製品を入手できたという満足感を消費者にもたらす。スニーカーのスタイルを本当に気にするのはおおむね男性社会であり、高価な靴や入手困難な靴を買うことで、序列上の高い位置を確保するわけだ。もちろん、とっておきのスニーカーには、それにふさわしい服装が必須になる。エルメスのバーキンを持っていても身なりが伴わないと台無しなのと同じだ。

発売当日、ウンは朝一〇時に店に着いた。店の前の区画が封鎖されていて、開店を待ちわびる客は一〇〇人以上に膨れ上がり、ニューヨーク市警の警官とパトカーまで構えていた。とくに心配なのは、野球バットや小型ナイフ、さらには山刀《マチェーテ》を握った物騒な連中が周囲を取り囲んでいることだった。計算するまでもなく、列に並んだ全員が少なくとも三〇〇ドルを持っているとすれば、ここには、奪い取られる恐れのある現金が何万ドルも存在する。加えて、真新しいスニーカーも。

「競争率が高すぎてシューズを買えそうにない、とわかって、行動がエスカレートしたんだと思います」とウンは話す。「武器を持ってきて、購入できた若者から奪おうと考えたんでしょう」[6]。ときどき喧嘩が始まって、警官が列から誰かを引きずり出した。そのあいだ、ほかの客は店の防犯ゲートにしがみついて、自分の場所を失うまいとした。ウンは裏口からこっそり店に入って、こんな人だかりをどうすればさばけるのかと頭を抱えた。開店は正午だ。市警の警官と相談し、計画を決めた。限られた数の客だけ入店させ、スニーカーを持たせて裏口へ誘導。あらかじめ待機させておいたタクシーに乗せる。

鳩のスニーカーを三〇足売るのに一時間かかった。靴が売り切れたとわかると、群衆と警官は去っていった。ところがそのあと、あらたな集団が店に押し寄せてきた。報道メディアだった。

翌朝、繊細さで知られているはずの『ニューヨーク・ポスト』紙の一面に、「スニーカー暴動」と派手な見出しが躍った。その下には、ウンの店の前に群がる人々と、歩道の両端を固める警官隊の写真。CBS系列の地元テレビ局も、夕方のニュースでこの出来事を伝え、スタジオの出演者たちが、スニーカーに熱狂するサブカルチャーの不可解さを論じた。「パロットヘッズの次は、スニーカーヘッズ現わるってところでしょうかね？」とひとりが語った。ジミー・バフェットの音楽のファンは、南国ふうの奇抜な衣装で着飾り、「パロットヘッズ」と自称している。

スニーカー愛好家を意味する「スニーカーヘッズ」という言葉は、じつは一九九〇年代から一部で使われ始めていたが、「暴動」の発生に伴い、世間に広まった。ウンは、メディア露出の効果がたちまち現われたことを実感した。騒ぎがあったあとの週末、店を訪れる客の層に変化が起きた。いつものＯＧストリートウェア好きの連中に交じって、ビジネススーツを着たウォール街の人々がいた。デイトレーダーたちが、高級時計や輸入葉巻のほかに、新しいステータスシンボルを発見したのだ。ＳＢダンク・ピジョンは、発売の翌日、オークションサイトイーベイ（eBay）に一〇〇〇ドルで出品された。

オランダのプロスケートボード選手、ウィーガー・ヴァン・ワーゲニンゲンは、ふだん使っているシューズが愛好家のあいだでは垂涎の品であることに気づいた。ナイキと契約したあと、彼はいろいろな靴、とくにＳＢダンクを無料でもらっていた。「僕はスニーカーフリークではなかったから、平気でいろんなスニーカーを履いて、スケートボードをしていた。あとになって驚いたよ」[7]と彼は言う。

ワーゲニンゲンにしてみれば、ＳＢダンク・ピジョンは、広告撮影のときに着用し、キックフリップやグラインドといった技を繰り出すための靴の一つにすぎなかった。

「あんなに高価なものだとは知らなかった。「おっ、かっこいいな。落ち着いた色の靴だ」くらいに思っていた」

受け取って数日後、彼はＳＢダンク・ピジョンを履いて、空港で列に並んでいた。

「靴にはもう穴が開いていたんだ。後ろにいた日本人の男が僕の肩を叩いて、靴を指差した。靴をだめにした僕に腹を立てていた。家に帰ってネットで見たら、すごく高い値段で売られていた。ぜんぜん知らなかった！」

＊　＊　＊

スニーカーの収集の始まりは、ほかのコレクションと同じだった。たんに、物好きの趣味だった。一九七〇年代、かっこいい靴が欲しければ、まずその存在を知る必要があった。運よく大都市に住んでいる人なら、まわりを見渡せば、毎日たくさんの靴を観察できただろう。一九七〇年代半ばまで、スポーツシューズのテレビCMはたまにしか流れず、スニーカーの宣伝は、おもに新聞のモノクロ広告だった。平均的な消費者にとって、近所の店に赤いチャックテイラーがなかったら、この世に存在しないも同然だった。一方、初期のスニーカーヘッズは、特定の靴をどこで買えるか知っていて、ときには遠くの街まで足を運んだり、ほかのコレクターと売買したりしていた。スポーツ用品店で働く友人がいる場合もあった。ビースティ・ボーイズの場合、欲しいモデルを手間暇かけて探すため、わざわざ人を雇っていた。

限定モデルの発売時に客が店の前に行列するという現象は、数十年にわたってスニーカーの歴史が積み重なった結果といえる。テニス、ジョギング、エアロビクス、クロストレーニングなどの流行により、気軽に履けるさまざまなスニーカーが登場した。一九八〇年代には、マイケル・ジョーダン、RUN-D.M.C.、ボー・ジャクソンなどのスーパースターが大手ブランドの広告塔になり、特定のモデルに魅惑的なイメージをもたらした。さらに、フット・ロッカーやアスリーツ・フットなどの店舗が入ったショッピングモールが増え、とくにコネがなくてもたいていのキックス[8]（スニーカー）を購入できるようになった。車で行ける範囲に、そうした大手チェーンの店が一つあれば済む。

スニーカーヘッズ文化の興隆をもたらしたさらなる要因は、なんといってもインターネットの普及だ。それなりの金を払えばじつに多様なものが簡単に手に入るようになり、しかも、同じ趣味を持つ収集家とつながりやすくなった。一九九〇年代にチャットルームが流行し始め、スニーカーヘッズは初めて、どこにいても、スニーカーのスタイルについて議論したり、業界の噂話を共有したりできるようになった。さらには、五年前ですら一般の常識ではまったく考えられなかった、中古のスニーカーの売買も可能になり、イーベイ（eBay）のおかげでさらに容易になった。

新品であれ中古であれ、スニーカーをマウスクリック一つで買えるとなると、ほかのコレクターに差をつけるためには、いかに希少なモデルを入手するかが課題になる。そこで、靴自体の状態も重視されるようになった。中古のスニーカーが欲しいというだけでも、マニア以外には理解しがたいかもしれないが、さらに奇妙なことに、箱からいちども出していないような靴が珍重され始めた。コレクション向きのスニーカーを実際に着用するなど、もってのほかだった。埋もれたシューズを欲しがる需要は、比率としては小さくても合計すれば大きい、いわゆる「ロングテール[9]」を形成し、無限に伸びていった。靴の価値が定価を上回ることももはや珍しくなくなった。

この新しい二次的な市場が、スニーカー業界を予想外の方向へ変えていくことになる。

従来は、シーズンごとに新しいエア・ジョーダンが発売された。一九九〇年代の終わりまで、原則的には年一回、モデルチェンジが行なわれ、新型モデルが登場する時期はだいたい予想できた。二〇〇〇年代に入ると、発売日がイベントのようになり、主要スニーカーブランド各社は、その影響を計算に入れたうえで、現実的な需要と供給の予測を立て、対策を練るようになった。

一九八〇年代にアディダスがRUN-D.M.C.と契約した例を参考に、リーボックは二〇〇〇年代初頭は、ヒップホップ界の大物アーティストであるジェイ・Zおよび50セントと契約した。ジェイ・Zの本名ショーン・カーターにちなんで名付けられたスニーカー「Sカーター」は二〇〇三年に発売され、非常に好評を博した。[10] ミュージシャンのシグネチャーモデルはこれが初めてだった。白いローカットのテニスシューズで、多くの店では数時間で売り切れた。わずか一週間のうちに初回販売分の一万足が完売。リーボックは追加を生産するとともに、取扱店舗も増やし、さらなる成功を収めた。そのあといっそうの増産に踏みきったが、突然、不可解なことが起こった。急に、この靴があまり売れなくなったのだ。在庫が過剰になり、値引きして処分しなければならなかった。[11] 50セントのシグネチャーモデル「Gユニット」も同じような運命をたどった。どちらの靴の場合も、後ろ盾になったミュージシャンの魅力が足りなかったわけではない。入手が容易になりすぎたとたん、靴が神秘性を失ったのだ。リーボックをはじめとする各社は、こうした失敗を通じて、スニーカーヘッズ文化の特徴を学んでいった。生産数が少ないほうが儲かることもある。

＊　＊　＊

ピジョン騒動の八年前、ある一足のスニーカーがきわめて高い値で売れた。[12] 物語の発端は、一九九七年六月九日深夜のピザの注文だった。エア・ジョーダンのシリーズ一二作目が発売された年だ。アッパーは黒だが、横から見ると、赤いソールから放射状にステッチが広がっており、日本の旭日旗にインスパイアされたデザインだった。シカゴ・ブルズがユタ・ジャズとNBAファイナルを戦ったとき、ジョーダンはこのシューズを履いていた。両チームは二勝二敗と互角のまま、ユタ州パークシティでの三連戦の最終日を迎えた。この第五戦でもし敗れてもブルズのチャンスはまだ消えないものの、敵が二連勝で勢いづいてしまう恐れがあった。なにしろ相手チームには、かつてのドリームチームの仲間で今シーズンMVPのカール・マローンと、絶妙なパスで味方の得点をアシストするジョン・ストックトンがいた。つまり、ジョーダンを主軸とするブルズとしては、シリーズを長引かせたくなかった。

試合の二日前の夜遅く、宿泊していたパークシティーのホテルのルームサービスがもう終わっていたため、ジョーダンはピザの配達を頼んだ。深夜二時、彼から電話で呼ばれてトレーナーが駆けつけたところ、ジョーダンは床に倒れて腹を押さえていた。だいじな第五戦が控えているのに、食中毒にやられたらしかった。

もし出場できたとしても、ジョーダンのコンディションはかなり悪いはず、とメディアは事前に予想した。彼は一日じゅうベッドに寝たまま点滴を受け、試合が始まる夜七時の数時間前にようやく起き上がった。試合前、ジョーダンは、ボールボーイのプレストン・トルーマンと顔を合わせた。シーズン中にブルズが遠征でパークシティーに来るとき、ジョーダンが試合時にいつも欲しがるアップルソースを手配するのは、このトルーマンの役目だった。第五戦に向けて、彼は、ジョーダンのロッカーにグラハムクラッカーとアップルソースを忘れずに用意してあった。たまたま会ったのをチャンスとばかり、彼はジョーダンに、もしよかったら試合後に靴をもらえないか、とねだった。ジョーダンがちらりと視線を向けてきた。トルーマンは、さすがに図々しいお願いだったな、と感じた。

第一クォーター終了の時点では、ブルズはジャズにかなりのリードを許していた。チーム全体のプレーがさえず、ジョーダンも精彩を欠いて、本調子ではなかった。しかし、ジョーダンは徐々にペースを取り戻した。試合中、トルーマンが追加で持ってきてくれたアップルソースのおかげで、脱水症状に陥らずに済んだ。後半のジョーダンのプレーは、もし病気ではなかったとしても「圧巻」の一言だった。残り時間わずかで決めた同点、逆転のシュートを含め、三八ポイント七リバウンドを記録。彼の気合いが乗り移ったかのように、チームは二点差で勝利した。

当初、ジョーダンの体調不良の原因はインフルエンザ（英語では「ザ・フルー」）かと報じられたため、この試合は「ザ・フルー・ゲーム」の名で語り継がれることになった。あれほどつらいゲームは後にも先にもなかった、とのちにジョーダン本人は言うが、結果的に、彼のキャリアを代表する試合の一つになった。試合終了のブザーが鳴った瞬間、彼はチームメイトのスコッティ・ピッペンの腕のなかへ崩れ落ちた。ロッカールームで、ブルズの器材マネージャーが黒と赤のエア・ジョーダンⅫをしまおうとしたとき、ジョーダンはその手を払いのけ、トルーマンを指差して、これはあのボールボーイのものだ、と言った。まだソックスが突っ込まれたままだったが、ジョーダンは左右の靴それぞれにサインを入れた。

そのあとブルズは第六戦も勝ち、五回目の優勝を果たした。トルーマンは、一万一〇〇〇ドルで譲ってほしいとのオファーを断わり、靴を貴重品保管庫にしまった。二〇一三年、とうとうオークションに出品したところ、靴下なども合わせて計一〇万四七六五ドルの値で売れた。

記録的な値段だ。比較すると、前シーズンの白黒のエア・ジョーダンXIは、二〇一三年のオークションで五〇〇〇ドル弱だった。「ザ・フルー・ゲームのスニーカー」ほどの高値はさすがに例外だが、その後数年のうちに、スニーカーの取引価格は高騰する。ジョーダンが履いたわけでもなく、素人目にはどうと言うことのない一部のモデルが、五〇〇〇ドル以上で売買されるのも当たり前になった。[13]

いったいなぜか？——価格がつり上がった原因は、インターネットにある。

＊　＊　＊

ある意味では、テクノロジーが靴業界を推し進め、音楽業界と同じような変革期へ突入させたといえるだろう。かつては、アルバムを手に入れたければ、実店舗のレコード店へ行くしかなかった。ところが、ＭＰ３が状況を変えた。一曲九九セントで買うにしろ、Ｐ２Ｐ（ピア・ツー・ピア）ネットワークを介して違法ダウンロードするにしろ、わざわざどこかへ出かける必要はなくなった。独立経営の店が、真っ先に苦戦を強いられた。タワーレコードやバーンズ＆ノーブルのような大型店が誇る棚のスペースや薄利多売のやりかたに太刀打ちできなかった。しかし、大手チェーン店もすぐに苦境に陥った。いくら店舗の規模が大きくても、過去に録音されたものならほとんど何でも入手可能なアマゾン（Amazon）やアイチューンズ（iTunes）に対抗することはできなかった。

独立経営のレコード店と同様、家族で営んでいるようなスニーカーショップは、業界がオンラインへ移行し始めるにつれ、まず最初にピンチに立たされた。スニーカーヘッズのみならずごく一般の消費者も、自宅でオンラインショッピングする便利さを実感していた。オンラインへの移行によって、展示された商品を買うという物理的な場がなくなったとともに、共通の趣味を持つ人たちが同じ空間に集まってめいめいのこだわりを熱く論じるといった物理的な空間も消えた。オンラインショップのアマゾンやザッポス（Zappos）では、知識豊富な店主が顧客に熱意を伝えるような機会はない。

インターネットによって生まれた無限の多様性により、価格帯の上下差がこれまで以上に広がった。ある分野では、何十年も前からよくあるかたちのインフレが発生した。貧民街で起こりがちな、ジェントリフィケーションと呼ばれる現象と同じだ。裕福な人たちがよそから流れ込んできて、従来よりも高くていいから家を購入したいと申し出る。すると、その高い価格水準が当たり前になり、そこで長らく暮らしてきた住民が生活を維持できなくなってしまう。一九八五年には、しゃれたシューズは六五ドルが相場だったが、[14] エア・ジョーダンⅡが一〇〇ドルの壁を破った。数年後には、リーボック・ポンプが価格水準を一七〇ドルにまで引き上げた。さらに数十年後の現在、ナイキ・レブロンの最新モデルは二〇〇ドル程度で、デラックスモデルならもっと高い。

限定生産品や店舗限定品の希少価値と、とどまるところを知らないコレクターの需要が相まって、新作シューズの価格はいまや青天井だ。二次市場にも同じことが当てはまる。リセール専門サイト「ストックエックス（StockX）」はみずからを「モノの株式市場」[15]と呼んでおり、創設者のひとりジョシュ・ルーバーCEOによれば、市場の規模は米国だけで一二億ドル、世界全体ではおよそ六〇億ドルに達するという。リセール市場の九六パーセントはナイキ製品が占めている。ルーバーが二〇一五年のTEDトークで述べたところでは、ナイキ製品の転売で生じる利益の合計は、スケッチャーズの年間利益の約二倍にものぼるらしい。[16]

一方、高価格帯の製品の成功や不成功は、もっと安い製品にも波紋を広げることが多い。エア・ジョーダンの最新モデルを大々的に宣伝すると、ナイキブランド全体のステータスが上がる。法外な高値の靴よりむしろ、中価格帯の製品の売れ行きが伸びることが、本当の利益につながっている。また、成功した靴のデザイン要素や色の組み合わせは、手ごろな価格のモデルにも活用される。アッパーがニット素材のアディダスNMDシリーズは一足およそ一七〇ドルだが、サブブランド「アディダスNEO」のメッシュの靴だと（素人目には）似たような見かけでありながら八〇ドルで売られている。あちこちのディスカウントストアには、コンバース・オールスターのまがい物が一五ドル前後と、リアルマッコイの半値で並んでいる。二〇一七年一月、超レアなSBダンク・ピジョンが一足、リセール市場で七五〇〇ドルという高値で売れた。[17]同じころ、ファストファッション小売業者のH&Mも、非常によく似たグレーとオレンジのツートンカラーの子供用スニーカーを販売していた。価格は一五ドルだった。

すべてのブランドがスニーカーヘッド市場やインターネットに求愛してきたわけではない。「ジョーダンに続くあらたなスーパースター」として、スニーカーのシグネチャーモデルも一時期大人気だったシャキール・オニールは、一九九八年にリーボックとの契約を打ち切って、普及価格帯の「ダンクマン」に鞍替えした。このダンクマンは、一二・五〇ドルという低価格で、ウォルマートやペイレス・シューソースなどの小売店を通じて販売された。ウォルマートでの累計販売数が一億二〇〇〇万足を超えた、とオニールは二〇一六年にツイートしている。

二〇一六年二月、ラッパーのカニエ・ウェストは、ニューヨークのマディソン・スクエア・ガーデンで大規模な発表会「イージー・シーズン・スリー」を開き、自分のブランドのウェアやシューズを披露した。一〇〇〇人ものエキストラが参加し、数年ぶりのニューアルバム『ザ・ライフ・オブ・パブロ』に収録された曲のライブ配信も行なわれた。RUN-D.M.C.がアディダスと契約してから三〇年、ジェイ-Zの「Sカーター」のスニーカーから一三年の歳月が過ぎていたが、ヒップホップアーティストたちはなおもシューズブランドとタッグを組んで、ブランド間の戦いの一端に加わっていた。二〇一五年の末には、ラッパーのドレイクとフューチャーが「ジャンプマン」と題した曲をリリースし、これがきっかけでドレイクはナイキと靴のコラボ契約を結んだ。その一カ月後にウェストが出した「ファクツ」(翌年発売のアルバムにも収録されている曲)には、「イージー、イージー、イージー」というコーラスに続いて、ジャンプマンを超えたとする歌詞があった。ナイキがドレイクの宣伝力に頼りすぎていることを暗に皮肉ったらしい。そのあとの歌詞には、ナイキが従業員を奴隷のごとく扱っている、と指摘するくだりもある。

ミレニアムの変わり目ごろには、高価格のスニーカーに対する需要を押し上げるため、高級ブランドとのコラボレーションという新しい趣向が加わった。グッチが高価なテニスシューズを発売した一九八四年あたりから、高級ブランドがスニーカー市場に足を踏み入れる例が増えてきた。大小のファッションブランドが、的を射た提携によりあらたな顧客層を開拓できることに気づき始めたのだ。ストリートウェアブランドのファンも、有名ファッションブランドの愛好者も、完璧なコレクションをめざす収集マニアも、リーボックとシャネル、アディダスとモスキーノ、ヴァンズとスケートボードブランドのシュプリームといったコラボに心を惹かれた。

　カニエ・ウェストがみずからデザイン界へ進出したのは、世界的な有名人としては珍しい例だった。従来は、宣伝で「有名人によるデザイン」とうたっていても、特定の靴モデルの新しい色や素材（スニーカー用語で言えば「シルエット」）をその有名人が選んだ、という程度にすぎなかった。しかしウェストは、二〇〇五年以降、ナイキやルイ・ヴィトン、ブティックブランドのアベイシングエイプと提携し、既存の靴と新しいモデルを完全にリミックスしたコラボレーション製品を出すようになった。一部の製品には一〇〇〇ドル近い定価が付けられており、リセール市場ではさらにその何倍もの売値で取引された。二〇一三年、ウェストは突如、ナイキと袂を分かって、アディダスと契約を結んだ。アディダスのエンターテインメント担当グローバル部長によれば、ナイキのほうが契約の提示額は高かったものの、アディダスが「彼に全面的な〝クリエイティブ支配力〟を認めた[18]」からだという。

　マディソン・スクエア・ガーデンで前記のイベントが開かれたのは、ウェストがナイキを皮肉った「ファクツ」のリリースからわずか一カ月後のことだ。主たる目的は新しいスポンサーを大々的に広告することだったが、ウェストは、旧スポンサーをさらに揶揄することも忘れなかった。「このイベントに出資し、おれのサポートに付いてくれてたアディダスに感謝したい」と彼は言い、観客に「くそ食らえ《ファック》、ナイキ！」と叫ぶように促した。だが、会場で「くそ食らえ、マイケル・ジョーダン！」のシュプレヒコールが始まると、すぐに止めに入った。「いや、違う、違う。

マイケル・ジョーダンの悪口はやめてくれ。ジョーダンは、おれたちの仲間だ。ジョーダンがいなかったら、おれはここにはいないだろう。ジョーダンには敬意を払おう」

スポーツファンが、ライバルチームのMVPの活躍にも拍手を送るのと似ている。ウェストは、ジョーダンがコートの内外で成し遂げ、世に示してきたすべてを認めるべきだと訴えたわけだ。究極の選手に対して尊敬の念を表わすことは、ブランドへの忠誠心を超越した行為なのだった。

＊　＊　＊

何が起こっても不思議ではない今日のスニーカーヘッズの世界において、カニエ・ウェストはけっして特異な存在ではない。スニーカー事情にとても詳しく、「ベンジャミン・キックズ」や「スニーカー・ドン」の異名を持つベンジャミン・カペルシュニクは、最初、友人たちを相手にスニーカーを売買していた。その後、人を雇って行列に並ばせて新作モデルを購入し、自分のウェブサイト上で転売する、という方法をとるようになった。いまや、DJキャレド、ドレイク、NFLでワイドレシーバーとして活躍するオデル・ベッカム・ジュニアら、おおぜいの著名なミュージシャンやスポーツ選手までが、カペルシュニクのコネを伝って、一般発売の前に靴を手に入れている。本書執筆の時点（二〇一八年）で、カペルシュニクは一八歳だ。

最近の限定モデルのなかには、きわめて自由な発想にもとづくデザインが珍しくない。ワッフルとフライドチキンの盛り合わせ料理にインスパイアされたナイキ、ハンバーガーをテーマにしたサッカニー（箱もテイクアウトをイメージしていて、同梱の「マヨネーズ」「バーベキューソース」と書かれた小袋に靴紐が入っている）、ベロのところにクマのぬいぐるみの頭部と両腕が縫いつけられたアディダス……。こうした多種類をグループ分けするため、スニーカーヘッズは独自の用語を使い始めた。「ＯＧ」はオリジナルモデル、「レトロ」は少し手を加えてアップデートされた再発売モデルをさす。最も価値が高いのが「デッドストック」で、古いとはいえ、箱すら未開封の靴。同じくらいマニアの垂涎の的である「ＮＩＢ」は、箱から出されたことはあるが、いちども履かれていない新品同様の靴だ。特定のモデルの外見は「シルエット」と呼ばれ、さまざまな「カラーウェイ」のバリエーションが存在する。非常にレアなエア・ジョーダンや、子供のころから欲しいけれどまだ入手できていない靴を「グレイル（聖杯）」と名づけるマニアもいる。

　風変わりな特徴が多いものの、スニーカー文化はますます主流になりつつある。二〇一三年には、カナダのトロントにある「バタ靴博物館」で、靴の社会的な歴史や影響を検証する初の展示会が開かれ、世間の注目を集めた。米国芸術連盟が協賛したこの「アウト・オブ・ザ・ボックス――スニーカー文化の興隆」と題する展示会は、以後、ニューヨーク、カリフォルニア、オーストラリアを巡回した。同展示会のキュレーター、エリザベス・センメルハックによると、スニーカーがもたらした文化的な意義の一つは、男性が広い意味で従来以上にファッションに興味を持つようになったことだという。

「都会ふうのメンズファッションへの関心が高まったおかげで、個性をより積極的に表現できるようになり、また、男らしさに関する昔ながらの概念を覆したり再解釈したりする動きが生まれた。とくに、男性らしい成功を収めたことをアピールする外見が変化してきた[19]」とセンメルハックは書いている。

この変化はメディアにも反映されている。現在、メンズファッション雑誌『GQ GQ』にはスニーカー専門のページがある。ポップカルチャー雑誌の『コンプレックス Complex』も、定期的にスニーカー関連のニュースを掲載しており、同誌のウェブサイトには、有名人とコラボしたスニーカーのショッピングガイドが載っている。ストリートウェアやカルチャーを扱うウェブサイト「ハイプビースト（HYPEBEAST）」は、SNSに八万回以上リンクされ、月に四四〇〇万人が訪れる。[20] そのうち四分の三を一八歳から三五歳の男性が占めている。

最後に挙げた数字でわかるとおり、スニーカー文化には、女性という大きな要素が欠けている。女性のスニーカーヘッズが集うコミュニティもあるにはあるが、存在感や認知度において男性ほどではないといえるだろう。大手ブランドの限定モデルにしても、女性向けのサイズが用意されていない場合が多く、女性が購入したいとなると、男性用の小さめサイズか子供用で我慢しなければならない。ロンドンの女性スニーカー愛好者、エミリー・リイスとエミリー・ホジソンは、ナイキに女性用のスニーカーをつくってほしいと呼びかける運動の一環として、二〇一三年、架空のスニーカーを扱う「パープル・ユニコーン・プラネット（Purple Unicorn Planet）」[21]というサイトを立ち上げた。「たしかに、スニーカーはしばらく前から男女兼用になってきています。ただ、女の子や男の子がそれぞれどんな靴を履くべきか、時代遅れの観念がいまだにはびこっているようです」とリイスは指摘する。「女の子だからって、ピンクや紫、バナナイエローのスニーカーばかりを欲しがっているわけではありません」[22]

女性スニーカーヘッズ向けのブログを手がけるカイヤ・ウェルシュも、同じ意見だ。彼女はかつて、一八〇ドルのスニーカーを買おうとしたものの、サイズ合わせに苦労したという。

「男性用のサイズ9で妥協するしかありませんでした。店の人に、中敷きを二重にするしかないな、と言われました[23]」

ナイキ、プーマ、ステイプル・デザイン（ジェフリー・ウンの工房）に勤務した経験を持つ、デザイナー兼イラストレーターのソフィア・チャンは、こうした残念な例や抗議の声がより良い表現に結実していくことを願っている。「インターネットと、自分の創造性をかたちにする能力があれば、わたしと同じように、アイデアをおおぜいの人たちと共有できます。自信に満ち、創造的でスタイリッシュな女性はたくさんいるのです[24]」

＊＊＊

顧客の多様性を理解するという点に関しては、どのスニーカー企業も、まだまだ学ぶべき事柄が多い。いまのところわかっているのは、気に入ったスニーカーを見つけると熱狂的に欲しがる消費者がいること――そして、その渇望をどうすればうまく利用できるかということだ。リーボックがＳカーターの生産過剰で失敗したころとは時代が変わり、主要ブランドは、限定モデルについて綿密な戦略を立て、需給のバランスを慎重に予測して、供給が需要をわずかに下回るラインを狙う。あとは、発売に際して適切なかたちで期待を煽れば、試着もせずに購入を決める人たちが現われる。

「スニーカー暴動」から一〇年近く経っても、数量限定となると派手な騒ぎが起きることは変わらなかった。二〇一四年四月二日水曜日の午後七時、ニューヨークのソーホー地区にあるシュプリームの取扱店の外には、約一〇〇〇人があふれ、コラボレーションモデル「シュプリーム×ナイキ・エア・フォームポジットI」の発売開始を待っていた。[25] 木曜日の発売に向けて月曜日から行列ができ、[26] 定価二五〇ドルのスニーカーがリセール市場では一〇〇〇ドルの値が付くのではとみられていた。[27] その夜、一部の人たちが店に乱入し始めたため、警察はすぐさま群衆を解散させ、シュプリームも、店頭での販売を中止した。靴は翌日の午前一一時にオンラインで発売され、五分で完売した。[28]

第17章

バック・トゥ・ナウ

二〇一五年一〇月二一日、新しい環境に溶け込もうとするマーティ・マクフライという十代の若者が、ナイキの新しいスニーカーをもらった。履いたあと、自動的に靴紐が締まる。

「へえ、自動靴紐か！」と彼は驚く。

少なくとも、一九八九年の映画『バック・トゥ・ザ・フューチャーPART2』によれば、そうなるはずだった。一九五〇年代をテーマにした大ヒット映画に続くこの第二弾では、マイケル・J・フォックス演じるマーティが、改造車デロリアンに乗り、一九八五年から二〇一五年へタイムワープする。映画製作のデザインスタッフは、三〇年後の未来がどうなっているかを想像するという任務を課せられた。テレビ会議や携帯型コンピュータなど、彼らが思い描いた技術のいくつかは現実のものとなったが、空飛ぶ車や宙に浮くスケートボードはまだ完成していない。

映画を製作するにあたってデザインスタッフは、三〇年後のスニーカーはどんな製品になるだろうかと、ナイキのデザイナー、ティンカー・ハットフィールドに意見を求めた。[1]もともと絵コンテに描かれていたのは「磁気浮揚シューズ」だったが、ハットフィールドは、もっと現実味のある靴を構想したいと考えた。とりあえず、自動靴紐は特殊効果で描くしかなく、地面に見せかけた床の下から小道具係が紐を引っ張っただけだった。

『バック・トゥ・ザ・フューチャーPART2』は、シリーズの他二作ともども、カルト的な地位を確立することになる。スニーカーを着用するシーンは、公開当時、ささやかなジョークのようなものだったが、ハットフィールドたちのもとに、あの「エアマグ」を実際に製品化してほしいという要望が絶え間なく届き、ついにはナイキもそれに便乗した。二〇一一年のCMでは、俳優のクリストファー・ロイドが、映画中のマッドサイエンティスト〝ドク〟・ブラウン役をふたたび演じ、靴を求めてナイキショップを訪れるが、店員（ハットフィールドがカメオ出演）から、ナイキ・エアマグの自動靴紐バージョンは二〇一五年まで発売されないと言われ、もう少し先の未来へ旅しなければいけないと気づく。このCMの最後には、映画に出てくるスニーカーのレプリカ（ただし靴紐は通常どおり）が一五〇〇足、間もなくイーベイ（eBay）のオークションに出品され、その収益金はパーキンソン病を研究するマイケル・J・フォックス財団に寄付される、と記されていた。最高落札価格は約一万ドルだった。

二〇一五年一〇月二一日、すなわち、マーティが「未来」に到達したのと同じ日、マーティを演じたマイケル・J・フォックスは、本物の自動靴紐ナイキ・エアマグを贈られた。ハットフィールドや〝シニア・イノベーター〟のティファニー・ビールら、ナイキの最先端技術開発チームが長らく努力を積み重ねた成果だった。映画の魔法が現実になったとファンが喜んで買うかもしれないというだけでなく、自動で紐が締まるスニーカーは、機能的、性能的な問題も解決できるかもしれない。

「バスケットボールを一〇年間プレーしたプロ選手の足を見てみてください」とハットフィールドは言う。「靴がきつすぎるせいで、ひどいことになっています。しっかりフィットしていないと困るから、選手は靴紐をきつく結わえる。ただ、練習のあいだも試合中もつねにきつい状態のままなので、足が変形したり、痛んだり、ときにはまともに機能しなくなってしまうんです[2]」。つまり、新方式のシューズが完成して、選手が突っ立っているだけのときやベンチに座っているときには自動的に紐が緩み、コート上に戻ったときに自動的にまた締まる、という仕組みを実現できれば、選手の足を長く守り続けることができるはずだ。

長年にわたる研究と開発の結晶が、二〇一六年後半に発売された「ナイキ・ハイパーアダプト」だった。七五〇ドルというまああの値段で、靴紐を結ぶ手間が省け、ただ歩いていれば、かかとのセンサーの働きで靴が足に自動的にフィットする仕組みになっている（二つのボタンを使い、手動で締めたり緩めたりすることも可能）。インターネット上では、このスニーカーは発売後わずか数日で数倍の値段に跳ね上がった。

＊　＊　＊

「きっと、シューズのおかげだ」。全米CMでスパイク・リー扮するマーズがしたり顔でそう言えるようになり、さらに先の未来まで開けてきたのは、スニーカーが二つの平行線をバランス良くたどるという芸当をこなしたからだ。第一に、CMのせりふどおり、ジョーダンの名プレーに貢献する性能を備えていなければならない。と同時に、マーズを夢中にさせ、ベッドのなかでも脱ぎたくなくなるほどクールな存在でなければいけない。

すなわち、一方では美学やデザインに力を入れる必要がある。だからこそ今日、熱心な収集マニアがいるわけだ。しかし、スニーカーの性能面も、年を追うごとに飛躍的な——加えて、幾多の小刻みな——向上を重ねてきた。加硫ゴム、革製アッパー、マルチ競技対応、ワッフルソール、空気注入ポンプ、一体型アッパー……。ほかの誰も持っていない靴を買うために何日も並んで待つ人がいる半面、相変わらず、ふだんジョギングするのにいちばん快適な靴を見つけようと、ショップ内の靴を片っ端から試着したがる人もいる。スニーカーメーカーは、ファッションの観点からのマーケティングが得意になったものの、製品の本質的なアイデンティティも忘れてはいない。スニーカーは何よりも「アスリートのための靴」なのだ。

靴の技術進歩のおかげで、一般の人たちはより効率的に運動できるようになり、けがの危険も減らすことができた。他方、一流アスリートが記録を塗り替えるのにも役立っている。イギリスの医学生だったロジャー・バニスターが、一九五四年、一マイル走で四分の壁を破り、当時は人間には不可能と思われていた偉業を成し遂げた。それが現在では、四分を切るのが当たり前になった。オリンピックはもちろん、大学、さらには高校レベルでもそのクラスの記録が出ておかしくない。しかしいまだ夢とされているのが、マラソンで二時間を切ることだ。本書執筆現在の世界記録は二時間二分五七秒。ここから約三分を削るためには、あらゆる要素に恵まれる必要がある。栄養、トレーニング、レースコンディション、そしてもちろん、靴。記録を打ち破る靴をつくることができた企業は、そのぶん名声を得られる（いうまでもなく、マーケティングの金メダルも）。そこで、ナイキもアディダスも、マラソンで好タイムを出すためのシューズを開発中と発表している。

二〇一七年初め、元世界記録保持者のウィルソン・キプサングが「アディゼロ・サブ2」を履いて東京マラソンに出場し、優勝したものの新記録は逃した。五月には、ナイキが逆襲する番になった。イタリアのＦ１レーストラックを借り切って、三人のトップランナーを集め、「ムーンショット」と名づけたイベントを行なった。三人とも、グレーがかった青と赤の「ズーム・ヴェイパーフライ・エリート４％」の特製モデルを履いていた。最初の一時間ほどは一団となって走っていたが、徐々にランナー間の距離が開いた。レース中ずっと、それぞれの横には自転車に乗ったペースメーカーが張りついて、伴走していた。先頭を行くケニアのエリウド・キプチョゲが最終コーナーを回ったとき、人類最速のタイムで四二・一九五キロを走りきれることが決定的になったが、彼の表情からみて、二時間を切るのは無理だと本人にもわかっていた。

　レース終盤に入ってもペースメーカーを利用し続けるなど、いくつか特殊な戦術が使われていたため、キプチョゲがたたき出した二時間二六秒のタイムは、公式団体からは世界記録と認められなかった。ズーム・ヴェイパーフライ・エリート4%のソールにはカーボン繊維製のプレートが取りつけられており、走者の効率を四パーセント向上するとの触れ込みだった。ナイキ側は、ランニングの国際的な規則に違反していないと主張するが、一部には、大会での使用を禁止すべきとの声もある。カーボン繊維製のプレートは不当な有利さをもたらすとの理由だ。[3] するとここで一つ疑問が生まれる。「優秀なシューズ」と「優秀すぎるシューズ」の境界はどこなのか？

　「靴の不平等」は、過去の国際大会でも問題になっていた。二〇〇八年、南アフリカのスプリンター、オスカー・ピストリウスは、不公平な優位性があると主催者に判断され、当初、オリンピックの予選出場を禁止された。両脚の膝から下がないピストリウスは、カーボン繊維製の湾曲したランニング用義肢を装着して走っていたが、この義肢は通常のトラック用スパイクでは不可能なレベルの弾力と屈曲性を実現している、とみなされたのだ。この短距離競技用の義肢「オズール・フレックスフットチータ」のおかげで、ピストリウスはオリンピックレベルの走りができたわけだが、テクノロジーが発達するなか、何をもって規定内とするのかという議論が巻き起こった。最終的に、ピストリウスはオリンピック出場を認められ、二〇一二年のロンドン・オリンピックで二種目に参加したが、メダルには届かなかった。

　ピストリウスが装着していたようなランニング用の義肢を設計、推進する人々は、この論争で意気をくじかれる思いだった。テクノロジーを活かし、障害者ランナーにはこれまで不可能だったことを可能にしたのに、先行きが不透明になってしまった。

ピストリウスが着用したモデルは、ブレードにスパイクをはめ込めるので、全天候型トラックで問題なく機能した。しかし、ナイキがスポンサーを務める元パラリンピック選手のサラ・レイナーセンの場合、オズールの義肢を使ってトライアスロンに挑戦したかった。グリップ力を増すため、ふつうのランニングシューズからアウトソールをはがして義足に取りつけてみたものの、さらなる改善の余地がありそうだった。二〇〇六年、ナイキは彼女の協力を得て、「オズール・フレックスフット」の接地部分に装着するソールを開発した。ブレードに鞘のようにはめる仕組みで、簡単に着脱でき、従来のランニングシューズと同じく、ソール裏の凹凸が摩耗してきたら交換が可能だ。オズールと共同開発したこのナイキのソールは、現在、義肢装具士のオフィスなどを通じて世界じゅうで販売されている。

明らかな技術的メリットをめぐる問題のほかにも、高性能スニーカーの世界ではいくつかの議論が続いている。たとえば、ごく一般的なトピックとして、メーカーが示唆したほど画期的な性能ではない、という批判が巻き起こることもある。一部の企業は、誇大宣伝を慎まなければいけないと思い知るはめになった。

トニー・ポストが素晴らしいアイデアを思いついたのは、走者としてはどん底を味わっていた時期だった。彼は、リーボックやロックポートでキャリアを積み、ビブラムの米国支社のCEO兼社長に就任していた。イタリアに本社を置くビブラムは、一九三七年にブーツ向けゴム製アウトソールを初めて製造した会社として知られる。[4] トニーは膝の手術を終えたばかりで、五、六キロ走ると膝が痛みだすという状態だった。イタリアへ出張した際、試作段階の「ファイブフィンガーズ」を見かけ、試しに使ってみることにした。ファイブフィンガーズは靴というより手袋に近く、爪先が五つに割れていて指が一本ずつ入るようになっていた。ソールが薄く、クッション性はほとんどない。履いて走ってみると、ストライドがおのずと軽く速くなり、五キロほど過ぎても膝の痛みが出なかった。トニーは、いままでの靴のクッション性が、かえって徒《あだ》になっていたにちがいないと思った。「そういえば、以前にも経験がある、とわたしは思い出しました。大学時代にクロスカントリーをやっていたころ、コーチに命じられて、みんな、裸足でアメフト競技場を走ったんです」[5]。トニーは、自社の新しい靴に魅せられた。ランニング業界全体への影響にも思いを馳せた。ひょっとすると、ランニングシューズのつくりは、いままでずっと間違っていたのではないか？　本当に必要なのは、裸足のような薄いソールだけだとしたら……？

　二〇〇八年にファイブフィンガーズが発売されたあと、NPRのニュースクイズ番組「ウエイト、ウエイト、ドーント・テル・ミー！」の司会者であるピーター・セーガルが、二週間にわたってこの靴を試し、体験談を『ランナーズ・ワールド』に掲載した。「一一日目、スピードトレーニングの日。ふたたびファイブフィンガーズを履いてトラックを走り回ると、まるで足首が二〇〇グラム以上の重りから解放された気分だった。痛みを感じず、速く走れた」[6]。そのうえで、靴を見たランニング仲間や通りがかりの人が怪訝な表情を浮かべていた、と付け加えている。

　熱心な支持者が続々と現われ、この靴を履いたら膝、すね、そのほか脚の各部、腰、背中のなど痛みが消えたと触れまわった。二〇〇九年、オンラインニュースサイト「テッククランチ（TechCrunch）」にも、他メーカーの靴から乗り換えたという人が、こんなコメントを書き込んでいる。「わたしの両膝は悲鳴を上げていた。足首も両方痛かった。ところが数分後には、痛みがすっかり消えていた」[7]。同じ年、『ワイアード Wired』誌のジョン・スナイダーも、「プラスチック製のゴリラの足」[8]のようだと揶揄する一方で、否応なしに「より効率的なストライド」を生み出す、と評した。

従来の厚底ランニングシューズとは違う履き心地を追求し始めたのはビブラムだけではなかった。ナイキは二〇〇五年、軽量タイプの「フリー」シリーズを発売した。ソールが体節のように何段にもくびれていて、足裏をより柔軟に屈曲させることができる。まるで世界じゅうの靴デザイナーが独自のランニングシューズのアイデアを模索しているかのようだった。アルトラの創設者のひとりは、当時まだ高校生のクロスカントリー走者だったが、靴のかかとを剥がして詰め物を取り除き、オーブントースターと接着剤を使って元どおりにくっつけて、靴を軽くした。スイスのあるデュアスロン選手は、庭のホースを切り刻んでランニングシューズの底に接着し、クッション性と推進力を高めた。彼はやがてオンを共同設立し、横から見るとソールにピーナッツ大の穴がいくつも空いているかのようなデザインのランニングシューズを売り出すことになる。[9]

二〇〇〇年代末にランニングシューズ業界を最も揺るがしたのは、新作スニーカーではなく、一冊の本だった。クリストファー・マクドゥーガルの『BORN TO RUN 走るために生まれた』が二〇〇九年にベストセラーとなったのだ。プロローグでも触れたとおり、本書のなかで紹介されているメキシコ先住民のタラフマラ族は、一六〇キロもの長距離をけがもせず走り抜く。この部族の人々が、薄いサンダル（車の廃タイヤからつくるときもある）を履いて走っていることから、マクドゥーガルは、われわれのランニング中の負傷の多くは、現代的なクッション性の高いシューズが原因ではないか、と主張した。

　ハーバード大学教授で進化生物学者のダニエル・E・リーバーマンも、同じ意見を世に出した。彼のある共同論文によれば、ヒトは進化を通じて耐久走が得意なからだを手に入れたという。これは動物界では異例だ。たいがいの動物は、短い距離を素早く動いて獲物を捕らえる。執拗に追いかけて獲物を弱らせるという戦術は珍しい。リーバーマンの別の論文には、厚めの靴を履いた場合、裸足やそれに近い靴で歩いたときとはストライドが異なることや、より「自然のままの姿」のほうが、じつはけがを防ぎやすいことなどを記されている。換言するなら、人間の足は、接地時の衝撃にどう対処すべきかを本能的に知っており、靴のパッドは、進化によって育んだ能力を鈍らせていることになる。

『BORN TO RUN[10] 走るために生まれた』[11]はニューヨーク・タイムズ・ベストセラーリストに四年以上も載り続け、三〇〇万部以上売れて、ニッチな素足ランニングに世間一般の注目を向けさせた。結果として（わたし自身も含め）多くのジョギング愛好家が五本指スニーカーに履き替えようと決意した。フロリダ州在住のバレリー・ベズデックも、「裸足で走ると、健康にいいことばかり」というビブラムの宣伝を信じて、二〇一一年四月、ファイブフィンガーズを二足購入した。しかし、使用感に不満を覚えた。集団訴訟の訴状のなかで彼は、この靴が足の筋肉を強化し可動域を改善するといった「健康上の利益」には科学的な根拠がなく、消費者の誤解を招いた、と主張した。

　対するビブラムは、ベズデックらがこの靴の使用上の重要な注意点を見逃していると反論した。この靴の機能をフルに活かすためには、走るスタイルを調整する必要があり、かかとからではなく母指球のあたりで着地しなければならない、と。つまり、クッションの効いたスニーカーと同じ走りかたではいけないというわけだ。しかし、それについての議論はそこまでだった。ビブラムは、根拠となる科学的な根拠がない、という点で矢面に立たされた。ダニエル・リーバーマンの論文その他は、裸足で走ること全般についての議論であり、ビブラム製品の科学的な検証ではない。ビブラムは、いっさいの不正行為を否定したものの、二〇一四年、三七五万ドルを支払うことで和解に合意した。靴を購入した約一五万人の返金に応じるとともに、あらたな検証で裏付けがとれないかぎり、この靴の健康効果を宣伝しないことになった。

実際のところ、ミニマリズム論争に関しては、どちら側の言い分にも多くの根拠がある。一九六〇年と六四年のオリンピック・マラソンで優勝したアベベ・ビキラ選手や中距離でオリンピック出場を果たしたゾーラ・バッド選手のように、裸足で走った一流ランナーは過去にもいる。しかし一方で、クッション性のある靴を履いた選手はもっと多い。軽量靴を推奨したビル・バウワーマンにしろ、個別の選手に合わせて靴をカスタマイズする際、ときにはパッドをうまく配置して組み入れた。ランニング技術は生体力学的にみて非常に複雑だから、ある一つのかたちが万人にふさわしいというものではないのかもしれない。

リーバーマンも二〇一二年の論文で同様のことを述べている。「何を履いているかよりも、どう走るかのほうが重要である。ただし、履いているものが走りかたに影響を及ぼす可能性はある」[12]。すなわち、走りかたによって、「プラスチック製のゴリラの足」が効果的な人もいれば、そうでない人もいるかもしれない。

他のスニーカー会社も、裏付けのない性能を宣伝したとしてトラブルに巻き込まれている。

いわゆる「ダイエットシューズ」の売上高は、二〇一〇年代初頭のピーク時には一〇億ドル近くに達した。安定性を提供する従来のフィットネスシューズとは異なり、意図的に少し不安定につくられていた。あえて不安定な靴底のおかげで足の筋力を鍛えることができる、という触れ込みだった。二〇一一年のスーパーボウル中に放映された広告には、モデルのキム・カーダシアンが登場し、これからはスケッチャーズの「シェイプアップ」があるから、もうあなたはいらないわ、とパーソナルトレーナーを解雇する場面が描かれていた。宣伝によれば、この厚底スニーカーは、ただ履いて歩くだけで、筋力をアップし、カロリーを燃焼させることができるらしかった。シェイプアップのある広告は、「ジムなんか行かなくても、からだを鍛えられる」と約束していた。スケッチャーズは翌年、連邦取引委員会との和解に応じ、根拠なしにダイエットシューズのシリーズ製品を売り込んだとして罰金四〇〇〇万ドルを支払った。同様に、リーボックは、ダイエットシューズを買った客に総額二五〇〇万ドルを返金した。同社の「イージートーン」「ラントーン」は「一歩あるくたびに、ヒップが引き締まる」と宣伝されていた。

「きっと、シューズのおかげだ」という発想が浮かぶ時点で、わたしたちはすでにスニーカーに過度の期待を抱いているのだろう。無意識のうちに、このスニーカーさえ履けば、もっと高くジャンプできる、もっと速く走れる、もっと簡単に減量できる、と信じ込む。だからこそ、企業の誇大宣伝が現実化しないと、裏切られた気分になる（ときには法的措置をとる）。ビブラムが和解案を受け入れたあと数年間、ランニング愛好家たちの関心は正反対の方向へむかった。こんどは、ホカ・オネオネをはじめ、煉瓦の塊かと見まがうような厚底スニーカーが人気になった。

＊　＊　＊

言うまでもなく、「形状と機能の対比」という観点だけでスニーカーを眺めると、誤った二分法に陥りかねない。ビブラムのファイブフィンガーズにさえ、ファッションの要素も含まれている。ファイブフィンガーズは健康志向で活動的な雰囲気を醸し出すから、たとえば、品のいいポロシャツよりも、ハイキングシャツやカーゴパンツと組み合わせたほうがはるかによく似合う。また、「美学とテクノロジーは相いれない」などととらえてしまっては、過去二〇〇年にわたってスニーカーが歩んできた多層的な歴史を見誤ることになるだろう。スニーカーは非常に多彩な側面を持つものになった。その証拠に、テレビ司会者のミスター・ロジャーズも、ミュージシャンのカート・コバーンも、テニス選手のセリーナ・ウィリアムズも、まったく異なる分野の有名人でありながら、愛用の靴はスニーカーだ。

業界内においても、長い歳月のなかで、対立関係が変化したり、収束したりした。倒産したコンバースは、二〇〇三年に三億九〇〇〇万ドルでナイキに買収された。アディダスは二〇〇六年、三八億ドルでリーボックを買収し、アディ・ダスラーが創設したこのドイツブランドは、ナイキに次ぐ世界第二位のスポーツウェアメーカーとなった。カリフォルニアで旗揚げし、スケートボード用シューズで有名になったヴァンズも、二〇〇四年、アパレル企業のＶＦコーポレーションにおよそ四億ドルで吸収された。

今日、スニーカーのトレンドはますます影響力を強め、変化の速度も増しているようだ。ほんの一部だけで盛り上がり、ほかの人たちは気づきもしないような流行をさす「マイクロトレンド」

という用語が生まれたが、ポップカルチャーではまさにそんな現象がみられる。二〇一四年には、「目立たないことで目立つ」ことをめざす「ノームコア」なるマイクロトレンドが市民権を得た。スティーブ・ジョブズがつねに身に着けていた、黒のタートルネック、ジーンズ、ニューバランスのスニーカーという組み合わせは、意図的に「ふつう」を演出するユニセックスなスタイルの典型だ。あるデザイナーは、ノームコアの魅力をこう言い表わしている。「とくにニューヨークでは、ユニークではないものが、逆にとてもユニークなのです」[13]。「たわいないドラマ」であることがかえって人気を呼んだ『となりのサインフェルド』の放送終了から一五年後、コメディアンのジェリー・サインフェルドのワードローブが雑誌『ニューヨークNew York』に載り、「たわいないファッション」のヒントとして引き合いに出された。とくに彼の「親父っぽいジーンズ」と地味な白いナイキのスニーカーが象徴的だった。ノームコアのマイクロトレンドは、現われたとたんにたちまち消えた。『ニューヨーク・タイムズ』紙にいたっては、あれはファッションを利用した内輪のジョークだったのではないか、と伝えたほどだ。一部の人以外はまったく気づかずに終わった。

スマートフォンが普及し、ある種の話題が爆発的に広がる「インターネット・ミーム」の時代を迎えた昨今、当然、バイラル的に拡散された動画からスニーカーのトレンドの火がつくこともある。二〇一四年二月一五日、一五歳のジョシュア・ホルツは、一四歳の友人ダニエル・ララを映した短い動画をつなげて、ツイッター（Twitter）にアップロードした。どの場面にも、友人のスニーカー姿のかっこよさに感心したホルツが「Damn, Daniel（ダニエル、いけてる）」とカメラ外でつぶやく音声が入っていた。ある一場面では、ララは高校の水泳プールの脇を歩いており、ホルツが「またまた白いヴァンズを履いて登場」とコメントする。このツイートは四日間で一五万近い「いいね」を集め、元の動画やらパロディーやらがユーチューブ（YouTube）やバイン（Vine）で広まった。最初の動画投稿から三日後、ヴァンズみずから公式ツイートでこの動画を取り上げ、クロラックスやアックスなどブランドもそれに続いた。オークションサイトのイーベイ（eBay）には、「Damn, Daniel」撮影時の靴だという（嘘の）説明書きとともに白いヴァンズのスニーカーが出品され、入札額が三〇万ドルを超えた。一週間後、十代のホルツとララはそろって『エレンの部屋』に出演。この時点で動画の再生総数は四五〇〇万回を超えていたという。さらにララは、一生ぶんのスニーカーを贈られた――もちろん、ヴァンズから。

同社にしてみれば、数十足の靴など、バイラル・マーケティングの対価としてたいしたことはなかった。大物スターを起用したかつての広告――ナイキを履いたファラ・フォーセットのポスターや、ヴァンズを着用している若きショーン・ペンの映画のワンシーン――と比較して、「Damn, Daniel」は、華やかさでは劣るものの、いちだんと現代的だった。この動画が、ヴァンズにもたらした利益はいくらだったか？　ヴァンズの親会社のCOOは、投資家たちを前にした電話会見で売上報告を行ない、消費者への直接販売が二〇パーセント、オンライン販売が三〇パーセントそれぞれ増加したのはバイラル動画による影響だと述べた。[14]

ただし、バイラル動画は、文化のなかでほんの一瞬きらめいて、あっという間に忘れられていく。一九八〇年代に流行したテレビCM「ビーフはどこにある？」がいまや懐かしのコマーシャルになったように、今日の「Damn, Daniel」も、すぐに過去のものになってしまう。もっと持続的な効果を狙うなら、古い手とはいえ、やはり有名人を巻き込むにかぎる。誰がどこで何を着用していたのかは、毎週、さまざまなスニーカーやファッションのウェブサイトで話題になる。ナイキ、アディダス、プーマなどのブランドの宣伝代わりになっている半面、有名人みずからのイメージアップにもつながっている。ドレイクがエア・ジョーダンを履いてトロント・ラプターズの試合会場に現われた。ビヨンセがヘビ柄のオールスターを履いて歩いているのがニューヨーク市の歩道で目撃された。カニエは、どこへ行くにもみずからデザインした靴を履いている……。しかるべきスターがしかるべき場所でしかるべき靴を着用していることが、何より重大な意味を持つのだ。

二〇一六年一〇月、バラク・オバマ大統領の最後の公式晩餐に、ラッパーのフランク・オーシャンは、タキシードとチェッカーボード柄のヴァンズという装いで出席した。三年ぶりに記者との雑談に応じたオーシャンは、すぐさま、なぜスニーカーを履いてきたのかと質問された。「こんな服装で来たのは初めてだけど、そもそもおれはここに来たのが初めてでね」と彼はこたえた。「考えて行動したんじゃない。自然にからだが動いたまでだ」[15]。こうして衆目を集めたほかにも、ヴァンズにはうれしい知らせがあった。その週、同社は、四半期の売り上げが六パーセント増加したと明らかにした[16]。一時期の業績不振を脱して成長に転じ、一二年前には三億二〇〇〇万ドルだった販売額が二〇億ドル以上になったのだ。つまり、願ってもない強い追い風が、ソーシャルメディアにもエンターテイメントニュースにも吹いて、収支決算書に好影響が及んだ。

今日のメディアの状況では、ひょんなきっかけでブランドが恩恵を享受することもあるが、反対に、大きなダメージを食らうこともある。メリーランド州に本拠を置くアパレル企業、アンダーアーマーは、NBAのゴールデンステート・ウォリアーズで大活躍するステフィン・カリーを大手ブランドから引き抜いて、設立間もないスニーカー部門を急成長させた。ところが、二〇一七年二月のCNBCのインタビューで、アンダーアーマーの創設者であるケビン・プランクCEOは、ドナルド・トランプ大統領を「プロビジネス」であり、「国にとって真の財産」であると称賛し、「わたしは、「考えて考えて考える」よりも「物事をおおやけにして、行動を繰り返す」という世界で舵取りする人たちをおおいに支持する」と語った。この「真の財産」発言が放映された翌日、囂々たる非難が巻き起こり、アンダーアーマー陣営きっての著名アスリートであるカリーも、こんなふうにツイートした。「「財産（asset）」のetを削除すれば、この表現はぴったりだと思う」。彼はのちに、CEOの発言には反対だが、企業そのものには賛同し続けると述べた。ほかにも二名——元プロレスラーで俳優の〝ザ・ロック〟ことドウェイン・ジョンソンと、バレリーナのミスティ・コープランド——が、トランプ支持発言に公然と異を唱えたが、アンダーアーマーと袂を分かつことはしなかった。

トランプ支持を表明したらどうなるか、プランクは知っておくべきだった。ほぼ同じような騒動が三カ月前に起きている。二〇一六年の米大統領選挙から二四時間も経たないうちに、ニューバランスの広報担当副社長が『ウォール・ストリート・ジャーナル』に対し、トランプは「正しい方向に」物事を進めるだろう、と語った。非上場企業である同社は、靴の一部をいまだ米国内で製造しており、かねてから、貿易協定は、海外調達に頼るライバル会社を利するものである、と主張していた。SNS上では、このような背景がほとんど見落とされ、ニューバランスはトランプ大統領の政策全般を支持していると受け止められた。ツイッターには、「ニューバランスの靴はもう買わない」といった投稿が相次ぎ、手持ちのスニーカーを廃棄する動画がアップロードされた。投げ捨てる者もいれば、トイレに流す者も、火をつけて燃やす者もいた。[17]

ニューバランスは、混乱の収拾を図るため、「あらゆる種類の人生を受け入れる」とありきたりな声明を出したが、騒動は終わらなかった。ネオナチのあるブロガーが、「正しい方向」のコメントに称賛を送り、ニューバランスは「トランプ革命の公式ブランド」であり、「白人の公式シューズ」だと祭り上げた（ニューバランスの愛用者はおもに白人であるとの指摘は、過去にバラエティー番組『サタデー・ナイト・ライブ』でも取り上げられた。二〇一三年、番組内でこんな偽CMが流れた。冒頭は、ひとりのランナーがスタジアム観客席の階段を駆け上がっていくシーン。そこに「快適。サポート。安定性。ニューバランス。走るためにつくられた靴……」というナレーションがかぶる。続いてカメラが切り替わり、レギュラー出演者のティム・ロビンソンが映る。カーキ色のチノパンツを穿き、さえない眼鏡をかけた彼が言う。「……だけど、履いているのは、ずんぐり体型の白人男」）。[18] また、ニューバランスがありがたくない理由でもてはやされたことは以前にもあった。一九九〇年代のドイツで、ネオナチがニューバランスを好んで履いたのだ。Nのロゴは「ナチ」の頭文字だというこじつけだった。[19] 同様の目に遭ったブランドはほかにもある。ボクシングや総合格闘技のスポーツ用品で有名な、イギリスのロンズデールも、ネオナチから支持された。胸に大きく書かれた「LONSDALE」の両端がジャケットなどで隠れて中央の部分だけ見えると、ナチ党のドイツ語イニシャル「NSDAP」に似て見えるとの理由だった。関連性から距離を置くため、ロンズデールは、人種差別に反対するイベントを後援したり、二〇〇三年に有色人種のモデルたちを前面に出してキャンペーンを行なったりした。

一九九〇年代全体にわたって続いた労働搾取をめぐる論争とは違い、トランプ支持発言に対する世間の怒りはほどなく消えた。残り火があるとすれば、せいぜい、問題が勃発してから数カ月後も、製品ボイコットを呼びかけるハッシュタグ「#boycottnewbalance」がツイッターに散見されたことくらいだった。おそらく、一つには、深刻さがだいぶ異なるせいだろう。労働搾取は広くはびこっていたが、問題発言は、社内の一部の者が口を滑らせたにすぎない。とはいえ、インターネットユーザーの関心の移り変わりが速いことも無関係ではなさそうだが……。

いずれにしろ、ボイコット運動はアンダーアーマーよりもニューバランスに与えた打撃のほうが大きかった。アンダーアーマーの商品を捨てたり、燃やしたり、トイレに流したりする人が、それほどは多くなかったからかもしれない。しかし、ブランドの顔であるカリーが反対意見を表明した点が、火消しに非常に役立ったと思われる。アンダーアーマーの愛用者層は若く、連帯感が強いため、カリーの言葉を受け入れたのだ。これに対し、ニューバランスには、カリーほどの超大物はもちろん、ミスティ・コープランドに匹敵するくらいのスターも擁していなかった。多少の失敗を犯しても、信頼に足る有名人が、「このブランドは大丈夫」と国民を安心させてくれれば、事態は丸く収まりやすい。

アスリートがスポンサーに反旗を翻したこと自体は、あらたな現象といえる。マイケル・ジョーダンやチャールズ・バークレーがキャリアの最盛期にナイキの悪口を言ったためしがあっただろうか？　もっとも、スポーツ選手とブランドの売り手との関係は、一世紀にもわたって緩やかに大きな変化を遂げている。最初はただ、選手がそのブランドの製品を身に着けるだけだったが、やがてブランドの広告塔となり、ついには自分の名のブランドを築き上げるまでになった。すでに名前が知れ渡っているスターは、スポンサーに頼って知名度を上げたりイメージアップしたりする必要はない。SNSを使えば自力でブランドを確立でき、その気があるなら商品の販売もできる。宣伝に起用したがる企業側は、そうやって本人がつくり上げたファン層を手に入れたいわけだ。ステフィン・カリーのSNSのフォロワーは三六〇〇万人。[20] カリーが所属するウォリアーズが二〇一七年のNBAファイナルで勝利するのを見に来た観客の数より多い。[21] おそらくブランドにとって最大のリスクは、スターが会社に対する批判を口にすることよりも、スターの深刻なスキャンダルが発覚したあと関係を絶つ判断が遅れることだろう。ナイキの場合、スキャンダルが原因で、マイケル・ヴィック（闘犬賭博）、マニー・パッキャオ（同性愛嫌悪）、エイドリアン・ピーターソン（児童虐待）、オスカー・ピストリウス（殺人容疑）との契約を打ち切った。

カリーの一件では、スニーカーブランドの「顔」が初めてブランドの「良心」として振る舞った。彼のファンなら、自分が見込んだスターはさすがだと、胸がすく思いだっただろう。今日、靴を宣伝する有名人たちは――アスリートであれ、ミュージシャンであれ、その他であれ――一般人とほとんど同じ社会集団のなかにいて、インスタグラム（Instagram）のフィードでは友人や家族と同列に表示される。アンダーアーマーは結局、広報部の承認のもと、謝罪めいた全面広告を『ボルチモア・サン』紙に掲載したが、カリーのツイートのほうが効果は大きかった。なぜか？本気であることが伝わったからだ。

＊　＊　＊

スニーカーブランドは、消費者から注目され、選ばれ、先々まで買い続けてもらえるように、考えうる限りの努力を重ねる。しかし最終的には、購入後にどう扱うかによって、消費者とスニーカーとの関係が定まる。買ったスニーカーを毎日履くかもしれないし、特別なときだけ履くかもしれない。スポーツに活かす人もいれば、おしゃれに活かす人もいる。真新しいまま箱のなかに保管して、いずれ転売するつもりの人もいるだろう。ごみ箱へ投げ込まれて燃やされ、ＳＮＳで見世物になるスニーカーもある。愛されるスニーカーもあり、ないがしろにされるスニーカーもある。

同じ靴一足でも、履く人によって無数の意味を持つ。たとえば、何の変哲もないチャックテイラー・オールスターを思い浮かべてほしい。ダンサーのジーン・ケリーはチャックテイラーを愛用していた。ただ、靴紐のどこかが切れても、結び合わせるだけで済ませ、紐を買い直そうとはしなかった。[22] ふだんおしゃれな男性とはいえ、これでは、現在で言うスニーカーヘッズとしては失格だろう。それでも、彼の靴は最大限に愛されていたし、しじゅう履かれていた。当のチャック・テイラーも、バスケットボールのセミナーを行なう際、自分の名前が付いた靴を履いていた。カート・コバーンやラモーンズがステージ上で履くチャックテイラーは、じつにクールに見えた。レブロン・ジェームズは、チャックテイラーを履いてレッドカーペットを歩いた。マイケル・Ｊ・フォックスは映画『バック・トゥ・ザ・フューチャー』のなかで、一九五〇年代へタイムスリップしたことを表わす象徴としてチャックテイラーを着用していた。テイラー・スウィフトは、チャックテイラーを履いている姿をパパラッチに撮られた。シルベスター・スタローンは、映画『ロッキー』でランニング中に着用していた。ファーストレディーのミシェル・オバマはホワイトハウスの菜園で履いていた。もしかすると、いまから数千年後、未来の考古学者がコンバース・オールスターを次から次に発掘し、ほかのさまざまな事物がめまぐるしく変化する一方で、なぜこのスニーカーは同じ形状のまま、長い歳月、多くの人々に使い続けられていたのだろうか、と不思議に思うかもしれない。

いやあるいは、未来人もまだ同じスニーカーを履いているのか……。

エピローグ

ニューヨークのソーホー地区には、流行の画廊がいくつもあり、１ＤＫで月の家賃が数千ドルというアパートメントもある。カフェ、レストラン、ブティックが、どの道沿いにも所狭しとひしめいている。ニューヨークが「スニーカー王国の首都」[1]だとするなら、ソーホー地区はさしずめ、その首都内の「証券取引所」だろう。ハウストン・ストリートの南にある一角ほど、ハイエンドで有名なスニーカー店が数多く並んでいる場所は、地球上ほかにない。見る人が見れば、ここだけでスニーカーの歴史を一望できる。

　八月のありふれたある金曜日、アベイシングエイプの販売店の外には十数人の行列ができていたが、ふだんよりもスムーズに動いていた。ＢＡＰＥの略称でも知られるこの日本発のブランドは、人気のストリートウェアだが、他のブランドにくらべると手に入れやすい。店のウインドウには、トレードマークのゴリラがステンシル画で描かれ、「ハランベよ、安らかに眠れ（RIP Harambe）」のひとことが添えられていた。ＢＡＰＥのスニーカーの多くは、素人目には、ごくありきたりなナイキ、ニューバランス、アディダスなどの靴と見分けがつかないだろう。しかし、スニーカーヘッズを顧客対象とするＢＡＰＥのような店としては、それこそが狙いだった。つまり、素人は気づかず、マニアだけが知るスニーカーなのだ。

「一〇分以上待つんなら、父さんは付き合いきれないぞ」。ひとりの父親が、強いニュージャージー訛りで息子に言った。息子は十代で、ついさっき列の最後尾に加わったばかりだった。息子の時間の浪費に抗議するかのように、父親は、行列を仕切るロープの外側に立っていた。「スニーカーに五〇〇ドルも六〇〇ドルも払うやつなんて、医者に頭を診てもらったほうがいい」。そうぼやく父親自身は、黒地にオレンジ色のスウッシュが入ったナイキを履いていた。

二、三ブロック先に、もっとはるかに長い行列ができていた。シュプリームで買い物をしようと、数百人がラファイエット・ストリート二七四番地に群がっているのだった。この店は超レア物を扱っており、二〇一四年には、ナイキのレアなモデルを求めて、転売をもくろむ人々が一〇〇〇人並んだこともある。いったい何事なのかわかっているのは、列に並んだスケートボード好きのティーンエイジャーか、その長い行列を見張っている、ふだん親切だが外見は厳つい警備員たちくらいだった。行列は二ブロックにも及び、警備員の話では、ブロック一つあたりが約一時間待ちに相当するらしかった。店内に置かれている商品はそう多くない。レジの横にきれいに並べられたスケートボード、片側の壁にまとめて展示されているスニーカー、反対側の壁の棚に無造作に置かれたシャツ……。

数ブロック西にあるプラダの外には、行列ができていない。それに比べ、シュプリームの狭い店内はきょうもまた、人の手と腕で埋め尽くされていた。手という手が、あらゆる商品をさわり、握る。まるで、どれもがこれもが、二度と手に入らない品であるかのようだった。いや実際、ある意味ではそのとおりなのだ。すべての商品が限定生産であるという点が、シュプリームの人気の秘密だった。白抜きの印象的なロゴには「Futura Heavy Oblique」なる書体が使用されている。Tシャツ、スケートボード、スニーカーと、商品どれもがアーティストやデザイナー、ミュージシャン、スケートボーダー、あるいは何らかの企業とコラボした限定品だ。ミニマルなものからガーリッシュなもの、インスパイアされたものからキッチュなものまで、幅広く展開している。二〇一六年秋冬コレクションには、シュプリームのロゴが刻印された煉瓦まで含まれており、価格は一個三〇ドルだった[2]。最近は、ルイ・ヴィトンとも、ヴァンズともコラボレーションした。

これもまた、高級ファッションもティーン向けおしゃれも手がけるという姿勢の表われだ。

少し歩いてマーサー・ストリート二一番地まで行くと、ナイキラボがある。以前は、同社のハイテク開発研究施設（ナイキ・スポーツ研究所）と混同されないように、ナイキラボの名前を避け、住所が通称になっていた。この日の午後、ナイキラボの商品棚には、サンダルふうのスニーカー「ナイキ・チャラプカ」（一二〇ドル）、野球ボールの縫い目がほどけかけたようなデザインの「エア・フットスケープ」（一八〇ドル）、限定生産のレトロな「エア・ジョーダンⅦ」（二〇〇ドル）が並んでいた。エア・ジョーダンⅦは、一九九二年オリンピック——ナイキ対リーボックの戦いが頂点に達していたころ——のドリームチームでジョーダンが着用したモデルに似ている。ほかに、リオ・オリンピック時のUSA代表とブラジル代表のジャケットや、十種競技選手アシュトン・イートンが宣伝するペイズリーのようなプリント柄のトレーニングウェア、GYAKUSOUの文字が大胆にあしらわれたランニングシャツ——日本人デザイナーでアンダーカバーというブランドを立ち上げた高橋盾《じゅん》が、ナイキとコラボしたもの——などが販売されていた。ナイキの原点であるランニングが、ストリートファッションにも取り入れられたのだ。

ソーホー地区から踏み出すと、近隣にはほかにもたくさんのスニーカーショップがある。「スニーカー暴動」で有名なリード・スペースは、ほんの数ブロック東だ。また、北にはフライトクラブがあり、委託販売のかたちで靴を売っている。エア・ジョーダンをはじめとするレアなバスケットボールシューズが壁に並んでおり、興味本位でいじられないように一足ずつビニールで包んである。五分ほど歩いた先にはデザイナー・シュー・ウェアハウスがある。ここではコンバース・オールスターやヴァンズSK8‐HIなどのスニーカーと同じ棚に、ナイキ・エア・モナークⅣ

が並んでいる。このモナークⅣは、六〇ドルの基本的なクロストレーニング用シューズで、二〇一三年にナイキのどのモデルよりもよく売れた[3]。四番街を進むと、こんどはKマートが見えてくる。大手スーパーマーケットだけあって、安価な靴の品揃えが充実している。フライトクラブでエア・ジョーダンを一足購入するのと同じ金額を出せば、エバーラスト、ライズウェア、アスリーテックなどのスニーカーを、買い物袋がぱんぱんに膨らむくらい買い込むことができる。

　わたしたちがスニーカーに手を伸ばす理由はごまんとある。安いから。高いから。希少価値があるから。革靴を汚したくないから。スタイリッシュだから。地味で目立たないから。挙げればきりがない。Kマートで買う客は、コストパフォーマンスや気楽さを重視しているのかもしれない。シュプリームの前で行列しているティーンエイジャーは、友達の誰も持っていない靴を持ちたいのかもしれない。ビニール包装された靴をフライトクラブで購入する客は、若いころに買えなかったあこがれの靴を入手して、長年の夢を叶えたいのかもしれない。

　ときには、説明のつかない理由もある。

　少し前、うちの近所のスニーカーショップが、季節ごとに開催する「在庫限り」セールをやっていた。わたしは、とくに何が欲しいというわけでもなく、店をのぞいた。そんな気分でショッピングをするときは、たいがい、思いがけない掘り出しものに出合うか、逆に、いらないものを買い込んで後悔するかのどちらかだ。その日ふと、「ナイキ・エア・プレスト・エッセンシャル」という靴が目に留まった。まるで靴下のような伸縮性のあるネオプレーンのアッパーが特徴の、ハイテク素材ランニングシューズだった。それを履いた瞬間、わたしはタイムスリップした。大学時代にプレストを履いていたころの感触がよみがえった。あの靴でいったいどれだけの距離を走っただろう。ソールに穴が空くまで、まさに履きつぶしたものだ。きょうはこの改良モデルを買って帰ろう、とわたしは決めた。あとは色を選ぶだけだ。連れてきていた四歳の娘に、何色がいいかな、と相談した。内心、グリーンがよさそうに思え、娘も賛成してくれることを期待していた。しかし、親の心、子知らずだ。

「グリーンは嫌」と娘は言った。

「なんで？」

「かっこ悪い。好きじゃない」

「どうしてグレーのほうが好きなの？」

「わかんない」

「じゃあ、グリーンを買おうっと」

「いやあああああ。それ嫌い」

で、わたしが買ったのは……グリーンだった。次の日には、娘も文句を言わなくなった。しかし、四歳でもすでに、好みには強いこだわりがあるわけだ。わたし自身、なぜグレーよりグリーンが気に入ったのか説明できない。結局のところは、よくありがちな「べつに理由はないけど、そうしただけ」だ。数カ月後、わたしの自宅アパートメントに空き巣が入った。複数犯らしいその泥棒は、テレビ、任天堂ゲーム機、パスポートは取らなかったが、わたしのノートパソコンと時計、そしてグリーンのスニーカーを持ち去った。不思議なことに、隣にあったオレンジ色のスエードのナイキは盗まれなかった。こそ泥にも、スニーカーの好みがあるらしい。

エピローグ

この本を執筆しているうち、わたしは厄介な癖が身についた。他人が履いている靴に、すぐ目が行ってしまうのだ。たったひとりの力による、そうした社会学的調査の積み重ねを通じて、いくつかの結論に達した。科学的には何の根拠もないが。その一、コンバースの将来は明るい。わたしはいま、オーストリアの首都ウィーンの大きな商店街の近くに住んでいて、この近所では、小さな子供、十代の若者、お母さんがた、さらには、おばあさんがたまで、チャックテイラー・オールスターを履いている。その二、クラシックなデザイン（とくに白）は、今後も末永く健在だろう。ティーンエイジャー、大学生、流行に敏感な人（ここウィーンでは「ボボ」と呼ばれている）は、コンバース・オールスター、アディダス・スーパースター、アディダス・スタンスミスに惹かれる傾向がある。ただし、スタンスミスの人気は少し陰り気味だ。全モデルに似顔絵が入っているにもかかわらず、スタン・スミスが実在する往年のテニス選手であることを知っている人は、購入者のうち意外に少数ではないかと思う。チャック・テイラーが実在の人物であることをもはや知らない人が多いのと同じだ。最後にその三、スニーカーのエコシステムは、行く先々で異なる。ニューヨークでは、エア・ジョーダンは現在もしゃれた靴とみなされている。ウィーンでは、それほどでもない。パリでは、ルックス磨きに必死なのは何より格好悪いこととされる。逆に東京では、どうやら、何でもかんでも流行する。ブダペストでいちばんホットなのは、相変わらず、共産主義時代のブランドであるティサ・チポだ。

さて、こうしてスニーカーのことばかり考えて暮らしてきたわたしは、自分自身をスニーカーヘッズだと思っているのか？　まあ、「スニーカーファン」かと聞かれれば、イエスと答えるだろう。「スニーカーマニア」かとなると、そこまでではない。職人芸の素晴らしさは感じるものの、一足に一〇〇ドル以上払うのは、どうも気恥ずかしい。ランニングシューズも含めれば、一週間毎日違うスニーカーを履けるだけの数は持っている。服装に合わせて使い分けているらしいな、と人から思われてもおかしくない数だ。しかし、わたしがいちばんよく履くスニーカーは、持っているなかでいちばん高価なものでもなければ、いちばん派手なものでも、いちばん状態がいいものでもない。履き古しの黒いアディダスだ。特徴がなさすぎて、モデル名すらわからない。

わたしはスニーカーが好きだ。理由はただ一つ。自分の足にフィットするから。

謝辞

わたしのもう一つの趣味であるランニングと同様、本書の執筆は、大半が孤独で、ときには心細い行為だった。ただしもちろん、ひとりきりでやり遂げたわけではない。おおぜいのコーチ、トレーナー、ペースセッター、メンター、マネージャーの助けがなければ、この本は存在しなかっただろう。

誰よりもまず、コロンビア大学ジャーナリズム学部で書籍についての講義を行なっているサミュエル・G・フリードマンに感謝したい。作業当初から、彼の励ましや指導をもらえたおかげで、本書の完成にこぎつけることができた。彼の授業で学んだ貴重な教訓は、調査や執筆の過程でつねに支えになった。彼が口癖のように繰り返す「時は短し、手際よく」という言葉はまったく身に染みる。

編集者のミーガン・ハウザーをはじめ、クラウン社の素晴らしいみなさんにも感謝の意を表したい。細部と全体図を鋭く見つめるミーガンの目が、つたない草稿を磨き上げ、ここまでの完成形にしてくれた。

わたしの優秀な出版代理人である、ディステル＆ゴデリッチ・リテラリー・マネジメント社のジョン・ルドルフにも感謝する。彼の忍耐心と提案力があってこそ、企画がかたちになり、わたしが本書を執筆する機会を得られた。

また、原稿がまだ非常に荒削りだったごく早い段階から、キャリー・リード、アイニッサ・ラミレス、ヒラリー・ブルークには何かと助けてもらった。この三人の意見や提案はたいへん貴重だった。本当にありがとう。

リントン家の方々にも、とくに感謝したい。リントン・フェローシップの寛容な援助をいただけたおかげで、この出版プロジェクトの信用度がおおいに増し、調査の際にもきわめて役立った。

調査助手のステイシー・シェフチクは、写真の掲載許可を得るうえで不可欠な貢献をしてくれた（日本語版では権利の関係上掲載を見送った）。

ビル・バウワーマンに関わるさまざまな論文の整理には、ジェニファー・オニールをはじめとするオレゴン大学図書館、スペシャル・コレクションズ、大学公文書館のスタッフから協力を得た。ここに感謝する。また、ニューヨーク市公園写真アーカイブスのレベッカ・バージェス、および、きわめて幅広い種類の文書を探し出す作業を手伝ってくれたコロンビア大学図書館の数多くのスタッフにも謝意を捧げる。

靴とスポーツ産業に関する数々の優れた著作も参考にさせていただいた、とくにエリザベス・センメルハックの『Out of the Box: The Rise of Sneaker Culture』、バーバラ・スミットの『Sneaker Wars』、J・B・ストラッサーとローリー・ベクルンドの『Swoosh』、ドナルド・カッツの『ジャスト・ドゥ・イット——ナイキ物語』、エイブラハム・アミドールの『Chuck Taylor, All Star』、チャールズ・スラックの『Noble Obsession』、ボビト・ガルシアの『Where'd You Get Those?』に感謝したい。

また、スニーカーがらみのマニアックな話題に辛抱強く耳を傾け、読むに堪えないような草稿に目を通してくれた友人や家族にも感謝している。加えて、執筆の期間中、インタビューや質問、その他のサポートに貴重な時間を割いてくれたすべての人々にも感謝する。

最後に、妻のガーディールには格別の謝意を表すとともに、本書を彼女に捧げたい。本の執筆過程ではあまり語られることのない、舞台裏の諸事をこなしてくれた。たとえば、親としての責任を夫婦均等どころではなく担い、わたしが夕方や週末にじゅうぶんな執筆時間を確保できる環境をつくってくれた。そのうえ、靴がどうのスニーカーがどうのというわたしの絶え間ない愚痴も親身になって聞いてくれた。絶妙のタイミングを察して、長い執筆の合間に温かいピザを差し入れてくれるという、鋭い勘の持ち主であることも言い添えておく。陳腐な表現だが、いかなる大きな企てにおいても、パートナーは知られざる真の英雄だ。完成した成果のおもてには名前が出ないにせよ、パートナーの目に見えない努力や苦労は、同じように称賛されてしかるべきだと思う。

訳者あとがき

「お似合いの靴をもらえれば、女の子は世界を征服することだってできる」。かつてマリリン・モンローはそんな言葉を残した。それくらい、靴には不思議な力がある。

靴の魔力がとりわけ凝縮されているのが、スニーカーだろう。日常生活で役立つ一方、ときには陸上競技の世界新記録を支え、ときには芸術品としてコレクションされる。

本書は、スニーカーがいかにして独自の地位を築き上げたのかを俯瞰できる一冊だ。実用的なゴムが発明された一八三〇年代から、スニーカーが生まれ、発展し、ポップカルチャーの象徴となって現代にいたるまでの経緯が描かれている。著者ニコラス・スミスは、優れたキュレーターのように、さまざまな角度から無数のエピソードを巧みに紡いでいく。

読み進むにつれ、スニーカーの不思議さ、存在意義の大きさに驚かされるだろう。なにしろ、靴の歴史は少なくとも紀元前七〇〇〇年から始まったにもかかわらず、現代のわたしたちが当たり前に履いているゴム底の靴は、つい百数十年ほど前に誕生したにすぎないのだ。

スニーカーが進化し、一気に普及した背景には、産業革命があり、オリンピックがあり、さまざまな人間ドラマがある。不遇の発明家がいて、確執する兄弟がいた。敏腕の営業パーソン、スポーツ選手、映画監督、俳優、歌手、デザイナー、マーケッター……。いや、人間ばかりか、タコやワッフルまでが、スニーカーの歴史に大きく貢献した。

ジョギング、エアロビクス、ブレイクダンス、ラップ、スケートボードといった数々のブームも、スニーカーとのつながり抜きには語れない。本書を読み終わったとき、きっとあなたは、ほかの人の足元が気になり始め、と同時に、スニーカーをもう一足買いたくなっているに違いない。

さて、本書の終盤にはスニーカーが社会全般に広げた波紋について書かれているが、この先、政治の世界でもスニーカーが注目を浴びるかもしれない。

二〇二〇年のアメリカ大統領選挙中、民主党の副大統領候補に指名されたばかりの黒人女性カマラ・ハリスが、ミルウォーキーの空港に到着した。その姿がたった八秒の動画とともにツイッターで報じられたところ、話題沸騰となり、再生数が五六〇万回を超えた。軽やかにタラップを下りる彼女が、黒のチャックテイラーを履いていたからだ（https://twitter.com/tylerpager/status/1303001456803483648?s=20）。女性政治家がこれほど堂々と、カジュアルなシューズで選挙活動をしたことはかつてなかった。

その後ハリスは、スニーカーショップでインタビューに応じ、ツイッター人気に関してこう語った。「スニーカーは、自分が本当は何者なのかというステートメント（意思表明）なのよ。誰の心のなかにもチャックがいる」（https://www.youtube.com/watch?v=iUpWGOEXcHg）

選挙の勝利後、「副大統領になっても、わたしはわたし」とばかりに笑顔を浮かべ、やはりチャックテイラーを履いた彼女が、ファッション誌『ヴォーグ』の表紙を飾った。その見出しいわく「ザ・ニュー・アメリカ」。

スニーカーの歴史は、すでに次の一歩を踏み出しているらしい。

二〇二一年四月　中山宥

索引　Index

・［＊］はフィクション作品の登場人物等の人物を示す。
・社名・ブランド名の下位記載はスニーカーモデル名を示す。

■人名・組織名・団体名

英数

あ

索引

か

さ

索引

た

な

は

索引

ま

や

ら

索引

わ

■書籍・雑誌・映像・舞台作品など

英数

あ

か

さ

た

な

は

ま

ら

わ

註

備考
本書はノンフィクション作品である。登場人物の合成や、意図的な捏造はいっさい無い。本文中の引用は、インタビュー、ドキュメンタリー、メディア記事に含まれる談話、もしくは、以下に挙げる書籍、回顧録、雑誌や新聞の記事、手紙、学術研究、アーカイブ資料、その他の文書にもとづくものである。

1. クリスチャン・ルブタン (Christian Louboutin) へのサラ・シドナー (Sara Sidner) によるインタビュー, *Talk Asia*, CNN, Aug. 10, 2012; http://www.cnn.com/TRANSCRIPTS/1208/10/ta.01.html.
2. Tupac Shakur and Andre Love, "California Love," Death Row Records/ Interscope, 1996.

プロローグ

1. Brian Fidelman, "The Roving Runner Goes Barefoot," *New York Times*, Oct. 5, 2009; https://well.blogs.nytimes.com/2009/10/05/the-roving-runner-goes-barefoot/?mcubz=3&_r=0.

第 1 章

1. Charles Slack, *Noble Obsession: Charles Goodyear*, Thomas Hancock, and the Race to Unlock the Greatest Industrial Secret of the 19th Century (New York: Theia Books, 2002), 31.
2. Charles Goodyear, *Gum-elastic and Its Varieties, With a Detailed Account of Its Applications and Uses, and of the Discovery of Vulcanization* (New Haven, CT: self-published, 1853), 267.
3. Slack, *Noble Obsession*, 28.
4. 同上, 107. こうした刑務所で、債務者は、たちの悪い板挟み状態に陥った。借金を返済すれば出所できるが、収監されているあいだは、ろくに金を稼げない。多くの場合、債務者が解放されるのは、債権者側が囚人の毎日のパン代を負担することに嫌気がさしたときだった。
5. 同上, 42.
6. "Population and Housing Unit Counts, New York: 2000," U.S. Census Bureau, September 2003; https://www.census.gov/prod/cen2000/phc-3-34.pdf, 31.
7. Elizabeth Semmelhack, *Out of the Box: The Rise of Sneaker Culture* (New York: Skira Rizzoli Publications, 2015), 23.

8. 同上, 26.
9. 同上, 23. 一般的に同社がゴム底のサンドシューズを発明したと言われているが、著者センメルハック（Semmelhack）は、その確固たる証拠はいまのところないと述べている。
10. Matthew Algeo, *Pedestrianism: When Watching People Walk Was America's Favorite Spectator Sport* (Chicago: Chicago Review Press, 2017), 18.
11. 同上, 21.
12. 1900年を迎えるころには、ウォーキング熱はもう冷めていた。歩行レースには不正が多かったうえ、コースが不正確で、タイムの測定方法も標準化されていなかったため、一般の人々の関心は、ルール、距離、記録の統一性があるランニングへ移っていった。
13. Edward S. Sears, *Running Through the Ages* (Jefferson, NC: McFarland & Company, 2015), 52.
14. Semmelhack, *Out of the Box*, 201.
15. Sears, *Running Through the Ages*, 85.
16. Slack, *Noble Obsession*, 195.
17. 同上, 165.
18. 同上, 184.
19. Daniel Webster, *The Writings and Speeches of Daniel Webster*, vol. 15 (Boston: Little, Brown & Company, 1903), 443.
20. 「特許海賊」は、現代で言う「パテント・トロール」に相当する。特許権を可能なかぎり買いあさり、その特許権を侵害しているとして他企業を相手取って訴訟を起こす会社を指す。訴訟の根拠があるかどうかはほとんど重要ではなく、狙いは、示談で儲けることにある。訴えられた側にしてみれば、本格的に裁判で争うよりも、示談で済ませたほうがたいがい安く済むのだ。
21. Webster, *The Writings and Speeches of Daniel Webster*, vol. 15, 442.
22. クロッケーがゲームとして爆発的に普及し始めたのは1850年代で、きっかけは、最初に発明された芝刈り機の特許が切れたことだった。クロッケーのプレーに適した刈りかたができる、さまざまなタイプの芝刈り機が出回るようになった。
23. Patricia Campbell Warner, *When the Girls Came Out to Play: The Birth of American Sportswear* (Amherst: University of Massachusetts Press, 2006), 29.
24. 同上, 29.
25. Semmelhack, *Out of the Box*, 23.
26. "New Kind of Sport Shoe; The Sole Is Made of Unvulcanized Crepe Rubber," *New York Times*, Nov. 6, 1921; https://timesmachine.nytimes.com/timesmachine/1921/11/06/107031542.html.
この記事ではさらに、ブランケットクレープのゴムソールを持つ靴は、弾力性がまさっているものの、2、3週間しか保たない安価なゴム製のプリムソルにくらべて高価である、と述べている。
27. 特許をめぐる争いに苦しみつつも、グッドイヤーは、自分の発明品を多くの人々が利用しているという事実に慰めを感じ、「種をまいても誰も刈り取ってくれなかったら、人は後悔しか感じない」と記している。以下を参照のこと。*A Centennial Volume of the Writings of Charles Goodyear and Thomas Hancock* (Boston: Centennial Committee, American Chemical Society, 1939), 97.

註

第 2 章

1. Richard Davies, *Sports in American Life: A History* (New York: Wiley-Blackwell, 2007), 76.
2. James Naismith, *Basketball: Its Origins and Development* (Lincoln: University of Nebraska Press, 1941), 109.
3. 広告, *The Sacred Heart Review*, Aug. 3, 1895, 2. これと、およそ90年後のRUN-D.M.C.の歌詞との類似性が指摘されている。RUN-D.M.C.の曲のなかに、おれはスニーカーを履くがこそ泥ではない、との一節がある。以下を参照のこと。Semmelhack, *Out of the Box*, 33
4. 以下の記事中の引用より。"The Sneakers/Tennis Shoes Boundary," *American Speech* 61, no. 4 (Winter 1986): 366.
5. Google Books Ngram Viewerを利用して、"sneakers," "tennis shoes," "gym shoes," "plimsolls," という4つの呼称を比較した（2017年8月15日現在）。
6. Elizabeth Semmelhack, *Out of the Box: The Rise of Sneaker Culture* (New York: Skira Rizzoli Publications, 2015), 40.
7. Naismith, *Basketball*, 90 (以下にも引用あり。Semmelhack, *Out of the Box*, 40).
8. Patricia Campbell Warner, *When the Girls Came Out to Play: The Birth of American Sportswear* (Amherst: University of Massachusetts Press, 2006), 49.
9. Sam Roberts, "On Staten Island, the Earliest Traces of American Tennis," *New York Times*, Aug. 20, 2010; https://cityroom.blogs.nytimes.com/2010/08/20/on-staten-island-the-earliest-traces-of-american-tennis/?mcubz=3.
10. ちなみに、彼女の弟であるユージニウス・ハーベイ・アウターブリッジは、ニューヨーク港湾局の初代会長であり、ニューヨークとニュージャージーを結ぶアウターブリッジ・クロッシング橋の名前の由来にもなった。
11. Warner, *When the Girls Came Out to Play*, 44.
12. Pierre de Coubertin, *Olympism: Selected Writings*, ed. Norbert Müller (Lausanne: International Olympic Committee, 2000), 604.
13. Davies, *Sports in American Life*, 106.
14. 同上

第 3 章

1. Abraham Aamidor, *Chuck Taylor, All Star* (Indianapolis: Indiana University Press, 2006), 64.
2. 長らくこの2つのチームがテイラーの名前と結びつけて語られてきたものの、じつは、在籍していたという本人の主張を裏付ける証拠はほとんどない。また、「世界チャンピオン」の大会には北東部の白人オンリーのチームがいくつか参加していたにすぎないから、名称がおおげさすぎると言わざるを得ない。「オリンピックチャンピオン」については、このチームの数人が1904年大会でプレーしたことは事実だが、当時、バスケッ

トボールはまだデモンストレーション競技だった。だいいち、オリンピックのチャンピオンになれるのは国の代表チームであり、街のチームではない。

3. Elizabeth Semmelhack, *Out of the Box: The Rise of Sneaker Culture* (New York: Skira Rizzoli Publications, 2015), 202.
4. Aamidor, *Chuck Taylor, All Star*, 45. テイラーが語る自身の経歴は何かと眉唾物だが、コンバースに入社した時期についても少々怪しい。本人は1921年と述べているものの、後年の研究によれば、1922年である可能性が高い。
5. 現在知られているマディソン・スクエア・ガーデンは、1968年に開業。この名称を持つアリーナとしては四代目に当たる。初代は1879年、二代目1890年に開業した。
6. John Beckman, *American Fun: Four Centuries of Joyous Revolt* (New York: Vintage, 2014), 166.
7. Aamidor, *Chuck Taylor, All Star*, 30.
8. ウィングフッツをめぐって、「歴史は繰り返す」の面白い一例がみられる。2017-18年シーズン中、クリーブランド・キャバリアーズが、ユニフォームにアクロン・グッドイヤー・ウィングフッツのロゴを付けた。チャック・テイラーらが活躍した往年のバスケットボールの正統な継承者である、と誇示するためだった。テイラーは当時の最も有名な選手であり、コンバースを履いていた。一方、時が流れて2017-18年に最も有名な選手といえばクリーブランドのレブロン・ジェイムスであり、彼は、コンバースを傘下に収めたナイキを着用していた。
9. レンズことニューヨーク・ルネッサンスで活躍する選手たちとハーレムとのつながりは非常に深かった。その縁から、オーナーのエイブ・セイパースタインは、全員が黒人選手からなる新しいバスケットボールチームの名前を決める際、シカゴで結成されたチームにもかかわらず、「ハーレム・グロベトラッターズ」に決定した。
10. 新しい町を訪れたとき、テイラーの信頼度が高まったに違いない。当時（も現在も）、彼の主張を確認するすべはまず存在しない。
11. バスケットボール界の白人対黒人という構図におけるボストン・セルティックスの立場は、のちに、スパイク・リー監督の映画『ドゥ・ザ・ライト・シング』のなかで鮮烈に描かれることになる。
12. Aamidor, *Chuck Taylor, All Star*, 68.
13. Semmelhack, *Out of the Box*, 49.
14. Aamidor, *Chuck Taylor, All Star*, vii–viii.
15. 今日のルールと同様、ドリブルは一回しか認められず、もしいちど手を止めてしまったら、別の誰かにボールを渡すほかなくなるのだった。
16. Aamidor, *Chuck Taylor, All Star*, 48.
17. *Popular Mechanics*, April 1929.
18. 2017年9月現在〔訳注：2021年2月現在も〕、ウィリアムズはグランドスラムのトーナメントシングルスで23勝を挙げており、24勝のマーガレット・コートに次ぐ史上2位である。

第4章

1. Richard Corliss, “All-TIME 100 Movies: *Olympia*, Parts 1 and 2,” Time, Jan. 14,

2010; http://entertainment.time.com/2005/02/12/all-time-100-movies/slide/olympia-parts-1-and-2-1938/.

2. 一般には、オーエンスはダスラー兄弟の靴を履いてメダルを獲得したといわれている。しかし、Semmelhack, *Out of the Box*, 54によれば、彼がダスラー兄弟の靴を着用していたのは練習時だけで、本番では着用しなかったという。実際のところ、彼が履いていたとアディダスが主張する靴と、競技中に撮られた写真で彼が履いている靴とは、一致しないように見える。
3. Barbara Smit, *Sneaker Wars: The Enemy Brothers Who Founded Adidas and Puma and the Family Feud That Forever Changed the Business of Sport* (New York: Harper Perennial, 2009), 5.
4. Office of United States Chief of Counsel for Prosecution of Axis Criminality, "Program of the NSDAP: Document No. 1708-PS," *Nazi Conspiracy and Aggression*, vol. 4 (Washington, DC: U.S. Government Printing Office, 1946), 210.
5. Office of United States Chief of Counsel for Prosecution of Axis Criminality, *Nazi Conspiracy and Aggression*, vol. 5 (Washington, DC: U.S. Government Printing Office, 1946), 931. 以下の文献では、英訳が多少異なる。Semmelhack, *Out of the Box*, 54.
6. Barbara Smit, *Pitch Invasion: Adidas, Puma and the Making of Modern Sport* (New York: Penguin, 2007), 14.
7. René Hofmann, "Kängurus an den Füßen," *Süddeutsche Zeitung*, Dec. 11, 2008（著者の英訳にもとづく）; http://www.sueddeutsche.de/sport/fussballschuhe-kaengurus-an-den-fuessen-1.784197.
8. Smit, *Sneaker Wars*, 19.
9. 何十年も経った今日でも、両社はブランディングをめぐって争っている。2017年、プーマが側面に4本の平行なストライプが入ったサッカーシューズを生産したところ、アディダスは訴訟を起こし、「わが社の卓越したサッカーブランドとしての名声にタダ乗りしようとしている」と主張した。
10. Kate Connolly, "Adidas v Puma: The Bitter Rivalry That Runs and Runs," *The Guardian*, Oct. 19, 2009; https://www.theguardian.com/sport/2009/oct/19/rivalry-between-adidas-and-puma. 死すらもこの兄弟の反目を解消することはできず、ふたりはヘルツォーゲンアウラッハの墓地の反対側に埋葬された。
11. "Die feindlichen Stiefel," *Der Spiegel*, June 24, 1959. 本書の著者による翻訳であり、原語は以下を参照のこと。"Sie sind nur ein kleiner König; wenn Sie nicht spuren, wählen wir einen anderen Bundestrainer"; http://www.spiegel.de/spiegel/print/d-42625840.html.
12. 同上。原語では "Erst kommt Herberger, und dann der Herrgott!"
13. Smit, *Sneaker Wars*, 36.
14. "Streifen gewechselt," *Der Spiegel*, July 15, 1964.
15. Gunnar Meinhardt, "Ich hasste Deutschland, ich wäre zerbrochen," *Welt*, March 22, 2017; https://www.welt.de/sport/leichtathletik/article163054207/Ich-hasste-Deutschland-ich-waere-zerbrochen.html.
16. Tom Lamont, "Frozen in Time: Armin Hary Wins 100m Olympic Gold, Rome, 1960," *The Guardian*, Jan. 10, 2010; https://www.theguardian.com/sport/2010/jan/10/frozen-in-time-olympics-100m. David Maraniss, "How Rome 1960 Changed the Olympics," *Newsweek*, July 25, 2008; http://www.newsweek.com/

david-maraniss-how-rome-1960-changed-olympics-93157. この2つの記事によると、ハリーはアディダスとプーマの両方からスポンサー料を取ったらしい。

第5章

本章のタイトルについて：ビル・バウワーマンの名字は ドイツ語のBauermannが英語化したもの。この語は「農民、つくる人」の意味であり、バウワーマンは靴づくりが趣味だったことを考えれば、「ビルダーマン」と訳すのが適切だろう。

1. "Bill Bowerman," *Oregon Experience*, Oregon Public Broadcasting, prod. Nadine Jelsing, 2006.
2. Kenny Moore, *Bowerman and the Men of Oregon: The Story of Oregon's Legendary Coach and Nike's Cofounder* (New York: Rodale, 2006), Kindle location 84.
3. "Bill Bowerman," *Oregon Experience*.
4. Moore, *Bowerman and the Men of Oregon*, Kindle location 2737.
5. 同上, Kindle location 656.
6. 同上, Kindle location 1359.
7. "Bill Bowerman," *Oregon Experience*.
8. Geoff Hollister, *Out of Nowhere: The Inside Story of How Nike Marketed the Culture of Running* (New York: Meyer & Meyer Sports, 2008), 24.
9. "Bill Bowerman," *Oregon Experience*.
10. Bill Bowerman, "The Kitchen-Table Shoemaker," *Guideposts*, May 1988.
11. 備忘録, Bill Bowerman papers, University of Oregon Libraries, Special Collections and University Archives, box 38.
12. 書簡, Bill Bowerman papers, University of Oregon Libraries, Special Collections and University Archives, box 14.
13. Moore, *Bowerman and the Men of Oregon*, Kindle location 1871.
14. J. B. Strasser and Laurie Becklund, *Swoosh: The Unauthorized Story of Nike and the Men Who Played There* (New York: HarperBusiness, 1993), 30.（ジュリー・B・シュトラッサー＆ローリー・ベックランド『スウッシュ――NIKE「裏社史」』、祥伝社、pp.53–54）

第6章

1. J. B. Strasser and Laurie Becklund, *Swoosh: The Unauthorized Story of Nike and the Men Who Played There* (New York: HarperBusiness, 1993), 14.（ジュリー・B・シュトラッサー＆ローリー・ベックランド『スウッシュ――NIKE「裏社史」』、pp.32–34）
2. Stanford Graduate School of Business, "Stanford Graduate School of Business Graduation Remarks by Phil Knight, MBA '62," YouTube, July 7, 2014; https://www.youtube.com/watch?v=nRN9FwWQY8w.
3. Phil Knight, *Shoe Dog: A Memoir by the Creator of Nike* (New York: Scribner, 2016), 87.（フィル・ナイト『SHOE DOG』、東洋経済新報社、p.124）
4. Hiroshi Tanaka, *Personality in Identity: The Human Side of a Japanese Enterprise* (New York:

Bloomsbury Academic, 2013), 21.
5. Knight, *Shoe Dog*, 86.（フィル・ナイト『SHOE DOG』）
6. Jeremy Bogaisky, “Farewell to the Father of the Octopus Shoe,” Forbes, Oct. 1, 2007; https://www.forbes.com/2007/10/01/onitsuka-asics-obit-face-markets-cx_jb_1001autofacescan01.html.
7. “All You Need to Do After Falling Down Is to Stand Up Again”; https://web.archive.org/web/20150427131037/https://www.asics.fi/about/mr-onitsuka/.
8. Knight, *Shoe Dog*, 111.（フィル・ナイト『SHOE DOG』、pp.159–160）ケニー・ムーア（Kenny Moore）の*Bowerman and the Men of Oregon*は、バウワーマンが発した問いは「モンテスマのたたりが400年も続く原因をつくったスペイン人は誰だっけ？」だったとしている。
9. “The Dead of Tlatelolco,” National Security Archive Electronic Briefing Book No. 201, Oct. 1, 2006; http://nsarchive2.gwu.edu//NSAEBB/NSAEBB201/index.htm. トラテロルコ事件の死者数については諸説ある。各種の記録を調べたところ、国家安全保障文書館は、44人の死亡が確認されたとしている。しかし、数百人が殺されたとの推定もある。
10. “The Man Who Raised a Black Power Salute at the 1968 Olympic Games,” *The Guardian*, March 30, 2012; https://www.theguardian.com/world/2012/mar/30/black-power-salute-1968-olympics.
11. “1968: Black Athletes Make Silent Protest,” BBC, Oct. 17, 2008; http://news.bbc.co.uk/onthisday/hi/dates/stories/october/17/newsid_3535000/3535348.stm
12. Dave Zirin and John Carlos, *The John Carlos Story: The Sports Moment That Changed the World* (Chicago: Haymarket Books, 2011), 114.
13. 1972年のオリンピック中、プーマはジョン・カーロスを雇い、選手村でアスリートたちに用具を無料配布した。しかし、エイブリー・ブランデージ会長率いるIOCは、カーロスがまたオリンピックを台無しにしようと企んでいて、用具の配布は選手村に立ち入るための口実ではないか、と警戒していた。2011年に出版された回顧録のなかで、カーロスは、テロを報じるニュース映像を見て、自分が奇妙なかたちで事件に関与してしまったことに気づいたと書いている。パレスチナのテロリストたち――結果的に、イスラエルのオリンピック代表チームのメンバー11人とドイツの警察官1名を殺害した――が、プーマを身に着けていたからだ。事件前、テロリストたちは、アスリートのふりをして選手村へ潜入し、カーロスらが配っていたプーマ製品を受け取って、襲撃時にはそれを着用していたのだという。
14. Arthur Daley, “Sports of the Times; The Incident,” *New York Times*, Oct. 20, 1968; https://timesmachine.nytimes.com/timesmachine/1968/10/20/91236784.html?pageNumber=323.
15. “Olympics a Stage for Political Contests, Too,” Talk of the Nation, Feb. 28, 2008; http://www.npr.org/templates/story/story.php?storyId=87767864.
16. Barbara Smit, *Sneaker Wars: The Enemy Brothers Who Founded Adidas and Puma and the Family Feud That Forever Changed the Business of Sport* (New York: Harper Perennial, 2009), 75.
17. Melvyn P. Cheskin, *The Complete Handbook of Athletic Footwear* (New York: Fairchild Publications, 1987), 16 (以下にも同様の記述あり。Semmelhack, *Out of the Box*, 74).
18. “Bill Bowerman,” *Oregon Experience*, Oregon Public Broadcasting, prod. Nadine Jels-

ing, 2006.

19. Knight, *Shoe Dog*, 180.（フィル・ナイト『SHOE DOG』、pp.256–257）
20. "Nike's Fiercely Competitive Phil Knight," *CBS Sunday Morning*, April 24, 2016; https://www.cbsnews.com/news/nikes-fiercely-competitive-phil-knight/. このインタビューのなかで、ナイトは、「ディメンション・シックス」という名前の由来をこう説明している。「だって、5次元は存在するとわかったんだろう？　だから、もう1つ上の次元にしたかったんだ」
21. Strasser and Becklund, *Swoosh*, 116.（ジュリー・B・シュトラッサー&ローリー・ベックランド『スウッシュ――NIKE「裏社史」』、p.187）

第7章

1. Walt Frazier and Ira Berkow, *Rockin' Steady: A Guide to Basketball & Cool* (Chicago: Triumph Books, 2010), 13.
2. 同上。
3. 同上, 109.
4. Abraham Aamidor, *Chuck Taylor, All Star* (Indianapolis: Indiana University Press, 2006), 13.
5. Jason Coles, *Golden Kicks: The Shoes That Changed Sport* (New York: Bloomsbury, 2016), 72. プーマはペレに対し、ワールドカップ期間中に自社ブランドを着用してもらう見返りとして2万5000ドル、その後4年間で10万ドル、加えてロイヤリティ10パーセントを支払った。
6. Ron Rapoport, "Inside and Outsized," *Los Angeles Times*, Jan. 20, 2008; https://www.latimes.com/archives/la-xpm-2008-jan-20-sp-uclahouston20-story.html.
7. Barbara Smit, *Sneaker Wars: The Enemy Brothers Who Founded Adidas and Puma and the Family Feud That Forever Changed the Business of Sport* (New York: Harper Perennial, 2009), 93.
8. Elizabeth Semmelhack, *Out of the Box: The Rise of Sneaker Culture* (New York: Skira Rizzoli Publications, 2015), 88.
9. "Der Mann mit dem Schuh," *Süddeutsche Zeitung*, Oct. 14, 2016; http://www.sueddeutsche.de/wirtschaft/stan-smith-der-mann-mit-dem-schuh-1.3205443.
10. Matthew Futterman, *Players: The Story of Sports and Money and the Visionaries Who Fought to Create a Revolution* (New York: Simon & Schuster, 2016), 106. 1972年に米国でテニスをしていたのは約2200万人だったが、その3年後には約4100万人に急増した。
11. Alex Synamatix, "Interview: Stan Smith," The Daily Street, Jan. 14, 2014; http://www.thedailystreet.co.uk/2014/01/interview-stan-smith/.
12. Smit, *Sneaker Wars*, 96.
13. Alexander Garvin, *The Planning Game: Lessons from Great Cities* (New York: W. W. Norton & Company, 2013).
14. *#Rucker50*, dir. Robert McCullough, Jr., Maryea Media, 2016.
15. "When the Garden Was Eden," *30 for 30*, dir. Michael Rapaport, ESPN Films, Oct. 21, 2014.
16. 同上

17. 同上。
18. Semmelhack, *Out of the Box*, 79.
19. Bobbito Garcia, *Where'd You Get Those?: New York City's Sneaker Culture* (New York: Testify, 2013), 52.
20. 同上, 61.

第8章

1. Kenny Moore, *Bowerman and the Men of Oregon: The Story of Oregon's Legendary Coach and Nike's Cofounder* (New York: Rodale, 2006), 146.
2. Phil Knight, *Shoe Dog: A Memoir by the Creator of Nike* (New York: Scribner, 2016), 76.（フィル・ナイト『SHOE DOG』、p.107）
3. Phil Edwards, "When running for exercise was for weirdos," *Vox*, Aug. 9, 2015, https://www.vox.com/2015/8/9/9115981/running-jogging-history.
4. Pat Putnam, "The Freshman and the Great Guru," *Sports Illustrated*, June 15, 1970; https://www.si.com/vault/1970/06/15/611398/the-freshman-and-the-great-guru.
5. *Fire on the Track: The Steve Prefontaine Story*, dir. Erich Lyttle, Chambers Productions, 1995.
6. Frank Shorter, *My Marathon: Reflections on a Gold Medal Life* (New York: Rodale, 2016), 230.
7. インタビュー, Norbert Sander, September 8, 2016.
8. *Run for Your Life*, dir. Judd Ehrlich, Flatbush Pictures, 2008.
9. Eleanor Nangle, "Jogging in Fashion," *Chicago Tribune*, Oct. 15, 1968; http://archives.chicagotribune.com/1968/10/15/page/37/article/jogging-in-fashion.
10. Gertrud Pfister, "The Medical Discourse on Female Physical Culture in Germany in the 19th and Early 20th Centuries," *Journal of Sport History* 17, no. 2 (Summer 1990); http://library.la84.org/SportsLibrary/JSH/JSH1990/JSH1702/jsh1702c.pdf.〔2021年3月現在リンク切れ〕
11. Roy M. Wallock, "How Bobbi Gibb Changed Women's Running, And Finally Got Credit For It," ESPN, Jan. 6, 2016; http://www.espn.com/sports/endurance/story/_/id/15090507/endurance-sports-bobbi-gibb-first-woman-run-boston-marathon.
12. ニューバランスの公式サイト, https://support.newbalance.com/hc/en-us/articles/212729638-What-Are-The-Widths-That-Are-Available-In-New-Balance-Shoes-.〔2021年3月現在リンク切れ〕ア・トライブ・コールド・クエストの1991年の曲『バギン・アウト』には、狭い道を避けるためにニューバランスを履く、との一節がある。
13. "Brands That Stand the Test of Time"; http://hecklerassociates.com/about/. ニューバランスの上司に「社名は現状のままで問題ない」と断言したデザイナーのテリー・ヘクラーは、その後、スターバックスのロゴを作成した人物である。
14. Dave Kayser, "Shoes of Our Youth," Runner's World, July 18, 2009; https://www.runnersworld.com/barefoot-running/shoes-of-our-youth.
15. "Episode 18: Shalane Flanagan and Frank Shorter," *The Runner's World Show*, podcast,

Aug. 11, 2016.
16. Jonathan Black, *Making the American Body: The Remarkable Saga of the Men and Women Whose Feats, Feuds, and Passions Shaped Fitness History* (Lincoln: University of Nebraska Press, 2013), 77.
17. "40 Years of Prefontaine," June 1, 2015; https://news.nike.com/news/40-years-of-prefontaine.
18. Richard Goldstein, "Bill Bowerman, 88, Nike Co-Founder, Dies," *New York Times*, Dec. 27, 1999; http://www.nytimes.com/1999/12/27/sports/bill-bowerman-88-nike-co-founder-dies.html?mcubz=3.

第9章

1. A. J. Zuilen, *The Life Cycle of Magazines: A Historical Study of the Decline and Fall of the General Interest Mass Audience Magazine in the United States During the Period 1946–1972* (Uithoorn, Netherlands: Graduate Press, 1977), 89, 99.
2. ビーチ・ボーイズは1961年11月から1963年7月にかけて「サーフィン」「サーフィン・サファリ」「サーフィンUSA」「サーファー・ガール」をリリースした。その期間の5枚目のシングル「テン・リトル・インディアンズ」は、内容としてはサーフィンに触れていなかったものの、ジャケット写真は5人のバンドメンバーがみんなで1枚のサーフボードを持っている姿だった。
3. Google Books Ngram Viewerを使い、"sidewalk surfing "という言葉を2017年8月17日に分析した結果より。"Sidewalk surfing "は1960年代に使用され始め、1975年ごろに使用量のピークを迎えた。
4. Emily Chivers Yochim, *Skate Life: Re-imagining White Masculinity* (Ann Arbor: University of Michigan Press, 2010), 27.
5. "Few Youths Entering Skateboard Contests," Los Angeles Times, August 14, 1966.
6. Daniel Schmid, Dirk Vogel, and Jurgen Blumlein, *Made for Skate: The Illustrated History of Skateboard Footwear* (Berlin: Gingko Press, 2008), 27.
7. 同上。
8. インタビュー, Steve Van Doren, Sept. 5, 2017.
9. "The History of Vans: Steve Van Doren Interview," April 27, 2015; http://stage.sneakerfreaker.com/articles/the-history-of-vans/.
10. インタビュー, Steve Van Doren, Sept. 5, 2017.
11. また、#44のキャンバスは、当時の他のスニーカーに使われていた生地よりも強度があった。ダックキャンバスといい、コンバース・オールスターなどに使用されてきた従来のキャンバスに比べ、しっかりと織られており、耐久性に優れている。米国の分類では、ダックは1番から12番まであり、12番が最も軽い。いちばん厚手の1番は、通常、ハンモックやサンドバッグなど、耐久性の高さが重要な製品に使用される。ヴァン・ドーレンは10番のダックを使用し、帆布糸の代わりにナイロン糸で留めた。しかしほかの会社は、コスト高を嫌って、追従を見送った。
12. G. Beato, "The Lords of Dogtown," *Spin*, March 1999; http://www.angelfire.com/ca/alva3/spin.html.

13. 同上。
14. *Dogtown and Z-Boys*, dir. Stacy Peralta, Agi Orsi Productions, 2001.
15. Beato, "The Lords of Dogtown."
16. ポリウレタン製の車輪が搭載されたほか、足のけがを防ぐ工夫が盛り込まれたことで、より複雑で危険なトリックが可能になり、そのぶん、ゴムやキャンバス、スエード、ナイロンなどにかかる負担が増した。ボードの製造技術が向上するにつれ、高度なトリックがやりやすくなって、丈夫なシューズの必要性は高まる一方だった。また、はだしでデッキに乗っていたころの感触に近づけるため、シューズとデッキの密着度を上げようと、当初、ボードの上にサンドペーパーを貼るという方法が使われた。その後、サンドペーパーの代わりに、粘着性のあるグリップテープを貼るようになった。そのほうが、デッキの表面が均一な粗さになり、なおかつシューズのソールが安定した。シューズを選ぶ際には、当然、トリックに失敗した場合のことを頭に入れなければいけない。ロートップのシューズは、動きやすくボードのコントロールもしやすいが、足を保護するという点ではハイトップがまさっていた。
17. Schmid et al., *Made for Skate*, 1.
18. Beato, "The Lords of Dogtown."
19. 同上。
20. Schmid et al., *Made for Skate*, 80.
21. 今日のスニーカーのデザインに大きく貢献したひとりが、フィンランドのモダニズム建築家アルヴァ・アアルトである。彼は1930年代、プールの設計に革命をもたらした。曲線的なデザインを導入したのだ。インゲンマメ形のプールは、昔ながらの長方形のプールとは明らかに違う。彼が1939年に設計した、フィンランド南西部ヌーマルクのヴィラ・マイラ邸に、初めてインゲンマメ形のプールがつくられた。有機的な弧と滑らかな落差からなっており、鋭い角度がどこにもない。そのため、数十年後、ヴァート・スケートボードに活用されることになる。アールトのアイデアが、奇妙な景観設計の一例というだけで終わらずに済んだのは、彼と親交を持つ建築家トーマス・チャーチが、10年後、カリフォルニア州ソノマのドネル・ガーデンの設計にこのインゲンマメ形のプールを組み入れたからだ。ここの写真が州内に広まった結果、自宅に似たようなデザインのプールを持つことが、カリフォルニアの優雅なライフスタイルの象徴になった。
22. Robert Klara, "After 51 Years, Vans Is Finally Explaining What 'Off the Wall' Means," *Adweek*, Feb. 20, 2017; http://www.adweek.com/brand-marketing/after-51-years-vans-is-finally-explaining-what-off-the-wall-means/.
23. Robert Klara, "From *Ridgemont High* to 'Damn, Daniel,' Vans Is Still Kicking It at 50," *AdWeek*, March 15, 2016; http://www.adweek.com/brand-marketing/ridgemont-high-damn-daniel-vans-still-kicking-it-50-170130/. 映画『初体験／リッジモント・ハイ』は1981年11月から12月にかけて撮影された。
24. Adam Tschorn, "How Vans Tapped Southern California Skate Culture and Became a Billion-Dollar Shoe Brand," *Los Angeles Times*, March 12, 2016; http://www.latimes.com/fashion/la-ig-vans-turns-50-20160312-story.html.
25. Schmid et al., *Made for Skate*, 70.
26. Holger von Krosigk, ed., "Interview: Steve Van Doren," *Sneakers Magazine*, Feb. 10, 2014, 103; http://sneakers-magazine.com/sneakers-magazine-issue-21-free-digital-edition/.

27. Chris Woodyard and Michael Flagg, "Vans Factory Back on Line After Raid," *Los Angeles Times*, Jan. 16, 1993; http://articles.latimes.com/1993-01-16/business/fi-1320_1_illegal-immigrants. 連邦移民局がヴァンズを強制捜索したのは1984年が最後ではない。1993年には、同社の労働力のおよそ10パーセントに当たる233人を逮捕している。
28. von Krosigk, "Interview: Steve Van Doren," 103.

第10章

1. Jesse Greenspan, "Billie Jean King Wins the 'Battle of the Sexes,' 40 Years Ago," Sept. 20, 2013; http://www.history.com/news/billie-jean-king-wins-the-battle-of-the-sexes-40-years-ago.
2. Gerald Eskenazi, "$100,000 Tennis Match. Bobby Riggs vs. Mrs. King," *New York Times*, July 12, 1973; http://www.nytimes.com/1973/07/12/archives/100000-tennis-match-bobby-riggs-vs-mrs-king-its-mrs-king-against.html?mcubz=3&_r=0.
3. 「レディー・コルテッツ」とも呼ばれる。
4. United States Education Amendments of 1972, Public Law No. 92-318, 86 Stat. 235, Title IX, 1972.
5. lagarchivist, "New York City Mayor Edward I. Koch on the 1980 Transit Strike," YouTube, June 25, 2010; https://www.youtube.com/watch?v=w5XuOJLta5Y.
6. 大きな反響を呼んだグランドマスター・フラッシュの1982年の曲「ザ・メッセージ」は、ニューヨーク市が冒されている病を並べたてており、このストライキにも言及している。
7. Sewell Chan, "25 Years Ago, Subways and Buses Stopped Running," *New York Times*, April 4, 2015; http://www.nytimes.com/2005/04/04/nyregion/25-years-ago-subways-and-buses-stopped-running.html?mcubz=3.
8. Joanne Wasserman, "How City Rode Out Strike," *Daily News*, Dec. 12, 2002; http://www.nydailynews.com/archives/news/city-rode-strike-article-1.499686.
9. Elizabeth Semmelhack, *Out of the Box: The Rise of Sneaker Culture* (New York: Skira Rizzoli Publications, 2015), 117.
10. Jane Fonda, *My Life So Far* (New York: Random House, 2005), 387. （ジェーン・フォンダ『ジェーン・フォンダ わが半生（下）』、ソニーマガジンズ、p.164）
11. Judy Klemesrud, "Self-Help Videotapes, from Cooking to Car Repair," *New York Times*, Aug. 3, 1983; http://www.nytimes.com/1983/08/03/garden/self-help-videotapes-from-cooking-to-car-repair.html?mcubz=3.
12. リーボックが米国で発売した初期のモデルは、『ランナーズ・ワールド』誌から5つ星の評価を受けており、ランニングストアにシューズを売り込みたい流通業者にとってはそれが大きなセールスポイントだった。
13. Angel Martinez interview, *The School of Greatness podcast*, Jan. 30, 2015.
14. Glenn Rifkin, "Does This Shoe Fit? Reebok Marketing Ace Stamps His Style on Rockport," *New York Times*, Oct. 14, 1995; http://www.nytimes.com/1995/10/14/

business/does-this-shoe-fit-reebok-marketing-ace-stamps-his-style-on-rockport.html?page wanted=all&mcubz=3.
15. Rifkin, "Does This Shoe Fit?"
16. "Jacki Sorensen: Whirlwind Middle of Movement," *Sarasota Herald-Tribune*, Oct. 14, 1981.
17. Rifkin, "Does This Shoe Fit?"
18. J. B. Strasser and Laurie Becklund, *Swoosh: The Unauthorized Story of Nike and the Men Who Played There* (New York: HarperBusiness, 1993), 398.　（ジュリー・B・シュトラッサー&ローリー・ベックランド『スウッシュ―NIKE「裏社史」』、pp.647–648）
19. Donald Katz, "Triumph of the Swoosh," *Sports Illustrated*, Aug. 16, 1993; https://www.si.com/vault/1993/08/16/129105/triumph-of-the-swoosh-with-a-keen-sense-of-the-power-of-sports-and-a-genius-for-mythologizing-athletes-to-help-sell-sneakers-nike-bestrides-the-world-of-sport-like-a-marketing-colossus.
20. Strasser and Becklund, *Swoosh*, 398.（ジュリー・B・シュトラッサー&ローリー・ベックランド『スウッシュ――NIKE「裏社史」』）
21. Rifkin, "Does This Shoe Fit?"
22. Angel Martinez interview, *The School of Greatness podcast*, Jan. 30, 2015.
23. Joan Didion, *The White Album* (New York: Farrar, Straus and Giroux, 1979), 180.
24. こうした概念の生みの親といえるのが、オーストリア出身の建築家ビクター・グルーエンである。ナチスを逃れて1938年にアメリカへ渡った後、彼は、人々を店舗に引き込むためにはウインドウディスプレイが面白くなければならない、という考えにたどり着いた。大恐慌の余波が続いていた時期だけに、店内と店外にありとあらゆる工夫を凝らして店舗を設計する必要があった。空間のなかで客が過ごす時間が長ければ長いほど、金を使ってくれる可能性が高まる。グルーエンは、店舗設計の工夫だけでは満足しなかった。戦後、アメリカでは、郊外の発展や自動車の普及により、通勤が楽になった半面、自宅や職場とは別のコミュニティーが構築される場、いわば「第三の場所」が失われてしまった。そこで、共同体的な都市空間を重んじる彼は、人々が生活し、仕事をし、遊ぶことができる屋内の複合施設を構想した。念頭に置いたのは、大衆向けの商店が並ぶ故郷ウィーンの大通りを再現することだった。やがて1952年、その夢の実現につながる依頼が舞い込み、ミネソタ州イディナに冷暖房完備の屋内ショッピングセンターを建設した。
25. "Foot Locker, Inc. History"; http://www.fundinguniverse.com/company-histories/foot-locker-inc-history/.
26. Angel Martinez interview, *The School of Greatness podcast*, Jan. 30, 2015.
27. Dan Lovett with K. C. Endsley, *Anybody Seen Dan Lovett?* (Bloomington, IN: Balboa Press, 2014), 135.

第11章

1. Jeff Chang, *Can't Stop Won't Stop: A History of the Hip-Hop Generation* (New York: Ebury Press, 2005), 70.
2. Will Hermes, *Love Goes to Buildings on Fire* (New York: Farrar, Straus and Giroux, 2012),

27.

3. Chang, *Can't Stop Won't Stop*, 79.
4. Gary Hoenig, "Execution in the Bronx," *New York Times*, June 17, 1973; http://query.nytimes.com/mem/archive-free/pdf?res=980DEFD6173BE5 33A25754C1A9609C946290D6CF&mcubz=3.〔2021年3月現在はリンク切れ〕
5. Joe Flood, "Why the Bronx Burned," *New York Post*, May 16, 2010; http://nypost.com/2010/05/16/why-the-bronx-burned/.
6. "Carter Takes 'Sobering' Trip to South Bronx," *New York Times*, Oct. 16, 1977; http://query.nytimes.com/mem/archive-free/pdf?res=9C07E3D9153DE034BC4 E53D-FB667838C669EDE&mcubz=3.〔2021年3月現在はリンク切れ〕
7. Flood, "Why the Bronx Burned."
8. Chang, *Can't Stop Won't Stop*, 95.
9. 同上。
10. 同上, 97.
11. Joseph Saddler, *The Adventures of Grandmaster Flash: My Life, My Beats* (New York: Crown/Archetype, 2008), 47.
12. Chang, *Can't Stop Won't Stop*, 112.
13. Hermes, *Love Goes to Buildings on Fire*, 259.
14. Greg Foley and Andrew Luecke, *Cool: Style, Sound and Subversion* (New York: Rizzoli, 2017), 101.
15. Bobbito Garcia, *Where'd You Get Those?: New York City's Sneaker Culture* (New York: Testify, 2013), 59.
16. 同上, 93.
17. *Fresh Dressed*, dir. Sacha Jenkins, Cable News Network, 2015.
18. 「アップタウンズ」という言葉の定義には、やがて、バスケットボールシューズ「ナイキエア・フォースワン」も含まれるようになった。
19. Sherri Day, "Jamaica Journal; An OldFashioned Country Doctor Finishes His Last Rounds in the Big City," *New York Times*, Oct. 29, 2000; http://www.nytimes.com/2000/10/29/nyregion/jamaica-journal-old-fashioned-country-doctor-finishes-his-last-rounds-big-city.html?mcubz=3.
20. Elizabeth Semmelhack, *Out of the Box: The Rise of Sneaker Culture* (New York: Skira Rizzoli Publications, 2015), 143.
21. *Fresh Dressed*, dir. Sacha Jenkins.
22. *Just for Kicks*, dirs. Thibaut de Longeville and Lisa Leone, Caid Productions, 2006.
23. *Evolution of Hip-Hop*, Episode 3: "The New Guard," dir. Darby Wheeler, Banger Films, 2016.
24. *Just for Kicks*, dirs. Thibaut de Longeville and Lisa Leone.
25. Garcia, *Where'd You Get Those?*, 146.
26. "Summer Edition '92," *House of Style*, MTV, 1992.
27. ビースティ・ボーイズがファッションのインフルエンサーだった証拠に、1987年、マイク・DがゴールドチェーンにCDくらいの大きさのまるいVWボンネットマスコットをつけて首からさげていたところ、街でボンネットマスコットの盗難事件が多発した。

註

第12章

1. アキームのつづりはもともとAkeemだったが、1991年、Hakeemに変更された。
2. Randall Rothenberg, *Where the Suckers Moon: The Life and Death of an Advertising Campaign* (New York: Vintage, 1995), 205.
3. David Halberstam, *Playing for Keeps: Michael Jordan and the World He Made* (New York: Broadway Books, 2000), 142.（デイヴィッド・ハルバースタム『ジョーダン』、集英社、p.205）
4. David Falk, *The Bald Truth: Secrets of Success from the Locker Room to the Boardroom* (New York: Pocket Books, 2009), 44.
5. Phil Knight, *Shoe Dog: A Memoir by the Creator of Nike* (New York: Scribner, 2016), 319.（フィル・ナイト『SHOE DOG』、p.452）
6. John Papanek, "There's An Ill Wind Blowing For The NBA," *Sports Illustrated*, Feb. 26, 1979.
7. J. B. Strasser and Laurie Becklund, *Swoosh: The Unauthorized Story of Nike and the Men Who Played There* (New York: HarperBusiness, 1993), 424.（ジュリー・B・シュトラッサー&ローリー・ベックランド『スウッシュ——NIKE「裏社史」』、p.690 ）
8. "Sole Man," *30 for 30*, dirs. Jon Weinbach and Dan Marks, Electric City Entertainment, 2015.
9. Strasser and Becklund, *Swoosh*, 433.（ジュリー・B・シュトラッサー&ローリー・ベックランド『スウッシュ——NIKE「裏社史」』、pp.706–707）
10. "Error Jordan: Key Figures Still Argue over Who Was Responsible for Nike Deal," *USA Today*, Sept. 30, 2015; https://www.usatoday.com/story/sports/nba/2015/09/30/error-jordan-key-figures-still-argue-over-who-responsible-nike-deal/72884830/.
11. David Halberstam, *Playing for Keeps: Michael Jordan and the World He Made* (New York: Broadway Books, 2000), 145.（デイヴィッド・ハルバースタム『ジョーダン』、p.208）
12. ちなみに、1984年のオリンピックで着用したジョーダンのコンバースのスニーカーは、2017年のオークションで19万ドル以上の値がつき、1984年にコンバースがジョーダンに支払った広告契約料10万ドルをはるかに超えた。
13. "Lou Reed, Alan Alda, Michael Jordan," *Late Night with David Letterman*, NBC, May 19, 1986.
14. 同上。この番組の出演時にジョーダンが着ていた、趣味の悪い赤と青のトラックスーツは、2016年のエア・ジョーダンⅠにまで影響を与え、似た配色のモデルが発売された。

第13章

1. "1986 Domestic Grosses," Box Office Mojo, http://www.boxofficemojo.com/yearly/chart/?yr=1986.
2. Michael Wilmington, "Movie Review: Nola's Jazzy Love Life in 'She's Gotta Have It,' " *Los Angeles Times*, Aug. 23, 1986; http://articles.latimes.com/1986-08-21/entertainment/ca-17460_1_spike-lee.

3. Spike Lee, *Spike Lee: Interviews*, ed. Cynthia Fuchs (Jackson: University Press of Mississippi, 2002), 4.
4. D.J.R. Bruckner, "Film: Spike Lee's 'She's Gotta Have It,' " New York Times, Aug. 8, 1986; http://www.nytimes.com/1986/08/08/movies/film-spike-lee-s-she-s-gotta-have-it.html?mcubz=3.
5. J. B. Strasser and Laurie Becklund, *Swoosh: The Unauthorized Story of Nike and the Men Who Played There* (New York: HarperBusiness, 1993), 526.（ジュリー・B・シュトラッサー＆ローリー・ベックランド『スウッシュ――NIKE「裏社史」』、p.861）
6. "Tinker Hatfield: Footwear Designer," *Abstract: The Art of Design*, dir. Brian Oakes, Tremolo Productions, 2017.
7. *Respect the Architects: The Paris Air Max 1 Story*, dir. Thibaut De Longeville, ThreeSixty, 2006.
8. "Tinker Hatfield: Footwear Designer."
9. David Halberstam, *Playing for Keeps: Michael Jordan and the World He Made* (New York: Broadway Books, 1999), 181.（デイヴィッド・ハルバースタム『ジョーダン』、p.256）
10. 同上、p.257。
11. Reserve Channel, "Spike Lee: Michael Jordan and Mars Blackmon | Ep. 9 Part 2, Segment 2/4 ARTST TLK | Reserve Channel," YouTube, 2013; https://www.youtube.com/watch?v=SGzKlUxQhx0.
12. Spike Lee, *Best Seat in the House* (New York: Three Rivers Press, 1997), 135.
13. Halberstam, *Playing for Keeps*, 182.（デイヴィッド・ハルバースタム『ジョーダン』、p.258）
14. *School Daze* earned more than $14 million domestically; "1988 Domestic Grosses," Box Office Mojo; http://www.boxofficemojo.com/yearly/chart/?yr=1988&p=.htm.
15. Lee, *Spike Lee: Interviews*, 53.
16. 新しいエア・ジョーダンⅣのCMでは、リーがふたたびマーズ・ブラックモン役で登場し、映画『シーズ・ガッタ・ハヴ・イット』で恋人だったノーラ（演じるのはトレイシー・カミラ・ジョンズ）に、なぜ僕を捨ててジョーダンを選んだのか、と尋ねる。マーズの「理由は……？」という問いかけが繰り返されたあと、ノーラがこたえる。「理由は、彼が新しいエア・ジョーダンを持ってるからよ、マーズ」
17. リー監督の1989年の映画『ドゥ・ザ・ライト・シング』では、擦り切れた一足のエア・ジョーダンが、瞬時にして、人種、貧民街の高級住宅化、地域のスポーツ熱をめぐる激しい対立を引き起こす。そのシーン中、自転車でシューズを轢く白人の登場人物は、ボストン・セルティックスの白人選手ラリー・バードのTシャツを着ている。

第14章

1. "Sneaker Wars," *Dunkumentaries* podcast, ESPN Radio, 2016.
2. 肘で目を隠しながらもう片方の腕を伸ばすブラウンのしぐさは、のちに「ダブ」と呼ばれて大流行したダンスのポーズとよく似ている。このポーズの起源は、2010年代初頭のアトランタのヒップホップシーンにさかのぼる。したがって、ブラウンがダブの最初の発案者とはいえそうにない。

註

3. "Sneaker Wars," *Dunkumentaries* podcast, ESPN Radio, 2016.
4. Associated Press, "The Man Who Made Reebok Jump High," *Los Angeles Times*, Aug. 15, 2005; http://articles.latimes.com/2005/aug/15/business/fi-reebok15.
5. その年、ナイキの歳入は2600万ドルだった。Nike Inc., 1981 Annual Report, 13.
6. Douglas C. McGill, "Nike Is Bounding Past Reebok," *New York Times*, July 11, 1989; http://www.nytimes.com/1989/07/11/business/nike-is-bounding-past-reebok.html?mcubz=3.
7. Kenneth Labich, "Nike vs. Reebok: A Battle For Hearts, Minds, and Feet," *Fortune*, Sept. 18, 1995.
8. 同上。
9. Brian Betschart, "Pump Designer Paul Litchfield Interview," SneakerFiles, Nov. 20, 2009; https://www.sneakerfiles.com/paul-litchfield-steve-kluback-reebok-pump-interview/.
10. "Ep107-OSD-Paul Litchfield x Reebok PUMP," *Obsessive Sneaker Disorder* podcast, Nov. 19, 2009.
11. Wimbledon, "Sharethe Moment: John McEnroe coins 'You cannot be serious,'" YouTube, July 3, 2015; https://www.youtube.com/watch?v=t0hK1wyrrAU.
12. Tim Newcomb, "The evolution of tennis shoes: From plimsolls to Stan Smiths and Nikes," *Sports Illustrated*, Nov. 18, 2015; https://www.si.com/tennis/2015/11/18/tennis-shoes-stan-smith-john-mcenroe-pete-sampras.
13. Jason Coles, *Golden Kicks: The Shoes That Changed Sport* (New York: Bloomsbury, 2016), 127.
14. 同上, 127.
15. ナイキの綱領。https://help-en-us.nike.com/app/answer/a_id/113.〔2021年3月現在はリンク切れ。https://about.nike.com/等を参照のこと〕
16. J. B. Strasser and Laurie Becklund, *Swoosh: The Unauthorized Story of Nike and the Men Who Played There* (New York: HarperBusiness, 1993), 510.（ジュリー・B・シュトラッサー＆ローリー・ベックランド『スウッシュ―NIKE「裏社史」』、p.833）
17. *Art & Copy: Inside Advertising's Creative Revolution*, dir. Doug Pray, The One Club, 2009.
18. "You Don't Know Bo: The Legend of Bo Jackson," *30 for 30*, dir. Michael Bonfiglio, RadicalMedia, 2012.
19. この番組はわずか13話で打ち切られたものの、2015年に発売されたエア・ジョーダンⅤのレトロバージョンに影響を与えた。番組のタイトルロゴに緑色のアクセントが入っていたのを受けて、ソールの一部に緑色が印象的にあしらわれたのだ。限定スニーカーのカラーウェイはどんなひょんなことがきっかけになるかわからない、という好例だろう。
20. Donald Katz, *Just Do It: The Nike Spirit in the Corporate World* (New York: Adams Media, 1994), 12.（ドナルド・カッツ『ジャスト・ドゥ・イット――ナイキ物語』、早川書房、p.25）
21. オブライエンはその後、1996年アトランタ・オリンピックの十種競技で金メダルを獲得し、雪辱を果たした。同種目でアメリカ人が優勝したのは、1976年のブルース・ジェンナー以来の快挙だった。
22. Dave Anderson, "Sports of The Times; On Loyalty to Company, or Country?," *New*

York Times, Aug. 2, 1992; http://www.nytimes.com/1992/08/02/sports/sports-of-the-times-on-loyalty-to-company-or-country.html?mcubz=3.
23. ドリームチームの選手のなかには、実際、授賞式に出席したくないと考える者もいた。ナイキと契約していたジョン・ストックトンは、「金輪際、どんなことがあろうと、おれはあそこに行くつもりはない」と発言したとされる。
24. Anderson, "Sports of The Times; On Loyalty to Company, or Country?"
25. Katz, *Just Do It*, 21.（ドナルド・カッツ『ジャスト・ドゥ・イット―ナイキ物語』、p.36）

第15章

1. "Ep198-OSD-Tinker Hatfield," *Obsessive Sneaker Disorder* podcast, Oct. 20, 2011.
2. 同上。
3. Ed Bruske, "Police Theorize Arundel Youth Was Killed For His Air Jordans," *Washington Post*, May 6, 1989; https://www.washingtonpost.com/archive/local/1989/05/06/police-theorize-arundel-youth-was-killed-for-his-air-jordans/f5dc8ea5-376e-44bc-9ee2-19dff47c514b/?utm_term=.ba7c2c c58ed4.
4. 出所してから数年後、マーティンは、親戚の17歳少年の首を絞めたうえナイフで刺したが、少年は奇跡的に一命を取り留めた。2005年、この罪で出所して3カ月後、マーティンはこんどは妻を絞殺し、遺体をゴミ袋に入れて捨てた。さらに2012年には、DNA鑑定の結果、かつてブロンクスで起こった14歳少女の強制性交殺人事件の犯人であることも判明した。
5. Rick Telander, "Senseless," *Sports Illustrated*, May 14, 1990; https://www.si.com/vault/1990/05/14/121992/senseless-in-americas-cities-kids-are-killing-kids-over-sneakers-and-other-sports-apparel-favored-by-drug-dealers-whos-to-blame.
6. Phil Mushnick, "Shaddup, I'm Sellin' Out . . . Shaddup," *New York Post*, April 6, 1990.
7. Matthew Schneider-Mayerson, "'Too Black': Race in the 'Dark Ages' of the National Basketball Association," *The International Journal of Sport and Society* 1, no. 1 (2010): 223–24.
8. Ira Berkow, "Sports of The Times; The Murders over the Sneakers," *New York Times*, May 14, 1990; http://www.nytimes.com/1990/05/14/sports/sports-of-the-times-the-murders-over-the-sneakers.html?mcubz=3.
9. Spike Lee, *Spike Lee: Interviews*, ed. Cynthia Fuchs (Jackson: University Press of Mississippi, 2002), 52.
10. Telander, "Senseless."
11. 同上。
12. Donald Katz, *Just Do It: The Nike Spirit in the Corporate World* (New York: Adams Media, 1994), 269.（ドナルド・カッツ『ジャスト・ドゥ・イット――ナイキ物語』、p.320）
13. Roger Chesley, Jim Schaefer, and David Zeman, "Violence Began with Sneakers Police Say Setup May Have Led Officer to Neighborhood, Death," *Detroit Free Press*, May 27, 1995; http://www.crimeindetroit.com/documents/052795%20Violence%20began%20with%20Sneakers.pdf.
14. "Straight Outta L.A.," *30 for 30*, dir. Ice Cube, Hunting Lanes Films, 2010.

15. Tupac Shakur and Andre Young, "California Love," Death Row Records/Interscope, 1996.
16. Christopher George Latore Wallace and Robert Hall, "Suicidal Thoughts," Bad Boy Records, 1994.
17. Jeffrey Ballinger, "The New Free-Trade Heel," *Harper's Magazine*, August 1992, 46; https://harpers.org/archive/1992/08/the-new-free-trade-heel/.
18. Nike Inc., 1990 Annual Report, 23.
19. Bob de Wit and Ron Meyer, *Strategy: Process, Content, Context: An International Perspective*, 4th ed. (Hampshire, UK: Cengage Learning EMEA, 2010), 950.
20. Steven Greenhouse, "Nike Shoe Plant in Vietnam Is Called Unsafe for Workers," *New York Times*, Nov. 8, 1997; http://www.nytimes.com/1997/11/08/business/nike-shoe-plant-in-vietnam-is-called-unsafe-for-workers.html?mcubz=3.
21. Jeff Ballinger, "Nike's Role in the Third World," letter to the editor, *New York Times*, March 18, 2001; http://www.nytimes.com/2001/03/18/business/l-nike-s-role-in-the-third-world-443425.html?mcubz=3.
22. Josh Greenberg and Graham Knight, "Framing Sweatshops: Nike, Global Production, and the American News Media," *Communication and Critical/Cultural Studies* 1 (2004): 151–175; http://www.tandfonline.com/doi/abs/10.1080/1479142041 0001685368.
23. "Nike Pledges to End Child Labor And Apply U.S. Rules Abroad," *New York Times*, May 13, 1998.
24. Nike FY04 Corporate Responsibility report, April 13, 2005.
25. "Jonah Peretti and Nike," *The Guardian*, Feb. 19, 2001; https://www.theguardian.com/media/2001/feb/19/1.

第16章

1. Sole Collector, "10 Years Later: The Nike Pigeon Dunk Riot," YouTube, Feb. 20, 2015; https://www.youtube.com/watch?v=PmHQCFAT6XY.
2. Bobby Hundreds, " 'It's Not About Clothes': Bobby Hundreds Explains Why Streetwear Is a Culture, Not Just Product," *Complex*, Feb. 16, 2017; http://www.complex.com/style/2017/02/what-is-streetwear-by-bobby-hundreds.
3. KarmaloopTV, "Jeff Staple Explains the Meaning of the Pigeon Logo Making the Brand Episode 1," YouTube, Oct. 30, 2013, https://www.youtube.com/watch?v=3wDoQz7aLLk.
4. Tom Sykes, "Sneak Attack," *New York Post*, March 3, 2005; http://nypost.com/2005/03/03/sneak-attack/.
5. リーボックは1997年ごろにシャネルと、アディダスは2002年にデザイナーのジェレミー・スコットおよび山本耀司と、ナイキは2002年にシュプリームとのコラボレーションを行なった。
6. "The Classics 10: Jeff Staple," *The Monocle Weekly* podcast, Aug. 2, 2015.
7. VICE Sports, "15 Years of SB Dunk: Stories from the Inside Out," YouTube, March 9,

2017; https://www.youtube.com/watch?v=K4Jsmg2oYH4.
8. オックスフォード英語大辞典（OED）によれば、“kicks”を「靴」の意味に使った例の初出は1904年だという。
9. Chris Anderson, “The Long Tail,” *Wired*, Oct. 1, 2004; https://www.wired.com/2004/10/tail/.
10. Tim Arango, “Reebok Running Up Sales with New Jay-Z Sneakers,” *New York Post*, April 23, 2003; http://nypost.com/2003/04/23/reebok-running-up-sales-with-new-jay-z-sneakers/.
11. Matt Powell, “Sneakernomics: Will Kanye West Help Adidas Sales?” *Forbes*, May 1, 2014; https://www.forbes.com/sites/mattpowell/2014/05/01/sneaker-nomics-will-kanye-west-help-adidas-sales/#2ad8841131ae.
12. その記録が破られたのは2017年だった。ジョーダンが1984年オリンピックで履いていたコンバースのサイン入りスニーカー一足が、オークションで19万9373ドルで落札された。
13. 1996年のNBAオールスターゲーム時に着用されたエア・ジョーダンXIは、2013年4月にオークションで4915.20ドルで落札された。
14. これが初代エア・ジョーダンの定価だった。以下を参照のこと。Matt Burns, “Dan Gilbert and Campless Founder Launch a Marketplace for Sneakers,” TechCrunch, Feb. 8, 2016; https://techcrunch.com/2016/02/08/dan-gilbert-and-campless-founder-launch-a-marketplace-for-sneakers/.
15. アイデアが生まれたきっかけは、ルーバーが2010年からIBMで働き始めたことだった。大量のデータ作業をこなすうち、彼は、スニーカーのデータからも何かを導き出せるのではないかと思い、そうしたデータを入手することに興味を抱いた。その興味が高じて、彼はやがてキャンプレスという会社を設立した。米国には中古車の適正価格の目安をまとめるケリー・ブルーブックという調査会社があり、いわばそれのスニーカー版だった。膨大なデータにもとづいて中古スニーカーの適正な価値を判断し、法外な額になりがちなイーベイ（eBay）のオークション価格よりも信頼性の高い数字をはじき出した。その後、キャンプレスは進化してストックエックスと名を改め、本物と保証付きのデッドストックのみを販売する会社になった。すなわち、珍しい花瓶や古い絵画を鑑定する美術品ディーラーと同じように、正真正銘の本物だけを選りすぐって、未使用の真新しい靴を販売している。
16. Josh Luber, “Why Sneakers Are a Great Investment,” TED, October 2015; https://www.ted.com/talks/josh_luber_why_sneakers_are_a_great_investment.
17. StockX.com.
18. ジョン・ウェクスラー（Jon Wexler）のツイッター近況より。Sept. 22, 2015.
19. Elizabeth Semmelhack, *Out of the Box: The Rise of Sneaker Culture* (New York: Skira Rizzoli Publications, 2015), 197.
20. Hypebeast.com, About page.
21. Semmelhack, *Out of the Box*, 189.
22. “Sneaker Envy Motivated These Two Women to Create a Nike Fantasy Shop,” *Fast Company*, July 25, 2013; https://www.fastcompany.com/1683462/sneaker-envy-motivated-these-two-women-to-create-a-nike-fantasy-shop.
23. “Meet the Female ‘Sneakerheads’ of Toronto and See Why They Are Calling for

Shoe Companies to Step Up," *CBC News*, July 10, 2017; http://www.cbc.ca/news/canada/toronto/women-sneakerhead-blog-1.4197330.
24. Semmelhack, *Out of the Box*, 189.
25. Frank Rosario and Aaron Fels, "Sneaker Release Nearly Causes Riot at Soho Store," *New York Post*, April 3, 2014; http://nypost.com/2014/04/03/sneaker-release-nearly-causes-riot-at-soho-store/.
26. Albert Samaha, "NYPD Shuts Down Foamposite Sneaker Release Because of Big Crowd," *VillageVoice*, April 3, 2014; https://www.villagevoice.com/2014/04/03/nypd-shuts-down-foamposite-sneaker-release-because-of-big-crowd/.
27. Rosario and Fels, "Sneaker Release Nearly Causes Riot."
28. Samaha, "NYPD Shuts Down Foamposite Sneaker Release."

第17章

1. 1989年の最高興行収入を記録したティム・バートン監督の映画『バットマン』でも、ハットフィールドのカスタムデザインのスニーカーが大きく扱われた。ナイキはワーナー・ブラザースと契約を結び、この映画のなかで自社の靴をアピールすることにしたのだ。映画の衣装デザイン主任のボブ・リングウッドは、アシスタントのグラハム・チャーチヤードにこう言った。「この映画の1940年代ふうのファッションには、80年代のスポーツウェアはふさわしくないだろう」。そこで、ふつうのスニーカーを無理やり劇中に登場させるのではなく、ナイキに頼んで、オリジナルの「バットブーツ」をデザインしてもらうことにした。依頼を受けたハットフィールドは、主演マイケル・キートンの足から石膏で型を取り、エア・トレーナーSCをベースにして、レザーとポリウレタンのブーツを十数足つくった。キートンもスタントマンたちも、このバットブーツの履き心地の良さを気に入ったという。映画のなかでは、スウッシュはほとんど見えないが、甲部の特徴的なストラップについては、いくつかのショットで確認できる。続編『バットマン リターンズ』は、1992年公開の映画としては興行収入第3位を記録した作品で、こちらには、エア・ジョーダンⅣをベースにしたナイキシューズが使用された。スニーカーを印象的に扱った映画は『バットマン』や『バック・トゥ・ザ・フューチャー』が初めてではない。1986年の『エイリアン』では、シガニー・ウィーバーが演じる女性主人公リプリーが、未来的なベルクロ・リーボックのスニーカーブーツを着用していた。
2. *Abstract: The Art of Design*, Episode 2: "Tinker Hatfield: Footwear Design," dir. Brian Oakes, RadicalMedia Production, 2016.
3. パフォーマンスを向上させる靴の技術や意義について、以下の記事に興味深い考察がある。Ross Tucker, "Ban the Nike Vaporfly & Other Carbon Fiber Devices for Future Performance Credibility," *The Science of Sport*, March 21, 2017; http://sportsscientists.com/2017/03/ban-nike-vaporfly-carbon-fiber-devices-future-performance-credibility/.
4. ビブラムは、1930年代の設立当初から、ソールの改良に全力を挙げていた。当時、登山靴のソールは、革に金属製の靴鋲を打ちつけたもので、絶縁性に欠けるうえ、凍結して滑りやすかった。それでも、登り始めるときにはそういう靴を着用し、山頂近くで底が平らな靴に履き替えるのが一般的だった。1935年、ビターレ・ブラマーニという男が、登山隊を率いて、イタリアンアルプスのラシカ山に挑んだ。しかし一行は激しい吹

雪と霧に見舞われ、6名が凍傷や低体温症で死亡した。ブラマーニは、もし靴が極寒の天候に適していたら、仲間たちは死なずに済んだのでは、と考えた。ここでふたたび、チャールズ・グッドイヤーの発明が役立った。ブラマーニは、アウトソールに加硫ゴムを使用することで、雨雪や寒さに耐えられる性能を得た。さらに、登山にふさわしいソールのパターンを開発し、「戦車《タンク》ソール」と名づけた。さまざまな地面でグリップ力を発揮するこのソールは、前足部の中央に「＋」形の突起が並んでいるのが特徴で、登山家たちのあいだで効果の高さが証明され、広く愛用されるようになった。

5. Jonathan Beverly, "50 Years of (Mostly) Fantastic Footwear Innovation," *Runner's World*, Nov. 18, 2016; https://www.runnersworld.com/running-shoes/50-years-of-mostly-fantastic-footwear-innovation.
6. Peter Sagal, "Foot Loose," *Runner's World*, Aug. 15, 2008; https://www.runnersworld.com/road-scholar/vibram-five-finger-running-shoes.
7. John Biggs, "Review: Vibram Five Fingers Classic," TechCrunch, Aug. 10, 2009; https://techcrunch.com/2009/08/10/review-vibram-five-fingers-classic/.
8. Jon Snyder, "Review: Vibram FiveFingers KSO and Classic Running Shoes," *Wired*, July 10, 2009; https://www.wired.com/2009/07/pr_vibram_fivefingers_kso/.〔2021年3月現在はリンク切れ。以下を参照のこと。https://web.archive.org/web/20150626002122/https://www.wired.com/2009/07/pr_vibram_fivefingers_kso/〕
9. "Olivier Bernhard Talks About On-Running Shoes and the 'Cloud' Technology," LetsRun, Jan. 31, 2013; http://www.letsrun.com/news/2013/01/on-running-shoes-1231/.
10. Brian Metzler, "Six Years Later: The Legacy of 'Born to Run,'" *Competitor*, Jan. 5, 2017; http://running.competitor.com/2014/05/news/the-legacy-of-born-to-run_72044.〔2021年3月現在ではリンク切れ〕
11. Ben Child, "Matthew McConaughey Born to Run in Upcoming Native American Drama," *The Guardian*, Jan. 29, 2015; https://www.theguardian.com/film/2015/jan/29/matthew-mcconaughey-native-american-born-to-run-gold.
12. Daniel E. Lieberman, "What We Can Learn About Running From Barefoot Running: An Evolutionary Medical Perspective," *Exercise and Sport Sciences Reviews*, 2012, 64.
13. Fiona Duncan, "Normcore: Fashion for Those Who Realize They're One in 7 Billion," New York magazine, *The Cut blog*, Feb. 26, 2014; https://www.thecut.com/2014/02/normcore-fashion-trend.html.
14. " 'Damn, Daniel!' You Sold a Lot of White Shoes," *Bloomberg*, April 29, 2016; https://twitter.com/business/status/726490120052985856.
15. Alex Ungerman, "Frank Ocean Gave His First Interview in 3 Years and Was Asked About . . . His Shoes—Watch!," *Entertainment Tonight*, Oct. 20, 2016; http://www.etonline.com/music/200873_frank_ocean_first_interview_three_years.
16. "VF Reports Third Quarter 2016 Results," Oct. 24, 2016; http://www.vfc.com/news/press-releases/detail/1603/vf-reports-third-quarter-2016-results.
17. Katie Mettler, "We Live in Crazy Times: Neo-Nazis Have Declared New Balance the 'Official Shoes of White People,'" *Washington Post*, Nov. 15, 2016; https://www.washingtonpost.com/news/morning-mix/wp/2016/11/15/the-crazy-reason-

neo-nazis-have-declared-new-balance-the-official-shoes-of-white-people/.
18. *Saturday Night Live*, May 4, 2013.
19. Thomas Rogers, "Heil Hipster: The Young Neo-Nazis Trying to Put a Stylish Face on Hate," *Rolling Stone*, June 23, 2014; http://www.rollingstone.com/culture/news/heil-hipster-the-young-neo-nazis-trying-to-put-a-stylish-face-on-hate-20140623.
20. Facebook、Twitter、Instagramのフォロワー数の合計（2017年11月1日現在）。
21. SportsMediaWatch.comによると、2017年NBAファイナル第5戦は2447万人が観戦した。
22. Henry Leutwyler, *Document* (Göttingen, Germany: Steidl, 2016).

エピローグ

1. ニューヨークには、マディソン・スクエア・ガーデンのほか、運動場のバスケットボールコートが数多く存在する。また、ここは米国のファッション出版の中心地であり、ヒップホップ発祥の地でもあり、800万人の市民がめいめいのファッションを見せびらかすかのように街を歩いている。したがって、やはりニューヨークが世界にまたがるスニーカー王国の「首都」であることは間違いないだろう。ほかに、パリ、東京、ロサンゼルス、ボストン、オレゴン州ポートランドなどが、第2の首都の座を争っている。
2. 数カ月後、この煉瓦はイーベイ（eBay）で2～4倍の値で取引されることになる。
3. Russ Bengtson, "10 Reasons You Should Own Nike Air Monarchs," *Complex*, Oct. 21, 2013; http://www.complex.com/sneakers/2013/10/reasons-you-should-own-nike-air-monarchs/.

著者
ニコラス・スミス　Nicholas Smith

2014年にコロンビア大学ジャーナリズム学部を卒業、Lynton Fellowship in Book Writingを受賞。現在はオーストリアのウィーンに在住し、ジャーナリストとして活動。第二次世界大戦中に盗まれた美術品、氷河の融解、オーストリアのインディーゲーマー、ニューヨーク市長選挙など、広範かつ多様なテーマを取り扱っている。

訳者
中山宥　なかやま・ゆう

翻訳家。1964年生まれ。主な訳書に『マネーボール［完全版］』『〈脳と文明〉の暗号』（ともにハヤカワ・ノンフィクション文庫）、『ジョブズ・ウェイ』（SBクリエイティブ）、『動物学者が死ぬほど向き合った「死」の話』（フィルムアート社）、『生き抜くための12のルール』（朝日新聞出版）、『新訳ペスト』（興陽館）などがある。

スニーカーの文化史

いかにスニーカーはポップカルチャーのアイコンとなったか

2021年4月25日　初版発行

著者 ――――― ニコラス・スミス
訳者 ――――― 中山宥
ブックデザイン・
カバー写真 ―― イシジマデザイン制作室
編集 ――――― 田中竜輔（フィルムアート社）
DTP ――――― 沼倉康介（フィルムアート社）
発行者 ―――― 上原哲郎
発行所 ―――― 株式会社フィルムアート社
〒150-0022
東京都渋谷区恵比寿南1丁目20番6号 第21荒井ビル
TEL 03-5725-2001
FAX 03-5725-2626
http://www.filmart.co.jp

印刷・製本 ―― シナノ印刷株式会社

Printed in Japan
ISBN978-4-8459-2017-4　C0076